中国城市空间营造个案研究系列

宜昌城市空间营造研究
URBAN SPACE CONSTRUCTION OF YICHANG

徐轩轩　著

中国建筑工业出版社

图书在版编目（CIP）数据

宜昌城市空间营造研究 = Urban Space
Construction of Yichang / 徐轩轩著. — 北京：中国
建筑工业出版社，2022.9
（中国城市空间营造个案研究系列）
ISBN 978-7-112-27557-1

Ⅰ.①宜… Ⅱ.①徐… Ⅲ.①城市空间—空间规划—
研究—宜昌 Ⅳ.①TU984.263.3

中国版本图书馆CIP数据核字（2022）第112562号

从一个具有悠久历史的古城，一直到发展成为著名的水电之城，宜昌是一个具有典型研究意义的城市。本书以宜昌的城市空间营造为研究对象，以翔实丰富的史料为基础，深入研究宜昌城市空间形态演化特征；以宜昌从建城初期的军事镇邑发展到如今的湖北省副中心城市的演变脉络为主线，梳理出宜昌城市空间营造的全过程，分析在各个历史阶段城市空间形态变化的规律；进一步分析宜昌城市空间营造的特征及机制，试图为宜昌的发展提供一个良好的研究平台，为宜昌在新时期的城市空间营造提供参考意见。

责任编辑：吴宇江　陈夕涛
版式设计：锋尚设计
责任校对：王　烨

中国城市空间营造个案研究系列
宜昌城市空间营造研究
URBAN SPACE CONSTRUCTION OF YICHANG
徐轩轩　著
*
中国建筑工业出版社出版、发行（北京海淀三里河路9号）
各地新华书店、建筑书店经销
北京锋尚制版有限公司制版
北京中科印刷有限公司印刷
*
开本：850毫米×1168毫米　1/16　印张：14¾　字数：344千字
2022年9月第一版　　2022年9月第一次印刷
定价：**58.00**元
ISBN 978-7-112-27557-1
（39726）

总　序

中国城市空间营造个案研究系列是我主持并推动的一项研究。

首先说明一下为什么要进行个案研究。城市规划对城市的研究目前多是对不同地区或不同时段的笼统研究而未针对具体个案展开全面的解析深究。但目前中国城市化的快速发展及城市规划的现实困境已促使我们必须走向深入的个案研究，若继续停留在笼统阶段，不针对具体的个案展开深入的解析，不对个案城市发展机制加以深究，将会使我们的城市规划流于一般的浮泛套路，从而脱离城市自身真切的发展实际，沦落为纸面上运行的规划，为规划建设管理带来严重的困扰。因此，我们亟须做出根本性的调整，亟须更进一步全面展开个案的研究，只有在个案的深入研究及对其内在独特发展机制的把握基础上，才可能在城市规划的具体个案实践中给出更加准确的判定。

当然也并不是说目前没有个别的城市规划个案研究，比如像北京等城市的研究还是有的。但毕竟北京是作为首都来进行研究的，其本身就非常独特，跟一般性的城市不同，并不具有个案研究的指标意义。况且这类研究大多未脱离城市史研究的范畴，而非从城市规划的核心思想来展开的空间营造的研究。

早在 20 世纪 80 年代我就倡导以空间营造为核心理念来推动城市及城市规划的研究。在我看来空间营造是城市规划的核心理念，也是城市规划基础性研究即城市研究的主线。

我是基于东西方营造与 Architecture（营建）的结合提出空间营造理念的。东方传统注重营造，而西方传统注重 Architecture（营建）。营造显示时间序列，强调融入大化流衍的意动生成。Architecture（营建）则指称空间架构，强调体现宇宙秩序的组织体系。东方传统从意动生成出发，在营造过程中因势利导、因地制宜，面对不同的局势、不同的场域，充满着不断的选择以达成适宜的结果。在不同权利的诸多生活空间的合乎情态的博弈中随时进行不同可能序列的意向导引和选择，以期最终达成多方博弈的和合意境。西方传统的目标是形成体现宇宙秩序的空间组织体系，这一空间组织体系使不同权利的诸多生存空间的博弈能合乎理性地展开。而我提出空间营造就是将东西方两方面加以贯通，我认为空间营造根本上是以自主协同、合乎情理的空间博弈为目标的意动叠痕。

对于城市空间营造来说，何为最大的空间博弈？我以为应该是特定族群的人们聚集在一起的生存空间意志和生存环境的互动博弈。当特定族群的人们有意愿去实现梦想中的城市空间时，他们会面对环境的力量来和他们互动博弈，这是城市空间营造中最大的一个互动博弈。人们要么放弃、要么坚持，放弃就要远走异地，坚持就要立足于这个特定的环境，不断去营造适宜的生存及生活空间。这是发生在自然层面的博弈。而在社会层面，人与人之间为了各自理想空间的实现也在一定的体制内进行着博弈，其中离不开各种机构和组织的制衡。就个人层面，不同的生存和生活状态意欲也会作为潜在冲动的力量影响其自主的选择。城市规划就是贯通这 3 个层次并在一定时空范围内给出的一次或多次城市空间营造的选择，其目的是以自主协同的方式促使空间博弈达成和合各方情理的一种平衡。

我提出的自主协同是至关重要的，在博弈中参与博弈的个体的权利都希望最大化，这是自主性的体现，但这需要博弈规则对此加以确保。博弈规则的确立就需要协同，协同是个体为确保自身权利最大化而自愿的一种行为。协同导致和合情理的博弈规则的遵从，这也是城市规划的目的。

和合各方情理就是促使博弈中诸多情态和诸多理念达成和合，这里也包含了我对城市规划的另一个看法：即城市规划应试图在空间博弈中达成阶段性的平衡。假如没有其他不期然的外力作用的话，它就达到并延续这种平衡。但是如果一旦出现不期然的外力，空间博弈就会出现不平衡，规划就需要再次梳理可能的新关系以达成空间博弈的更新的平衡。

多年来的研究与实践使我深感城市空间营造个案研究的迫切性，更感到城市规划变革的必要性。在我历年指导的硕士论文、博士论文中目前已陆续进行了 30 多个个案城市的空间营造的研究，这是我研究的主要方向之一。我希望从我做起，推动这项工作。

所有的这些个案城市空间营造研究的对象统一界定并集中在城市本身的空间营造上。在时段划分上，出于我对全球历史所做的深入思考，也为了便于今后的比较研究，统一按一维神话（中国战国以前）、二维宗教（中国宋代以前）、三维科学（中国清末以前）3 个阶段作为近代以前的阶段划分；1859 年以后近代开始，经 1889 年到 1919 年；1919 年现代开始，经 1949 年到 1979 年进入当代；再经 2009 年到未来 2039 年。这是近代、现代、当代的阶段划分，从过去指向未来。

具体落实到每一个城市个案，就要研究它从开始诞生起，随着时间的展开其空间是如何发生变化的，时空是如何转换的，其空间博弈中所出现的意动叠痕营造是如何展开的，最终我们要深入到其空间博弈的核心机制的探究上，最好能找出其发展的时空函数，并在此基础上对于个案城市 2009 年以后空间的发展给出预测，从而为进一步的规划提供依据。

空间方面切入个案城市的分析主要是从城市空间曾经的意动出发对随之形态化的体、面、线、点的空间构建及其叠痕转换加以梳理。形态化的体指城市空间形态整体，它是由面构成的；面指城市中的各种区域空间形态，面又是由线来分割形成的；线指城市交通道路、视线通廊、绿化带、山脉、江河等线状空间形态，线的转折是由点强化的；城市有一些标志物、广场，都属于点状形态。当我们说空间形态的体、面、线、点的时候，点是最基本的，点也是城市空间形态最集中的形态。这就是我们对于个案城市从空间角度切入所应做的工作。当然最根本的是要从空间形态的叠痕中体会个案城市的风貌意蕴，感悟个案城市的精神气质。

时间方面切入个案城市的分析包含了从它的兴起到兴盛，甚至说有些城市的终结，不过目前我们研究的城市尚未涉及已终结或曾终结的城市。总体来说，城市是呈加速度发展的。早期的城市相对来讲，发展较为缓慢，在我们研究的个案城市中，可能最早的是在战国以前就已经出现，处于一维神话阶段，神话思维引导了城市营造，后世的城市守护神的意念产生于此一阶段。战国至五代十国是二维宗教阶段，目前大量的历史城市出现在这个阶段，宗教思维引导了此阶段城市营造，如佛教对城市意象的影响。从宋代一直到清末，是三维科学阶段，科学思维引导了此阶段城市营造，如园林对城市意境的影响。3 个阶段的发展时段越来越短暂，第一阶段在战国以前是很漫长的一个阶段，从战国到五代十国，这又经历了将近 1500 年。从宋到清末，也经历了 900 年的历程。

1859 年以后更出现了加速的情况。中国近代列强入侵，口岸被迫开放，租界大量出现，洋务运动兴起。经 1889 年自强内敛到 1919 年 60 年一个周期，"三十年河东，三十年河西"，60 年完成发展了一个循环。从 1919 年五四运动思想引进，经 1949 年内聚，到 1979 年我们又可以看到现代 60 年发展的循环。1919 年到 1949 年 30 年，1949 年到 1979 年 30 年，从 1979 年改革开放，经 2009 年转折到未来 2039 年又 30 年，是当代 60 年发展的循环。从发展层面上来说现当代 120 年可以说是中华全球化的 120 年。它本身的发展既有开放与内收交替的历史循环，也有一种层面的提高。我从 20 世纪 80 年代以来不断在讲述 1919 年真正从文化层面上开启了中华全球化的进程，1919 年五四新文化运动唤起了中国现代人的全球化的意识，有了一种从新的全球角度来重新看待我们所处的东方的文化。通过东方的和侵入的西方的比较来获得一种全新的文化观。1919 年一直持续到 1949 年，随着中国共产党以及毛泽东领导的时代的到来，中国进入一个在文化基础上进行政治革命的时代，这个时代持续到 1979 年。这个阶段可以说是以政治革命来主导中华全球化的进程。这个阶段是建立在上一个阶段新文化运动的基础上所开展的一个政治革命的阶段。这种政治革命是有相应文化依据的，因为它获得了一种新的文化意义上的全球视角，所以它就在这个视角上去推动一个全球的社会主义或者说共产主义运动，希望无产阶级成为世界的主导阶级，成为全球革命的主体，以这个主体来建立起一个新的政治制度。这毫无疑问是全球化的一种政治革命。这种政治革命到 1979 年宣告结束。1979 年以后，随着邓小平推动的以经济为主的变革，中华全球化就从政治革命进入一个更深入的经济改革的时代。这个改革的时代一直持续到 2009 年，可以说中华全球化获得了更深入的发展。不仅在文化、在政治，也在经济这 3 个层面获得了中华全球化的突飞猛进。当然 2009 年到随之而来的 2039 年，中国将会更深入地在以前的 3 个基础之上，进一步深入到社会的发展阶段。这个阶段是以公民社会的建构为主，公民社会的建构将成为一个新时代的呼声。未来我们会以这个为主题去推进中华全球化，推进包括空间营造在内的城市规划的发展。

实际上在空间营造方面我们也经历了与文化、政治、经济相应的过程，在特定的阶段都有特定的空间营造的特点。我希望在对个案城市的研究中，特别应该注意现当代空间的研究。结合文化、政治、经济的重点展开来具体分析。比如 1919—1949 年 30 年中，当时的城市空间营造推进了一种源于西方的逻辑空间意识，这种逻辑空间意识当然是以东西方结合为前提的，与之呼应出现了一种复兴东方的传统风格的意识，所以我们可以看到在这个阶段中城市的风貌表现出的一种相互间的整合，总体上是文化意识层面的现代城市空间的营造。最典型的例子就是当时南京的规划，就是以理性空间结构与传统的南京历史格局相结合。第二个阶段，1949—1979 年，由于政治是主导，所以在空间引导方面更多的是以人民革命的名义所进行的空间的营造。这代表了大多数人的空间意识，比如说北京城市的空间营造，特别能够体现出这个时代的空间的权力、人民的权力空间。所以包括天安门广场，以及整个围绕天安门广场的空间的布局，它反映出一种现代中国人民的权力意识的高涨。面对着南北轴线上的紫禁城，如何去和它相对抗，出现了人民英雄纪念碑竖立在南北轴线上，正面对着紫禁城的空间表现出人民的一种强大的权力。而且毛主席纪念堂最终也在 1978 年落到了南北轴线上，更是最终定格了人民的权力。这是关于天安门广场的空间表现出来的政治上的一种象征性，北京在这个时代是非常典型的，一种关于人民政治权力的表现在空间上进行了非常有意义的探索。当时的各个城市也同样建立了人民广场，同时工人新村成为那个时代的典型空间类型。单位的工作、生活前后空间组织的格局成为最基本的空间单元。1979—2009 年，这 30 年在空间上更多的是关于空间利益的，不同的空间代表不同的利益取向。从开发区的划定到房地产的楼盘泛滥，城市空间的营造离不开空间的利益，离不开不同的个体或集团通过各种手段在城市建设中获得自身最大化的利益。

从 2009 年以后未来 30 年将会如何？这就涉及对未来发展的宏观认识以及未来城市规划应该把重点放在何处的问题。它涉及未来我们以怎样的思想和方法来进行规划，涉及城市规划自身的变革问题，涉及规划师自身的转型问题。我提出用自主协同、和合情理的规划理念和方法来开展个案城市今后的规划，这当然是基于空间营造是以自主协同、和合情理的空间博弈为目标的意动叠痕思想而对个案城市的一种把握。我希望能够整合现当代所获得的空间之理、空间之力、空间之利来达成未来的空间之立。个体的空间自立是阶段性空间博弈平衡的目标。这里的核心是要尊重每一个个体的自主性，同时防止让他们侵害到其他的自主性，使得我们的规划能够去适应一个新时代的公民社会的建构。

我们研究这些个案城市，就是为了顺着族群生存空间的梦想及其营造实现这一贯穿始终的主线，梳理个案城市在历史演化过程中空间营造所面对的一次次来自自然、社会、个人的挑战及人们所作出的回应，把握它独特的互动机制，从而进一步推动它在未来的空间营造特别是公民社会的空间建构来具体实现自主协同、和合情理的空间博弈。这就是我希祈每一个个案研究所要达成的目的。

在体例上，所有这些论文也都是以这样的基本格局来展开的。我希望我指导的硕士生、特别是博士生能够脚踏实地，像考古学家一样调研发掘他所研究的个案城市的营造叠痕，也要深入钻研，像历史学家一样详尽收集相关的文献资料，并且发挥规划师研究和体悟空间的特长，以直观且精准的图文方式展现我们的研究成果，特别是图的绘制，这本身就是研究的深化。我当然也知道他们个性及求学背景的差异会最终影响论文的面貌，只能尽力而为了。

最后，我表达一种希望，希望有更多的人参与到这项研究计划中来，以便尽早完成中国 600 多个案城市的研究，同时推动城市规划的变革。

武汉大学城市建设学院创院院长、教授、博士生导师

赵 冰

2009 年 7 月于武汉

前　言

　　本书是赵冰教授"城市空间营造研究"体系中长江中游流域个案研究的一部分。赵冰早在 21 世纪初就提出建筑与城市空间"营造法式"的理念。营造理论基于哲学上"存在"的事实，其历史进程来自对中国传统文化营造思想的深入挖掘、东西方建筑文化思潮与信息时代虚拟空间三个主要方面相互冲突中的建构。研究城市离不开对城市空间的研究，而城市空间的研究必须探索其"活的根基"，即探索其空间演化过程中自然与人类活动在不同历史阶段的投射，并以此作为城市空间发展的依据。

　　不同的城市其营造的基础及特征是不一样的。长江流域的城市由于其特有的地理区位特征以及文化特质而在中国城市发展中占有重要地位。宜昌作为案例具有自身的历史地理特殊性，也具有广泛的代表性。从一个具有悠久历史的古城，一直到发展成为著名的水电之城，宜昌是一个具有典型意义的城市。特别是在近现代，几乎所有重大的历史事件都对其产生了直接和深远的影响，其城市形态的演变具有强烈的时代特性。

　　对宜昌的全时段的城市空间营造的研究在目前并不多见，对各个时期的城市空间形态的研究散见于一些相关著作中，并无专题论述。作为一个数百万人口的大城市，其研究现状和宜昌的城市地位极不平衡。本书以宜昌的城市空间营造为主体，以宜昌从建城初期的小的军事镇邑发展到如今的湖北省副中心城市的演变脉络为主线，梳理出宜昌城市空间营造的全过程，并由此分析宜昌城市空间营造的特征及机制，试图为宜昌的发展提供一个良好的研究平台，为宜昌在新时期的城市空间营造提供参考意见。同时，通过本书的研究，为其他城市提供借鉴与启迪。

目 录

第1章 绪 论

1.1 研究的背景

1.1.1 研究主题的确定

城市是人类社会的生产力发展到一定阶段的产物，是人类重要的居住环境或聚落空间，也是人类活动的主要物质场所。城市的产生、形成和发展都存在内在的空间秩序和特定的空间发展范式，城市各物质要素空间分布特征及其不同的地理环境会演变为不同风格的城市空间形态。同时，城市形态是不同历史阶段城市物质文明和精神文明发展的积累，随着城市的发展而变化。城市形态的变化只有通过历史发展过程的分析才能被解释。研究城市形态必须把握住城市形态的总体特征及其演变过程，揭示出城市内外部诸要素相互间的关系及其发展规律，才能为城市的发展提供指导。

中国城市形态的演变，相较其他国家，其动力机制和演变方式具有自己显著的特点。从漫长的历史阶段来看，中国城市形态经历了古代、近代、计划经济时期和转型期四个阶段的演变，其阶段性和突变性明显，静态和动态特征显著。其中，近现代的城市形态变化尤为剧烈。从1840年鸦片战争的失败所带来的西方文化入侵开始，在短短的100余年间，我国经历了从封建社会到社会主义社会的转变，经历了从农业社会到工业社会的转型。研究中国城市，离不开对各历史阶段城市空间形态演变的分析。

21世纪被称为城市的世纪，全世界将在21世纪内实现城市化。当代的中国，正处于全球化浪潮的中心，城市化水平正以前所未有的速度发展。城市的快速扩展，新空间的不断出现，带来城市空间结构的重组，既有外部轮廓的扩展，又有内部空间结构的调整和优化。城市形态的合理与否，直接影响到城市的功能布局、城市的发展方向、城市交通组织及城市绿地系统等一系列问题。这就迫切需要开展城市形态演变的研究，从历史发展过程来分析城市历史遗存和现代空间组织之间的关系，以此来弥合城市化所造成的城市文脉割裂和活力丧失，并在此基础上对城市发展进行预测，提高管理者控制城市发展的主动性及能力。

1.1.2 研究的意义

宜昌作为案例具有自身的历史地理特殊性，也具有广泛的代表性。从一个具有悠久历史的古城，一直到发展成为著名的水电之城，宜昌是一个具有典型意义的城市。特别是在近现代，几乎所有重大的历史事件都对其产生了直接和深远的影响，其城市形态的演变具有强烈的时代特性。

宜昌在2200多年前作为军事争霸的产物而建城，从唐宋到明清时期一直是地方州、县的政府所在地，城市空间具有强烈的中国传统城市特性。鸦片战争以后作为重要的港口城市而开埠，城市空间形态受到西方文明的强烈冲击而迅速发展，第二次世界大战期间日军侵华又对刚刚有所发展的城市空间造成了重大破坏。中华人民共和国成立后，受中国工业化城市模式的影响，城市空间随着葛洲坝和三峡大坝的建立呈现跳跃式发展。可以说，宜昌是中国城市发展过程的一个标本，具有中国城市的复杂特征，研究宜昌对研究长江中游流域城市的空间形态有着典型的意义。

在市场经济和全球化浪潮中，宜昌在城市化过程中出现的各种城市问题，在全国特别是长江流域具有普遍性。以城市形态作为切入点对宜昌城市的演变与发展进行研究，不仅可以揭示出新形势下城市形态演变的特殊性，同时也有助于我们认识城市的发展规律，从而促进今后城市形态的健康发展。

1.2 研究的主要概念及范围界定

1.2.1 城市形态概念的不同表述

形态的概念（morphological concepts）根植于西方古典哲学性的研究框架论与方法思维和由其衍生出的经验主义哲学（empiricism），其中包含两点重要的思路：一是从局部（components）到整体（wholeness）的分析过程，复杂的整体被认为是由特定的简单元素构成，从局部元素到整体的分析方法是适合的并可以达到最终客观结论的途径；二是强调客观事物的演变过程（evolution），事物的存在有其时间意义上的关系，历史的方法可以帮助理解研究对象，包括过去、现在和未来在内的完整的序列关系[①]。

城市形态学用以分析城市的社会与物质环境。将形态学引入城市的研究范畴，将城市视为一个有机体加以观察和研究，了解其生长机制，建立一套分析城市发展的理论。在研究的内容上，"逻辑"的内涵属性与"表现"的外延共同构成了城市形态的整体观。城市形态（urban morphology）作为一门跨学科课题，地理学、经济学、社会学、生态学及城市规划学科等，都在各自领域对其进行分析研究，不同学科在认识上存在一定尺度上的差别并导致其至今没有一个统一的定义。从研究的范围和要素来讲，目前的研究主要区分为狭义和广义两种形式。

狭义的城市形态主要集中于对城市物质实体的研究。比较有代表性的定义有：《中国大百科全书：建筑、园林、城市规划》认为，城市形态是城市内在的政治、经济、社会结构、文化传统的表现，反映在城市和居民点分布的组合形式上，城市本身的平面形式和内部组织上，城市建筑和建筑群的布局特征上等方面。顾朝林（1990）认为，城市形态指一个城市的全面实体构成，或实体环境以及各类活动的空间结构和形式。王宁（1996）认为，城市形态是城市实体的地域空间投影，是城市自身动态发展与其所处的地域与人文环境共同作用的结果，是自然的历史过程。苏毓德（1997）认为，城市形态是指城市在某一时间内，由于其自然环境、历史、政治、经济、社会、科技、文化等因素，在互动影响下发展所构成的空间形态特征。杜春兰（1998）认为，城市形态是构成城市所表现的发展变化着

---

① 谷凯. 城市形态的理论与方法——探索全面与理性的研究框架 [J]. 城市规划，2001，25（12）：36-41.

的空间形式的特征。王农（1999）从文化的角度出发，认为城市形态其实就是一种存在于该地域社会特有文化中的集团意志所左右的构图。张宇星（1995）认为，城市形态是一种实质空间的呈现。黄亚平（2002）则将城市形态称为"我们的场所"。

广义的城市形态不仅仅局限于城市的物质层面，其含义的外延不断延伸至非物质范畴。而对非物质因素的范围界定也存在两种倾向。多数学者认为城市形态首先必须强调"形"，即认为城市形态首先是一种"结构或形式"，强调城市的空间形态，而非物质因素的范围应该在此基础上延伸。比较有代表性的有：武进（1990）明确指出，城市形态由物质形态和非物质形态两部分组成。是由结构（要素的空间布置）、形状（城市外部的空间轮廓）和相互关系（要素之间的相互作用和组织）所组成的一个空间系统（spatial system）。赵和生（1999）在《城市规划和城市发展》一书中将城市形态定义为"城市各构成要素（包括物质的、经济的和社会的）的空间分布模式，它包括了空间组合的具体的物质环境和反映各要素相互关系的抽象的结构模式"，认为物质和非物质要素的分析应该通过公众和专业两个层面来理解。谷凯（2001）对国外城市形态学研究进行了评述，将城市形态定义为一门关于在各种城市活动（包括政治、社会、经济和规划过程）作用力下的城市物质环境演变的科学。

而另一种倾向认为城市是一种多元结合的复杂系统，所以城市形态的概念外延不能停留在这种"空间"感上，而应将非物质形态的概念扩大至城市系统的范畴。城市的政治、社会形态，城市的经济、贸易形态，城市的文化生活形态，甚至能使一个城市与其他城市区别开来的意识形态，都要纳入城市形态这样一个尚无定论的概念体系中[1]，城市不仅是城市内部和外部形态的有机表现，它还包括了更深层次的文化内涵，是物质形态和精神形态的总和[2]。

在针对个案的城市形态演变研究中，城市形态定义的伸缩性更为强烈。有学者认为城市形态仅仅特指城市的内部空间形态，如街道、建筑、公共空间等，也有学者认为城市形态除了城市的内部形态和外部形态等物质特征外，将城市的政治、社会形态，城市的经济、贸易形态，城市的文化生活形态以及作为城市的民风民俗、市民的精神面貌等属于意识精神范畴的内容都列入城市形态的范畴。

城市形态概念的延伸有其合理性和必要性，但是如此宽泛的内涵在研究中很难全面涉及，这也使得国内研究界出现很多的类似或者混杂称谓，造成了城市形态和城市空间形态、城市空间结构、城市空间结构形态、城市结构等概念的关系多元和复杂化。如郭广东（2007）认为，"城市形态与城市空间形态是含义十分接近的一组概念，众多学者在研究中也经常互相通用"，"与城市空间形态的内涵十分接近的一个概念是城市空间结构"；周霞（2005）认为，"从广义上来讲，城市空间结构形态和城市形态的含义有时是相互渗透的"；段汉明（1999）认为，"城市结构与城市形态互为表里，城市结构表现为城市发展中的内在的动力支撑要素，城市形态则表现为城市发展的外部显性的状态和形式"；周春山（2007）

---

① 段汉明. 城市结构的多维性和复杂性 [J]. 西北建筑工程学院学报，1999（2）：26-29.
② 杜春兰. 地区特色与城市形态研究 [J]. 重庆建筑大学学报，1998（3）：26-29.

认为，"城市结构与城市形态密不可分，他们强调的是城市的不同方面，城市结构往往包括城市形态，广义的城市形态也包括城市结构"；张骁鸣（2003）认为，"从概念属种的关系来说，城市结构是属概念，城市空间结构是种概念，而城市形态即为确定城市空间结构这一概念时的种差"。城市空间结构是城市要素在空间范围内的分布和联结状态，是城市经济结构、社会结构的空间投影，是城市社会经济存在和发展的空间形式。城市空间结构一般表现在城市密度、城市布局和城市形态三种形式。因此，国内外的学者通常需要对其研究范畴进行预先设定和说明，以表明自己的研究层次和角度。也有学者对概念不做具体说明，直接以城市空间发展、城市空间结构与形态、城市形态与空间结构等概念来表述自己的研究内容。

1.2.2　城市空间营造的范围界定

城市形态研究的基础在于城市的"形态"。"形"指物质实体的表现形式，是城市内各种要素空间分布的形式或形状，关注各构成要素的表象与相互关系；"态"指内在机制，即决定城市形态表象的内在原因。城市形态学是对各构成要素的实体的表现形式及其内在机制的研究。城市形态是人类活动的外在物化形态表现，城市形态学是一门显相研究科学，但研究的目的是通过物质要素表征来发掘城市空间的深层结构和发展规律。

演变指变化和发展。关于演变的研究必须探讨事物在时间历程中的不同特征，以体现其变化，分析事物变化的动因和原理，以预测事物的未来发展方向并给予指导；关于演变的研究还必须同时关注事物形成过程中不同历史时期特征的叠加和累积，正是不同历史时期的空间形态的特色累积才形成了事物在当前状态下的本质特征。

本书用"城市空间营造"一词来概括城市形态的演变历程。城市空间营造不仅研究物质的可见的城市空间，更强调城市形态的精神、文化以及社会经济含义。城市空间营造的研究主体是基于广义的城市形态的演变，但研究中更注重揭示"营造"的社会、人文、政治、经济等深层次因素对于物质和有形的城市空间的影响。"城市空间营造"就是研究不同的历史时期（时间轴）自然和城市活动（动力机制）作用力下城市空间形态表象（物质）及特征（演变机制），包括其静态特征和动态特征。

1.3　城市形态研究综述

1.3.1　国外城市形态研究综述

1. 工业革命以前的城市形态研究

早期的城市形态研究以神权、君权思想为依托，强调以宗祠、王府、市场等为核心的空间结构布局以及规整化、理想化的静态结构形态。最具有代表性的著作是公元前1世纪古罗马建筑师兼工程师维特鲁威（Vitruvius）所著的《建筑十书》。这是全世界保留到今天最完备的西方古典建筑典籍。该书构想出一种有利于军事防御的类似蛛网状的八角形的理想城市模式（图1-1），这对后来文艺复兴时期的城市规划有着重要的影响。

公元15、16世纪的文艺复兴时期，是欧洲资本主义的萌芽时期。在人本主义思想的影响下，西方学者对城市形态的研究进入到一个新的阶段。如阿尔伯蒂（L. B. Leon Battista Alberti）的《论建筑》、帕拉第奥（Andrea Palladio）的《建筑四书》、斯卡莫齐（Vincenzo Scamozzi）受菲拉雷特（Filarette）的《理想城市》的影响所提出的理想城市模型，进一步深化了对城市形态的探索，反映了当时商业兴盛和城市生活多样化所带来的对城市理论和城市模式的影响。

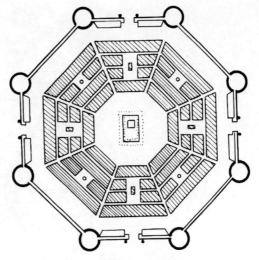

图 1-1 八角形的理想城市模式

15 世纪，空想社会主义的产生也开始提出对理想的城市空间结构和形态的探索。托马斯·莫尔（St. Thomas More）在《乌托邦》中提出了一个理想的正方形的城市模式，托马斯·康帕内拉（Tommas Campanella）设计了在赤道广阔平原上的同心圆结构的太阳城，约翰·瓦伦丁·安德烈（Johann Valentin Andreae）设想了一个位于南极的正方形的基督城。这一些空想社会主义的理论和探索，对后来城市建设理论的发展产生了一定的影响。

2. 工业革命至 20 世纪中叶以前的城市形态研究

18 世纪下半叶开始的工业革命给城市带来了巨大影响。工业革命对社会发展而言是一次伟大的进步，迅速推动了广泛的城市化过程，引发了社会经济领域和城市空间组织的巨大变革，传统城市以家庭经济为中心的空间格局和建筑尺度同时被瓦解，出现了大片工业区、交通运输区、仓库码头区和工人住宅区等相互交织的近代城市格局，日趋复杂。同时，工业革命带来的城市社会、经济结构变化对城市这一物质载体也带来了巨大的反面作用，城市环境受到了极大破坏，并出现了诸如住房、就业等问题，各种社会矛盾激化。为解决这些问题，人们开始对城市进行系统的理论化探索，从而推动近代城市规划学科的产生和发展。其中，比较有代表性的有空想社会主义城市、田园城市、工业城市、带形城市、光辉城市以及有机疏散等理论。

受早期空想社会主义者托马斯的影响，空想社会主义后期的主要代表人物英国工业慈善家欧文（R. Owen）于 1817 年提出了新协和村的示意方案。傅立叶（C. Fourier）与欧文的试验相类似，在 1829 年发表的《工业与社会的新世界》一书，提出了法郎吉的概念。欧文和傅立叶把城市作为一个完整的社会经济范畴和独立的生产生活环境，从社会改良的角度提倡建设独立的新型市镇，具有较多的理想色彩，缺乏实践操作性，最终在实践中都失败了。

1898 年，霍华德（Ebenezer Howard）出版了《明天——一条引向改革的和平道路》，在书中提出了建设"田园城市"的理想，认为理想的城市应该兼有城市和乡村的优点（图 1-2），使城市的生活和乡村生活相互吸引、相互结合。霍华德的追随者昂温（R. Unwin）于 1922 年提出了"卫星城市"的概念，主张在大城市周围分散一些独立的城市，

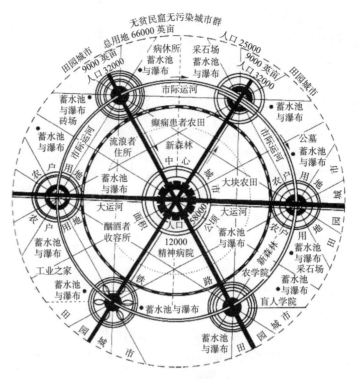

图 1-2　田园城市

这些城市在生产、经济、文化生活方面受中心城市的影响。

1917 年，法国建筑师戈涅（Tony Garnier）提出了"工业城市"理论。他从大工业的需要出发，对工业城市的规划结构进行了研究，主张在既有城市的内部对工业、居住之间进行严格的功能分区，通过便捷的交通组织来满足城市大工业发展的需要。工业城市形态理论奠定了现代城市空间功能规划布局的理论基础。

1882 年，西班牙工程师索里亚 – 玛塔（Soria Y Mata）提出了带形城市概念（图 1-3）。带形城市是沿一条高速度、高运量的轴线发展起来的城市形态，城市发展沿交通运输线带状延伸，将沿线原有的城镇联系起来，组成一个城市网络。这样的城市布局不仅使城市居民容易接近自然，而且能将文明的设施带到乡村。

1932 年赖特（Frank Lloyd Wright）提出了"广亩城市"（Broadacre City）的设想，从而将城市分散发展的思想发挥到了极点。赖特认为现代城市不能适应现代生活的需要，小

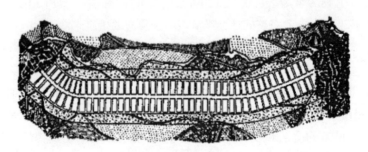

图 1-3　带形城市

汽车大量普及使得创造一种新的、分散的文明形式成为可能。汽车成为他反城市模型也就是"广亩城市"构思方案的支柱。在《宽阔的田地》（Broadacres）一书中，他正式提出了"广亩城市"的设想，把集中的城市重新分布在一个地区性农业的方格网格上，发展形成一种完全分散的、低密度的生活居住就业相结合的新形式。美国城市在 20 世纪 60 年代以后普遍的郊迁化在相当程度上是赖特"广亩城市"思想的体现。

与赖特不同，法国建筑师勒·柯布西耶（Le Corbusier）认为城市密度远远没有达到极致，问题在于如何处理好城市的高密度，这才是解决城市问题的关键。他在 1915 年和 1930 年分别提出"架空城市"和"光辉城市"模型。他认为，城市必须集中，只有集中的城市才有生命力，由于拥挤而带来的城市问题完全可以通过技术手段进行改造而得到解决。这种技术手段就是采用大量的高层建筑来提高建筑密度和建立一个高效率的城市交通系统。勒·柯布西耶的"光辉城市"模型体现的现代城市集中主义思想，对以后的城市建设有深远影响。

1934 年，伊利尔·沙里宁（Eliel Saarinen）提出了有机疏散理论。该理论被认为是"化整为零"的城市思想，是当时关于城市发展与布局结构的一种新理论。沙里宁认为趋向衰败的城市，需要有一个以合理的城市规划原则为基础的革命性的演变，使城市有良好的结构，以利于健康发展。沙里宁提出了有机疏散的城市结构的观点。他认为这种结构既要符合人类聚居的天性，便于人们过共同的社会生活，感受到城市的脉搏，而又不脱离自然。

这个阶段，城市形态的研究侧重于综合形态的理论研究，其研究的领域主要集中于城市物质形体，如城市空间形态、城市空间结构等，对非物质形态的研究相对较少。通过对城市物质形体的设计和美化，来解决在城市发展过程中的城市问题，如人口密集、房屋拥挤、环境恶劣、交通阻塞等。由于受到时代的限制，其理论和方法都有一定的局限性。

3. 20 世纪初期到 20 世纪 90 年代的城市形态研究

进入到 20 世纪，城市形态研究进入到一个全新的阶段，以地理学、经济学、社会学为代表的其他学科进入到城市形态研究领域，并取得了巨大的发展。

1）城市社会学研究

以帕克（Robert Ezra Park）和沃思（Louis Wirth）为代表人物的美国芝加哥学派从人类生态学的角度研究经济和社会因素对城市形态的影响。该派学者伯吉斯（E. W. Burges）提出了构造理想城市的模式——同心圆结构，并将其应用于芝加哥的城市结构分析。他认为，城市的内部结构不断地进行调整，特定的文化群体和阶层在城市内进行着集中与分化过程，最终形成城市有机体的空间结构。1939 年，美国经济学家彼得·霍伊特（Peter Howitt）在《美国城市居住邻里的结构和增长》一书中提出了"扇形模式"，保留了同心圆模式的经济地租机制，加上了放射状运输线路的影响，使城市向外扩展的方向呈不规则式。1945 年，美国学者哈里斯（C. D. Harris）和乌尔曼（E. L. Ullmn）提出了城市空间多核心理论。他认为城市的各个功能地块间具有相对的独特性，这些分化了的地区又形成各自的核心，从而构成了整个城市的多中心，城市并非是由单一中心而是由多个中心构成。

卡特（Harold Carter）把城市空间形态的发展与社会阶层分布模式的变化和人口迁移规律联系起来，以分析城市扩展中的历史轨迹和规律。韦伯（M. Webber）把城市空间形态的发展过程与社会体制紧密结合在一起,研究城市结构形成过程的内在规律。帕克和沃思从城市社会生态学角度研究城市形态,依据对城市生活结构的详细考察,用阶层、种族或生活方式的质量来分析城市形态,提出城市形态的马赛克式的自然区镶嵌。赫伯特(D. T. Herbert)和约翰斯顿(R. J. Johnston)指出北美城市具有比较相似的社会空间形态。经济地位的空间分异是城市内部形态的最重要的表征因素,其空间分布呈现扇形模式,其次是家庭类型,其空间分布呈现为同心圆模式,然后是种族背景,其空间分布呈现为多核心模式。

2)城市经济学研究

1903年,赫德(R. M. Hurd)发表了《城市土地价值原理》一文,将城市土地纳入到生产理论,得出具有同等生产力土地的地租理论,对于用生产理论来分析选址行为和对城市土地利用进行经济分析奠定了理论基础。海格(R. M. Haig)继续了这方面的研究,1927年提出城市土地价值高低取决于土地的区位条件。1933年由德国地理学家克里斯塔勒(W. Christaller)提出了中心地理论。他认为一定区域内的中心地在职能、规模和空间形态分布上具有一定规律性。中心地理论反映了从社会经济角度研究城市用地发展关系的城市形态方法。1949年拉特克利夫(V. Ratcliff)提出了较完整的类似杜能环的逐层分化的城市土地利用经济模式。阿隆索(William Alonso)在《区位与土地利用:关于地租的一般理论》一书中用新古典主义经济理论解析了区位、地租和土地利用之间的关系,运用地租竞价曲线来解析城市内部居住分布的空间分异模式。哈维(David Harvey)分析了城市景观形成与变化和资本主义发展动力之间的矛盾关系,在此基础之上建立了"资本循环"(capitalcircuits)理论。切科维(Checkoway)以美国战后的郊区化为例,揭示了城市物质环境建设中的基本积累。

3)环境行为学研究

美国的凯文·林奇(Kevin Lynch)1960年在《城市的意象》一书中从人的视觉心理和城市物质空间形态的关系出发,研究总结出人对城市形象认知的五要素——道路、边缘、区域、节点、标志,从而创立了基于人对城市环境形态的感知和反映的新的设计思想和方法。1981年,在他的城市形态理论的基础上,出版了《城市形态》一书。提出并阐述了城市形态的评判标准,即活力和多样性,感受(可识别性)、适宜(灵活性)、可及性、管理(控制)、效率和公平。这部著作通过比较分析城市空间形态政策与城市空间形态建成实际状况适合程度,寻找建成空间背后支持政策的种种目的和动机——价值标准及其划分。

简·雅各布斯(J. Jacobs)1961在《美国大城市的死与生》中对现代主义城市规划展开了批判,通过对城市空间中的人类行为的观察和研究,提出城市空间和城市形态应当与城市生活相一致,与这些空间的使用者的意愿和日常生活轨迹相一致,城市规划应当以增进城市生活的活力为目的,并确立了多种功能混合的必要性和具体操作的要求。

克里斯托弗·亚历山大(Christopher Alexander)1965年发表的《城市并非树形》(A City is Not a Tree)一文,从城市生活的实际状况出发,指出物质空间决定论忽视了人类活动中丰富多彩的方面和多种多样的交错与联系,从思想方法上论证了现代主义方法的简单化和对社会生活多样性的遮蔽,提出城市空间的组织本身是一个多重复杂的结合体,城市空间的结构应该是网格状的而不是树形的,任何简单化的提纯只会使城市丧失活力。1979

年出版的《建设的永恒之道》一书，进一步阐发了如何形成网格状城市的思想方法，从日常活动和建设行为如何架构整体空间形态的角度探讨了城市结构和空间形态的形成过程。

拉波波特（Amos Rapoport）在1977年出版的《城市形态的人文方面》一书采用信息论的观点进行研究，并把城市定义为"社会、文化和领域性的变量"，强调设计应与环境相协调，即采用"环境行为"的方法。在其《环境设计的历史与未来》（1990年）一书中重点讨论了人和特定建筑环境之间的行为反应，分析得出现代城市问题多出于"逆城市"和"逆人"的作用力。基于这个观点，他建议城市发展演变应与当地的生活方式和文化需求相适应，强调设计应与环境相协调，即"环境行为"的方法。

4）类型学与文脉研究

意大利建筑师玛拉-托利（Mara-tori）、坎尼吉亚（Canniggia）和罗赛（Rossi）奠定了类型学的基础。根据罗赛的解释，类型是普遍的，它存在于所有的建筑学领域，类型同样是一个文化因素，从而使它可以在建筑与城市分析中被广泛使用。由于类型学关注于建筑和开敞空间的类型分类，解释城市形态并建议未来发展方向。文脉研究着重于对物质环境的自然和人文特色的分析，其目的是在不同的地域条件下创造有意义的环境空间。谷凯对此进行的总结和归纳中，总结了艾普亚德（Appleyard，1981）、卡伦（Cullen，1961）、克雷尔（Krier，1984）、罗（Rowe，1978）和赛尼特（Sennett，1990）的研究观点。其中最有影响的概念是卡伦的"市镇景观"（townscape），这一概念的建立基于两点假设，一是人对客观事物的感觉规律可以被认知，二是这些规律可以被应用于组织市镇景观元素，从而反过来影响人的感受。

其他有代表性的研究还有西方著名城市研究学者培根（Baken，1976）、吉迪翁（Giedion，1971）、科斯托夫（Kostof，1991）、刘易斯·芒福德（Mumford，1961）、拉姆森（Ramussen，1969）和舍贝里（Sjoberg，1960）等对传统城市的研究。他们的著作除了详尽地描述了西方城市历史形态演变过程之外，亦讨论了引起其变化的原因。1969年福雷斯特（J. W. Forrester）将系统动力学应用于城市结构的动态变化研究中，建立了城市系统动态学模型（Urban Dynamics）。它借助社会、经济要素的反馈等关联关系的一系列微分方程，对城市各要素指标的变化进行动态模拟。1980年登德里诺斯（Dendrinos）和马拉利（Mullaly）将生态学中反映捕食与被捕食动态关系的volterra-Lotka方程引入城市动态分析，1981年阿姆松（Amson）将突变理论应用于空间结构研究。

4. 20世纪90年代以来的城市形态研究

20世纪90年代后，随着科技的进步，城市形态研究和计量方法也逐渐深化。同时，新的时代背景不断出现，城市形态研究向区域化、信息网络化发展明显加强。熊国平在其论文《90年代以来中国城市形态演变研究》中做了较为系统的总结和阐述[①]。

一些学者从人类居住形式的演进过程研究入手，提出了21世纪城市空间结构的演化必然体现人类对自然资源最大限度集约使用的要求，并针对日益显著的大都市带现象，提出了世界连绵城市（Ecumnnopolis）结构理论，代表人物有道萨迪亚斯（Doxiadis）、

---

① 熊国平. 90年代以来中国城市形态演变研究 [D]. 南京：南京大学，2005.

戈特曼（Gottanman）、费希曼（R. Fishman）等。同时，大城市扩张的加快，使空间的发展经受着重大的压力，在这种情况下相继出现了新城市主义、精明增长、紧凑城市等理念。

全球化以新的方式影响着城市形态研究的发展。全球化对城市发展的最大影响来自空间流动造成空间层级重振以后，重塑了跨界时空结合的政治、经济与社会关系，进而牵动了社会发展与变迁。皮尔焦蒂斯（Pyrgiotis，1991）、孔兹曼和韦格纳（Kunzmann and Wegener，1991）通过对欧洲城市的研究认为：经济全球化和集团化双轨并行形成了跨国网络化城市体系，该体系的主要物质基础是跨国高速公路和发达的电子通信设施。德雷南和牛顿（Drennan and Newton，1992）在研究纽约和伦敦时，对世界范围的大都市经济发展进行了全面的研究，指出了大都市地区在今后的发展中面临的全球性的普遍趋势。欧盟基于区域经济一体化发展的需要，于1993年开展跨境的"欧洲空间发展展望"规划。史密斯和佛罗里达（Smith and Florida，1994）发现，跨国公司的产业集群导致的空间集群是日本制造业在美国定位的重要特征。

美国未来学家阿尔文·托夫勒（Alvin Toffler）在1980年出版的《第三次浪潮》一书中提出人类经历了3次浪潮：农业化浪潮、工业化浪潮和第三次浪潮。信息化浪潮。每一次浪潮都显著地改变了城市和乡村的关系和面貌。国际上对信息化的研究主要集中于经济社会、建筑规划、城市地理、文化和通信技术领域。内格罗蓬特（Negroponte，1995）指出："信息时代将消除地理的限制，数字化生存将导致越来越少对特定地点、特定时间的依赖，地方自身的转移也将成为可能。"巴尼·沃夫（Barney Warf）认为有线城市（Wired City）、电信城（Telecity）、数字城市（Digital City）、虚拟城市（Virtual City）、软体城市（Soft City）、比特城市（City of Bits）、实时城市（Real Time City）、电信港、信息港等新的空间现象反映了"新的信息空间"（New Information Spaces），产生了一种新的不同于传统中心地模式的地域空间组合，即网络城市（Network City）。科里（Kenneth E. Corey）指出由IT技术和远程通信技术所推动的新的城市走廊正形成，即智能走廊（Intelligent Corridors）。

从相关学科的成果和研究方法来看，城市形态研究已成为多学科关注和研究的领域，各学科相互交融，互相启发，从某种意义上，是从不同视角对同一对象的理解和观察。同时，随着科技的进步，城市形态研究逐步引入新的技术手段和理念，研究的广度和深度正达到一个新的高度。

1.3.2 中国城市形态研究综述

1. 中国古代城市形态研究综述

中国很早就出现了对城市形态的朴素研究，其中经常以阴阳五行和堪舆学的方式出现。许多理论和学说散见于《周易》《诗经》《尚书》《周礼》《商君书》《管子》和《墨子》等政治、伦理和经史书中。其中，最具有代表性的研究如下：

1)《周易》——城市形态理论萌芽

周代是古代城市规划理论和总结实践的重要时代，周代的诸多书籍开始出现关于城市建设和筑城的技术和理论。《周易》相传为周文王演绎而成，是周代占卜的规范书籍。该书建立了以八卦为基础的认识和感知自然的新的理论基础，将"物"（自然环境）、"象"（物的外形特点归纳）、"数"（物化抽象后的符号、图形）、"理"（规律、道理）结合起来解释世界各类现象。这种思维上的伟大创造，可能是古代城市思想理论最早的孕育温床，为古代城市规划思想的形成奠定了基础。《周易》创立了"象天法地"象征主义规划方法；同时，形成了"形胜"环境规划观念；《周易》建立了"象""数"关系，并强化其重要性；《周易》创立了在城市规划中追求崇高精神境界思想的原则。总的来说，《周易》的哲理思想，在城市规划中造成了深刻的影响，使古代城市规划理论在开始形成的过程中即重视追求城市的"象""数""形"和"意"，这种独特作用，在世界城市规划史上可能是唯一的现象[①]。

2）《周礼》——伦理的形态模式

周代的另外另一个对城市规划思想理论建立有重大影响的是礼制的建立，《周礼》《礼仪》《礼记》都对古代城市规划的礼制规划思想产生了重大影响。西周形成了中国历史上第一次城市建设高潮，确定了城邑建设制度。《周礼·考工记》记载了关于周代王城建设的空间布局："匠人营国，方九里，旁三门。国中九经九纬，经涂九轨。左祖右社，面朝后市。市朝一夫。"同时，《周礼》还对不同等级的城市，根据其级别在用地面积、道路宽度、城门数量、城墙高度等方面进行了不同的规定，并对城市和城外的郊、田、林、牧地的相关关系进行了论述。《周礼·考工记》反映了中国古代社会关于城市空间形态特征与布局规范的思想。所记述的周代城市建设的空间布局制度对中国古代城市规划实践活动产生了深远的影响。《周礼·考工记》代表了礼乐体制在都城规划建设中的核心思想，因而受到历代的推崇。

3）《管子》——自然观的形态模式

战国时期《管子》一书较为系统地论述了我国古代城市制度及其规划思想和理论，对城市选址、城市经济和城市发展、城市规模、城市功能分区、道路网布局等方面提出了城市建设的原则，在思想上丰富了城市规划的创造。尤其是在该书中，提出了"因天材，就地利"的因地制宜的规划思想，成为与《周礼》提倡的礼制等级思想并驾齐驱的两种规划体系。同时，《管子》建立了较为全面的古代城市功能分区理论，提倡以城市经济活动的实际需要为基础，这也和《周礼》所提倡的"左祖右社"的礼制需要的分区有本质的不同。如《管子·度地篇》提出："圣人之处国者，必于不倾之地，而择地形之肥饶者。乡山，左右经水若择。"《管子·乘马篇》提出："天子凡立国都，非于大山之下，必于广川之上。高毋近旱而水用足，下毋近水而沟防省。因天材，就地利，故城廓不必中规矩，道路不必中准绳。"《管子·五行》提出："五行以正天时，五官以正人位，人与天调，然后天地之美生。"这些论述从思想上打破了《周礼》单一模式的束缚。《管子》反映了我国古代顺乎自然、因地制宜的城市建设思想，是中国古代城市规划思想发展史上一部革命性的也是极为重要的著作。

4）《葬经》——风水论的提出

东晋郭璞所著《葬经》是风水学最早最重要的典籍。《葬经》中说："气乘风则散，界

---

① 汪德华. 中国城市规划史纲 [M]. 南京：东南大学出版社，2005.

水则止，古人聚之使不散，行之使有止，故谓之风水。"又说："风水之法，得水为上，藏风次之"，"深浅得乘，风水自成"等。"风水"的概念，一般认为源自此。《葬经》将风和水联系在一起，核心是如何使人的居住地或者墓地环境符合自然界隐藏的"气数"。同时，风与水也是城市自然环境的重要因素，因此，风水观和城市规划一直息息相关[1]。《葬经》其理论概括为：生气说、气运说、气感说、风水说、形气说、气质说、气情说、形势说、四象说。其完整的"寻、聚、乘"生气理论，对后世风水的发展起了十分重要的作用。从某种角度看，古代中国大多数城市的位置都可以说是在风水理论指导下选定的，风水理论可以说就是古代的一种聚落区位理论。风水术对中国古代城市规划和城市建设的影响是相当深刻的。

纵观中国古代的城市形态研究和实践，传统的城市规划理论主要分成两个方向：以《周礼·考工记》为代表的伦理的、社会学的规划思想，以及以《管子》和后期的风水理论为代表的自然观的、功能性的规划理论。"理性"和"自然"的原则互相补充构成了独特的中国传统城市形态理论，其所表达的朴素的城市规划思想在中国城市发展史中占有显著的位置，构成了独特的中国传统城市形态理论，并且影响了古代城市的主要特征。在西方的规划思想进入中国之前，这种指导思想一直深深影响着中国的城市发展，在中国古代的城市规划和建设实践中得到了充分的体现而占据着绝对的统治地位。

2. 中国近现代城市形态研究综述

1）20世纪90年代以前的城市形态研究

进入近代以后，鸦片战争所带来的西方文化入侵逐渐改变了中国传统文化中城市建设和城市空间布局的理念和理想，中国的城市形态和城市形态研究也发生了重大变化。虽然由于受整个城市近代化进程影响较晚，在城市形态的研究上一直落后于欧美等国，长期处于滞后的状态，但随着西方城市规划观念和城市规划制度的引入，也开始尝试运用新技术来研究城市。20世纪30年代，我国地理界就曾对无锡、成都、重庆、北京、南京等城市进行过具体的城市地理研究，其中也涉及一些有关城市形态的问题。这个阶段的城市形态研究没有成文的论著，主要集中在一些城市总体规划文本和专题研究中。这个时期，有关城市形态主要集中于个案研究，从西方列强在中国土地上建设的开埠城市开始逐渐扩大到其他城市。

20世纪50年代以后，中国的城市建设和城市规划研究几经周折，其中城市规划研究一度陷于停顿。一直到20世纪80年代，现代意义上的城市规划体系才开始逐渐建立起来。城市规划、地理学、建筑学以及后来开始进入城市研究领域的其他学科，纷纷关注城市形态的研究，出现大量针对城市形态的构成要素、演变模式、动力机制以及演变规律等多方面的研究成果。

20世纪七八十年代，城市形态学在中国的发展掀起了一个高潮，对城市形态的含义也初步有了较为统一的认识。齐康（1982）对城市形态表述为"构成城市所表现的发展变化着的空间形式的特征，这种变化是城市这个'有机体'内外矛盾的结果"。城市的形态特征

---

① 汪德华. 古代风水学与城市规划 [J]. 城市规划汇刊，1994（1）：19-25.

既包括自然地理地貌环境，又包括历史文脉特征；既有城市自身的表象特征，又涵盖城市纵深的结构层次，这些要素的不同，反映出不同的地区特色。反之，地区特色的差异又导致城市形态的变异。同时，《城市环境规划设计与方法》一书通过对城市形态与城市化、城市设计的关系分析，在阐述城市形态的层次、轴向发展、城市形态与文化特色等内容的基础上，系统地介绍了城市形态研究的理论与方法。

2）20世纪90年代以后的城市形态研究

进入20世纪90年代以后，我国的城市形态研究进入蓬勃发展时期，开始走向多元化和学科交叉，无论是从深度还是广度都更为深入。

（1）系统和综合的分析研究。武进的《中国城市形态：类型、特征及其演变规律的研究》（1990）系统分析了中国城市形态演化的历程、中国城市形态演变的发展阶段和中国城市形态的总体特征及其构成规律、空间分布特征，是一部承前启后的阶段性著作。胡俊的《中国城市：模式与演进》（1995）从城市空间结构的内在空间秩序出发，进行了历史到当代、从机理到模式、从理论到案例的逻辑的和深入的剖析与探究，提出了中国城市空间结构发展系统而全面的理论构架。这两本著作分别从纵横两个角度较为系统地研究了我国城市形态从演变过程、特征、机制到演化动因等问题。段进的《城市空间发展论》（1999）一书，融贯建筑学、城市规划学、社会学、地理学等为一体，分析了城市空间发展的基本模式，提出城市空间发展的规模门槛律、区位择优律、不平衡发展律、自组织演化律，对城市空间发展的深层结构和形态特征进行了深入探讨。此外，朱喜钢的《城市空间集中与分散论》（2002）对城市形态的集中性布局还是分散性布局，是大集中背景下的分散布局还是大分散背景下的集中布局等结构形态问题进行了研究，提出"城市空间有机集中理论"。顾朝林的《集聚与扩散——城市空间结构新论》（2000）对城市与外部环境以及城市内部各组成要素之间的相互关系进行了研究。

（2）针对城市形态的结构要素研究。针对城市的内部结构和形态的研究：罗楚鹏（1979）提出了中国城市内部空间结构的解释性模型，是由4个同心圆组成的城市地域结构：老的城市核心、工业－居住单元、履带等开放空间、食品农作物种植区和加工工业区。朱锡金（1987）提出了中国城市的基本结构模式，并从规划角度提出了增强城市结构活性的主要手段。柴彦威（1999）认为城市内部生活空间结构是由3个层次重叠而形成的混合区域。城市边缘区是在城市内部结构中最富变化的地区，崔功豪等（1990）认为城市边缘区用地转化过程中显示出如下的规律：近郊农业用地——菜地——工业用地——居住填充——商业服务设施配套。顾朝林等（1993）通过对北京、上海、广州、南京等大城市的实地调查，在探讨中国城市边缘区的基础之上，对中国大城市边缘区的人口特性、社会特性、经济特性、土地使用特性、地域空间特性等进行了系统研究。

中国城市外部形态的研究：武进（1990）把城市外部形态划为集中型城市和群组型城市两大类型，集中型城市分为块状形态、带状形态、星状形态，群组型城市分为双城形态、带状群组和块状群组。胡俊（1994）依据城市基本组成区的各自发展程度的不同及其空间相互配置关系的特点，将中国现代城市外部形态划分为7种基本类型，分别为集中块状结构类、连片放射状结构类、连片带状结构类、带卫星城的大城市、一城多镇结构类、双城结构类、分散结构类。顾朝林等（1994）指出大城市的空间增长表现为圈层式、飞地式、轴间充填式和带形扩展式四种形态，其外部形态具有从同心圈层式扩展形态走向分散组团形态，轴向发展形态乃至最后形成带状增长形态的发展规律。

（3）20世纪90年代以来我国某些大城市出现的郊区化趋势，开始引起学者们针对城市内部人口分布、郊区化的研究。如周春山（1996）以广州市为例分析了改革开放以来的大都市区人口分布和迁移。胡兆量等（1993）采用第三、第四次人口普查数据，发现北京市核心区人口在减少，近郊圈层人口增长最快，认为城市疏解过密的人口也是原因之一。周一星（1998）通过对北京、上海、沈阳、大连四城市的研究，初步概括了当前我国大城市郊区化的一些特征，包括郊区化开始的时间、强度、机制、中西方的异同和利弊。还有一些学者分别对上海、天津、沈阳、杭州、大连等城市进行了研究。

（4）对随着区域一体化的进展，20世纪80年代以来我国学者开始关注都市区（圈）及城市群（带）的研究。崔功豪（1992）认为城市带的基本特征为：高密度的聚落，发展的枢纽，形状的模糊性，发展的阶段性，结构的组合体特征，新趋势的培养基。周一星（1988）则在对中西方城市具体差异比较的基础上提出了"中国式"的都市连绵区（Metropolitan Interlocking Region，MIR）这一群体空间结构概念，并初步揭示了其形成机制。姚士谋的《中国的城市群》（1992）探索了城市群发展的规律，空间分布和发展趋势，张京祥（2000）提出了城镇群体空间的概念，并就区域和圈域两个层面进行了探讨。

（5）对城市问题的研究。围绕城市化与城市建设产生的交通、环境问题、城市分异也引起了学者的关注。顾朝林（1989）认为北京城市社会极化和空间极化加剧，除社会经济变革外，城市职能的重新定位、跨国资本的增加、高科技产业的发展和大量人口也是极化形成的原因。刘玉亭（2005）以南京为例较为深入系统地讨论了城市贫困阶层的空间结构。

3. 城市形态演变个案研究综述

从20世纪80年代开始，除了对城市形态的各个要素的理论研究外，运用城市形态学理论对个案城市的研究也开始大量出现，结合具体城市来分析城市形态的演变特征及其动力机制。这其中主要包括两种形式，即针对当代城市形态的研究和基于多个历史叠层的形态研究。

当代个案城市形态研究主要指针对城市形态构成要件如空间结构、用地平衡、演变机制及其动力等进行专项研究，其侧重点在于解决城市化过程中的现实问题，如张志斌《深圳市空间发展研究》、焦守丽《哈尔滨市城市形态的发展研究》、陶松龄《上海城市形态的演化和文化魅力的探究》、杨山《无锡市形态扩展的空间差异研究》等。

基于多个历史叠层的形态研究是建立在时间轴的基于人文地理和历史地理的城市形态历史演变的全过程研究，探讨城市形态的演变动力及形成机制等，如王建国的《常熟市城市形态历史特征及其演变研究》、陈泳的《苏州古城结构形态演化研究》。在历史地理学、考古学等领域对中国古代城市形态的研究代表性著作有侯仁之的《元大都与明北京城》、郑力鹏的《福州城市发展史研究》等。

1.4 研究的对象与方法

1.4.1 研究对象及范围界定

本书研究的内容是宜昌由城市起源到现代城市的连续演变过程，因此其空间范围和时间范围的确定必须和该主线相符而具备延续性。

1. 空间范围界定

本书空间范围为从历史地理的角度原"夷陵"（宜昌古称）建城范围至当前宜昌市城区范围。因此在不同时期，其研究范围逐步扩大。根据历史沿革，研究的重点在于宜昌市主城区。由于行政区划改革而被划入宜昌城区的其他区域在划入之前的历史发展不进行深入分析。

2. 时间范围界定

由于宜昌的城市空间营造具有一定连续性，其发展从先秦时期一直延续至今。因此，本书研究的时间范围从宜昌建城始。

在时间阶段划分上，大体分为古代、近代、现代三个大的历史阶段。由于宜昌的发展在每一个历史阶段呈现出不同的特征，因此在不同的阶段采用不同的时段划分方式。古代阶段分为先秦至唐宋和元明清两个部分。而清末由于城市发展的动力要素呈现出复杂的特征，城市空间的发展和传统意义上的古代已有所不同，因此，从清末至民国时期划分为3个时段进行分析。1949年以后，宜昌也和大多数中国城市一样，经历了计划经济时代和市场经济时代两个阶段的不同营造过程，并划分为2个时段。

1.4.2 研究思路及理论框架

本书的研究以历史演变为脉络，分阶段对宜昌城市空间营造各要素的特征以及影响机制进行分析。由于不同的历史时期城市空间营造具有不同的特点，形态构成要素、演变的动力、影响因素都有所不同，同时由于各个时期历史资料的不对称性，本书对在古代、近代和现代三个不同时期的宜昌城市空间营造研究采取有所侧重的方式方法进行。

本书在主体上通过城市发展与城市空间营造的关系进行总体论述，分析城市空间营造的背景及发展脉络。通过以上论述总结城市空间营造的物质形态特征。为达到研究的连续性和可比性，在每一个阶段通过分析城市外部空间形态、城市内部空间形态以及城市的功能要素由宏观至微观进行研究。

古代的城市形态研究主要侧重于史料的研究，从历史地理的角度出发，分析宜昌地理和历史特征，分析城市的起源、迁移过程及影响因素。由于这一阶段城市发展缓慢，在城市的外部空间形态中主要研究城市的规模、形制，在城市内部空间形态的研究中分析其结构的组成及方式，在城市功能要素的营造研究中分析各种建筑实体的营造特点。在研究性质上呈现出"静态"的特征。

从近代到现代，城市形态研究从史料入手，其形态要素注重微观到宏观的多层次分析。由于城市在这一阶段开始迅速扩张，城市的发展在每一个阶段都呈现出强烈的阶段性特征，因此在城市外部空间形态中重点研究其外部轮廓演变的方式、城市扩展的方向等因素，在城市内部空间形态研究中分析其空间结构的演变过程，在城市功能要素的营造中研究各功能要素的构成及变化特征。在研究性质上侧重"动态"的研究。

通过分析宜昌城市形态的物质空间及其演变的规律，探寻其演变的动力机制，并在此基础上对宜昌未来城市形态发展提出建议。

1.4.3 研究的结构

根据研究思路及理论框架，本书的主要结构如下：

第1章绪论，辨析了城市形态及城市形态演变的概念，以及"城市空间营造"的范围界定。综述国内外城市形态相关研究，为后续的研究提供理论基础。介绍选题背景、目的、研究内容方法。

从第2章至第3章，研究宜昌古代城市空间营造。分析古代宜昌城市的起源、城址的变更，重点研究明清时期的城市物质空间形态。

从第4章至第6章，研究宜昌近代城市空间营造。时间跨度为1859—1949年，以30年为周期分段。

从第7章至第8章，研究宜昌现代城市空间营造。时间跨度为1949—2009年，以30年为周期分段。

第9章，分析宜昌城市空间营造的特征、机制及影响因素。

第10章，未来宜昌城市空间营造对策及展望。

研究框架如图1-4所示。

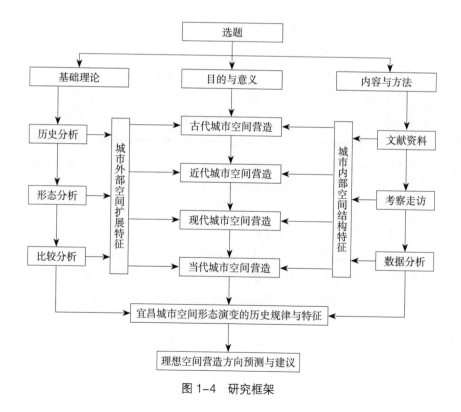

图1-4 研究框架

1.4.4 研究方法

城市形态的研究是跨学科的范畴，研究方法存在多元性，种种研究方法都有其合理性和局限性。本书从城市规划学科的角度出发，结合城市地理学、历史地理学、城市经济学、城市社会学等学科知识，并采用政策分析和空间分析等技术来探求宜昌城市形态的演变规律。具体采用以下方法：

1. 史料研究

研究城市的历史文献资料来了解城市形态的演变，并以此做出城市形态未来发展态势的结论是城市形态研究的重要方法。本研究的文献资料主要包括：历代地方史志资料、调查统计资料、地图资料、城市规划文件及图纸，以及其他相关的市政报告、报纸杂志、回忆录、照片等。通过对这些材料的分析研究来把握宜昌城市形态的演变规律。

2. 实地调研

通过实地调研，主要有两方面作用：一是补充历史文献资料的不足；二是通过实地调研分析历史地段的演变过程。实地调研对于包括建筑和空间在内的历史遗产研究有重要的作用。

3. 定量和定性结合

本书借鉴其他学科的研究成果，在定性分析基础上，注重采用定量分析进行研究，主要涉及两个方面：一是对于城市空间形态的演变过程中土地市场的作用，尝试采用空间分析方法进行描述分析；二是对于城市空间形态演变的机制分析，对城市社会、经济的发展运用数理统计等工具，进行初步的统计分析等。

4. 静态分析与动态分析结合

城市发展是一个接续不断的过程，采用动态分析为主的方法有利于对城市的发展历程进行比较全面的考察；同时城市发展又具有相对比较稳定的时期，呈现一定阶段性，在动态分析的基础上辅之以静态分析，有利于更深入地探求影响城市发展的内在机制。

5. 从宏观到微观的不同层次空间的分析

城市形态分析首先建立在对城市空间结构等宏观要素进行分析的基础上，通过对不同历史时期的城市结构特点的分析来研究其机制及规律。同时对不同时期的空间形态分析在城市基本物质要素层面展开，如城市不同的构成元素——公共空间、街区、道路等。通过宏观到微观多层次分析，建立完整的形态体系分析。

1.4.5 创新点

（1）目前的研究中对宜昌的城市空间营造的研究较少，选题的确定本身就是一种创新。

（2）时间跨度从先秦至当代，梳理出完整的宜昌城市空间演化进程。

（3）构建完整的宜昌城市空间营造的动力机制及思想体系。

（4）多学科交叉，采用历史地理分析、史料分析和城市规划分析等多种方式手段进行研究。

第 2 章　远古至唐代的城市空间营造

2.1　远古至战国时期的夷陵城

作为城市空间研究的一部分，城市起源是城市个体研究中不容回避的一个问题。城市起源一般是指伴随着人类文明的形成发展以及人类社会栖居方式的变化而使单纯聚居点发展成为与政治、经济、文化以及生产、贸易、宗教或军事活动相关的中心，是一种有别于乡村的高级聚落。民生之始，则宜群居，群居之地便为城之雏形。而随着技术的进步，生产的发展，社会的变革，人口的增长，聚落逐步进化为城市。城市起源是原始社会演变到一定阶段的产物，城市的起源立足于原始经济发展基础上的社会变革。

关于城市形成的标准，长期以来，国内外学术界提出了各种各样的观点，但至今尚难形成统一的共识。从城市发展的历史来看，城市的形成是在经历了漫长的萌芽或者说是起源的历史过程后才完成的。亚当斯认为"城市起源与农业起源一样，是一种坡状的渐变而非阶梯状的飞跃。它应被视为一种发展的过程而不是一种突发的事件"[1]。城市的形成并非简单突变而是一个漫长的历史过程。

处于起源阶段的城市还不能算是真正意义上的城市，然而起源阶段城市的历史发展的必然结果便是真正意义上的城市的形成，二者有着极为密切的关系[2]。宜昌城市的产生，和其他中国城市一样，经历了相当长的历史演变过程。

2.1.1　远古时期的人类活动

长江流域是我国文明发展的重要区域。长江流域中上游作为文明的重要发源地和组成部分，早期的人类活动已相当频繁。宜昌位于三峡和江汉平原的交接地带，很早就已经存在人类活动。如宜昌市辖秭归县的玉虚洞遗址，是一处旧石器时代古人类居住的洞穴遗址，距今约 30 万年，地质年代属于中更新世早期。其他从宜昌周边县市如秭归、兴山、长阳、宜都、枝江、当阳、远安等地都发现有旧石器时代人类居住遗址，并有石制品出土。新石器时代人类的活动更加频繁。据考古发现资料可知，属于新石器时代的人类居住遗址在宜昌市域范围共分布有 140 余处[3]。

宜昌史前时期人类社会历史发展演变序列可以表示如下：

旧石器时代：秭归玉虚洞遗存（距今约 30 万年）→长阳人化石、宜都九道河遗址（距今约 20 万年）→长阳榨洞遗址（距今约 2 万年）。

① 转引自：陈淳. 城市起源之研究 [J]. 文物世界，1998（2）：58-64.
② 毛曦. 巴国城市发展及其特点初论 [J]. 西南师范大学学报（人文社会科学版），2005，31（5）：105-110.
③ 国家文物局. 中国文物地图集（湖北分册）[M]. 西安：西安地图出版社，2002.

新石器时代：长阳桅杆坪遗存（距今10070年）→城背溪文化遗存（距今约7500年）→大溪文化遗存（距今约6500～5000年）→屈家岭文化遗存（距今约5000年）→石家河文化遗存（距今约4000年），后与夏商时期文化遗存衔接。

在这个过程中，考古资料发现，早期的人类居住逐渐从旧石器时代的洞穴居住进入新石器时代的小规模聚居。旧石器时代最初期的原始人类多以穴居和树居为主，到晚期阶段时已逐渐从洞穴（穴居）、树上（巢居）向穴外宽阔地带移居（图2-1），并开始构造地面式建筑。新石器时代的原始人类基本上多沿长江而居，除了普遍流行地面台式建筑以外，还创造出了一种新式建筑居址——干栏式建筑（图2-2），即吊脚楼。在宜昌白庙子、中堡岛遗址中已经发现有房屋基址（图2-3）。房屋建筑有3种形式：其一是地面式建筑；其二是干栏式建筑；其三是半地穴式建筑。尤其在石家河文化时期的房屋建筑面积较先前有增大的趋势，半地穴式建筑房屋的增多，应是中原华夏民族南下影响的结果，或是当时宜昌地区劳动人民建房时受到中原华夏民族房屋建筑形式的某些影响[①]。

图2-1　三峡地区窝棚和巢居建筑形式及演变

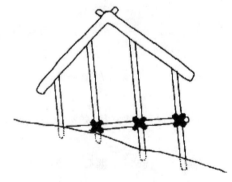

图2-2　干栏式建筑示意图

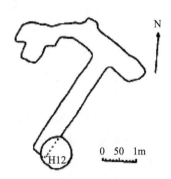

图2-3　中堡岛大溪遗存房屋平面

图2-1～图2-3来源：杨华. 三峡地区古人类房屋建筑遗迹的考古发现与研究 [J]. 中华文化论坛，2001（2）：56-63.

同时，宜昌在史前时代已经开始出现聚落和城市的雏形。从中华人民共和国成立以来对三峡和宜昌的考古研究来看，集中在沿江的一些平坝、岛、山前台地、缓坡地带已经有人类居住，并形成了一个个占地面积较大的聚落。从宜昌中堡岛附近的考古发现中已经出现建筑"栅栏"作为防御设施功能的历史过程，中堡岛遗址的外围四周发现有多条大溪文

① 张忠民主编. 宜昌历史述要 [M]. 武汉：湖北人民出版社，2005.

化、屈家岭文化时期的沟槽建筑遗迹现象。考古学、民族学研究认为，这些沟槽建筑遗迹应为当时远古人类设置木柱、桩、木栅等作为防御设施的遗迹。同时在中堡岛遗址区也发现了属于屈家岭文化时期的，具有宗教意识的"祭祀坑"[①]。这说明史前时代宜昌已经开始出现城市的雏形。这些原始的村落和聚落形态为后来集镇和城市的发展奠定了基础。

2.1.2 战国时期夷陵的形成

相传禹划九州，始有荆州。宜昌，远古属荆州之域，为八陵中的西陵[②]。《传说中的古代中国》（1995）一书，标明西陵地域以今宜昌市城区为中心，含川东、鄂西、襄北、荆湘等部分地域；《传说中的长江黄河中下游原始部落分布图》中，把"西陵"标定在以今宜昌市为中心，汉水与长江之间的范围内。[③] 史传皇帝正妃嫘祖亦诞生于此[④]。

先秦时代，巴、楚一直是活动在宜昌的两支主要的古老民族。夏商时期，宜昌是巴民族的重要地望。春秋战国时期隶属楚地。楚国开始在长江西陵峡口筑城，设置军事堡垒，史称"楚之西塞"。那时宜昌已经形成了城邑，是楚国的重要军事要塞。

公元前316年，秦国攻灭巴（今四川东部）、蜀（今四川西部）。置巴郡，郡治江州。巴蜀地区经过秦国数十年的经营，统治巩固，解除了攻楚的西侧隐患。公元前279年，白起率主力部队从武关方向大举攻楚，攻占鄢、邓（湖北襄樊北）、西陵（湖北宜城）等城。次年，秦军攻破郢城，火烧夷陵。此后，楚国力日衰，公元前224年，楚灭。

目前尚未发现周代以前关于宜昌城的历史文献，因此周代以前宜昌城市的发展沿革和建城历史无从可考。作为宜昌古称的"夷陵"为世人所知，也就来自史书对这场"拔郢之战"的记载。历史典籍对"夷陵"记载最早的为《史记》一书：

《史记·六国年表》记载："秦拔我郢，烧夷陵，王亡走陈。"

《史记·楚世家》："二十年，秦将白起拔我西陵，二十一年，秦将白起遂拔我郢，烧先王墓夷陵。"

《史记·白起列传》："后七年，白起攻楚，拔鄢、邓五城。其明年，攻楚，拔郢，烧夷陵，遂东至竟陵。"

《史记·平原君列传》："白起，小竖子耳，率数万之众，兴师以与楚战，一战而举鄢、郢，再战而烧夷陵，三战而辱王之先人。"

其他还有《战国策·秦策四》："顷襄王二十年，秦白起拔楚西陵，或拔鄢、郢、夷陵，烧先王之墓。"

夷陵，是宜昌市的古称。其得名之由就现有可查的文献资料有以下说法：一是《汉书·地理志》所说："夷山在西北"，因此得名；一是《东湖县志》所说："水至此夷，山至此陵"，因山川形势而得名；也有从字面意义的考究说夷陵指"被（白起）烧为平地的楚王

---

① 杨华. 三峡地区远古至战国时期古城遗迹考古研究（下）[J]. 湖北三峡学院学报, 2000（3）: 36-41.
② 八陵，上古传说中的八处大陵。"陵"，大土山。晋代郭璞《尔雅·释地》："东陵，南陵息慎，西陵威夷，中陵朱滕，北陵西隃雁门是也，陵莫大于加陵，梁莫大于溴梁，坟莫大于河坟。"
③ 中华炎黄文化研究会等. 中华民族之母嫘祖 [M]. 北京: 中国三峡出版社, 1995.
④ 《史记》曾经记载: 黄帝居轩辕之丘, 而娶于西陵之女, 是为嫘祖。

陵墓[①]"，其后沿用夷陵作为地名而得名。而得名之时却无从考究。对于"夷陵"，目前比较有代表性的说法是楚国城邑名称，白起所烧的"夷陵"就位于今天的宜昌市。但由于《史记·楚世家》中"烧先王墓夷陵"和其他典籍产生歧义，专家学者对"夷陵"的理解不尽相同而对夷陵的性质存有争议，主要集中在"夷陵"是楚王陵墓还是楚城邑，以及其位置何在。

持前者意见者据"烧先王墓夷陵"而认为夷陵是楚的陵墓，非楚的城邑。如《史记》注家唐司马贞在《史记索隐》中认为："夷陵，陵名，后为县，属南郡。"当代学者文必贵认为：江陵纪南城和当阳季家湖古城，都可能是楚之郢都，恰纪南城西之八岭山和季家湖城西之青山，楚冢林立，有可能是夷陵[②]。杨明洪认为，夷陵是江陵县八墓山古墓，火烧夷陵其实是烧陵墓的地上建筑[③]。郭德维认为夷陵是设了防的陵墓，位于宜城县南部，靠近蛮河[④]。吴郁芳从西陵和夷陵的关系进行了探讨，认为西陵为楚城邑，楚西陵邑位于宜城西山；夷陵是为楚王陵，应在古之云梦，章华台遗址所在的今湖北潜江龙湾镇内[⑤]。

而多数学者认为夷陵是楚国城邑名称而非陵墓。宜昌的历代志书如《夷陵州志》（明）、《东湖县志》（清）、《宜昌府志》（清）、《宜昌县志初稿》（民国）、《宜昌市志》等都明确提出，秦将白起拔楚所焚夷陵，即位于今宜昌境内。其他如《史记》注家裴骃（南朝宋）在《史记集解》引徐广曰："年表云拔郢，烧夷陵。"张守节（唐）在《史记正义》中引括地志云："峡州夷陵县是也。"二位注者都把"夷陵"作为地名来理解。吴省钦（清）在《白起烧彝陵辨》中，对彝陵（清代为避讳，改夷陵为彝陵）进行了辨析，质疑其作为陵墓的解释。现代学者也从不同角度进行了考究。潘新藻在《湖北省建制沿革》记载"夷陵"在宜昌境内；《辞海》解释：夷陵，战国楚邑，今湖北宜昌市东南。其他如谭其骧于《中国历史地图集》、沈起炜于《中国历史大事年表》、张习孔等于《中国历史大事编年》、张正明于《楚文化志》等都认为"夷陵"位于今宜昌市。但夷陵位于今宜昌何处，目前学者也尚存在一定分歧。比较代表性的有秭归新滩、猇亭、磨基山对岸、宜昌西南、东南、宜昌东等多种说法。

随着近30年来考古新发现不断涌现，对夷陵城的位置考辨也逐渐由偏重文史资料转向文献和考古资料结合而更加具说服力和理性。刘开美从文献的角度出发，提出《史记·楚世家》中"烧先王墓夷陵"其断句应该为"二十一年，秦将白起遂拔我郢，烧先王墓、夷陵。"这种提法解释了《史记》与《战国策》等不同典籍中的歧义，比较具有说服力。并在此基础上提出："夷陵"是楚国城邑名称，秦将白起所烧的"夷陵"，就是今天宜昌市城区的古称。杨华、向光华从文献和考古两方面对战国夷陵的所在位置进行了考证，认为战国至两汉时期，夷陵城位置就在宜昌西陵峡口处左岸前坪一带[⑥]。张清平也认为，根据史籍文献与考古资料，春秋战国之际的夷陵城在西陵峡口，即今三游洞下牢溪口至前坪一带[⑦]。

① 湖北省方志纂修委员会，宜昌市志（1959年初稿本）[Z]. 宜昌市地方志办公室整理翻印，2007.
② 文必贵. 夷陵初探 [M]// 湖北省楚史研究会编. 楚史研究专辑. 1982.
③ 杨明洪. 楚夷陵探讨 [J]. 江汉考古，1983（2）：66-73.
④ 郭德维. 试论秦拔郢之战——兼探夷陵之所在 [J]. 江汉论坛，1992（5）：73-78.
⑤ 吴郁芳. 楚西陵与夷陵 [J]. 江汉考古，1993（4）：75-86.
⑥ 杨华. 战国时期楚"夷陵城"考辨 [J]. 三峡大学学报（人文社会科学版），2004（3）：16-20.
⑦ 张忠民主编. 宜昌历史述要 [M]. 武汉：湖北人民出版社，2005：70.

战国时期的夷陵城在西陵峡口，这种说法得到了越来越多的考古发现的支持。尤其是自 20 世纪 70 年代以来，为配合长江葛洲坝、三峡大坝工程建设，文物考古工作者对三峡地区进行过无数次调查和勘探，在西陵峡口这一地区有大量的发现（图 2-4）。其中，在西陵峡口的三游洞到黄柏河出口一带的前坪村发现了大量周代的文化遗存：在三游洞的后山坡上，周代文化遗存丰富，文化堆积层达 1m 多，并发现了大量西周至战国时期的日常生活的陶器；从南津关到谭家包一带，也发现了多处周代文化遗存；2001 年宜昌市博物馆的文物工作者在对西陵峡口北岸的古墓进行发掘时，在前坪王家沟发现了一处占地面积近 1.5 万 m^2 的东周至春秋战国时期的人类居住遗址，在遗址西部的东周文化层中，还发现有两处炼铁遗迹地层，被证实属于周代冶铁遗址。这是目前为止发现的宜昌市区进入文明社会后最早的文化遗址。同时，在前坪至葛洲坝一带发掘出一批战国时期的楚墓，其中不乏墓坑长在 5m 以上的墓室，说明其主人生前的身份也非一般的平民。在前坪一带的山冈上，至今仍分布着数以千计的战国至东汉时期的墓葬。另外，前坪及葛洲坝一带不仅有战国时期的墓葬发现，西汉、东汉时期的墓

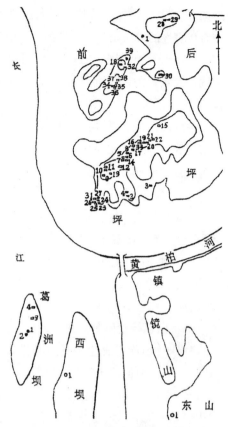

图 2-4　前坪墓葬分布图
来源：葛洲坝工程局年鉴编纂委员会. 葛洲坝工程局年鉴（1994）[M]. 武汉：湖北科学技术出版社，1994.

葬更多。据统计，自 20 世纪 70 年代以来，在前坪一带已清理出两汉时期的墓葬多达 150 余处。

这些遗址的发现，遗迹、遗物的出土，说明西陵峡口一带，在周代已经存在大量的人类活动，春秋战国时期已经成为楚人的一处重要城邑。虽然墓葬所在地并不代表城市亦位于此，但从三峡地区的聚落和居住点的分布规律分析，夷陵位于前坪一带可能性极大。蒋晓春分析了三峡地区部分墓地与居址的关系，认为：秦汉时期的三峡地区流行专门的墓地；墓地和居址是分开的，墓地往往位于坡地边缘或坡上。由于河流和雨水的冲刷，面朝长江的坡地多呈舌形，这些舌形坡地的前端和两侧，往往分布有较多的墓葬，呈现出放射状的分布格局，部分小坡地的顶部也有分布。居住址则位于平坦的台地上，两者相距并不太远，一般只有几十到数百米[①]。夷陵位于前坪的说法符合三峡地区的人居活动传统，较为可信。而其他说法如位于新滩、猇亭、磨基山对岸、宜昌西南、东南、宜昌东等说法则缺乏相关考古资料支持。

---

① 蒋晓春. 三峡地区秦汉墓研究 [D]. 成都：四川大学，2005.

综合以上分析可以看出，虽然在建城初期其名称是否为"夷陵"无据可考，但在前坪所形成的城市的物质形态特性已逐渐清晰。杨华根据历史文献和考古资料，对前坪古"夷陵城"的形态特性进行了勾勒[①]：战国时期楚人在前坪一带用较简陋的"木栅栏"构筑城郭防御工事，并选择在适当的地方留有数条出入通道。士兵和居民居住于栅栏内，其居所多是茅草、竹木制成。在城外围以及前坪一带的第二级、第三级台地上也住有居民，并有渔业、种植、手工业等多种活动。在北边的王家沟一带设有冶（铁）炼基地。西陵峡口处的三游洞一带（包括对岸牛扎坪）除有楚人在此居住外，还驻扎有军队守卫西陵峡口。而古夷陵城的居民和士兵墓地选择在这一地带较高的山冈和山坡上。

2.1.3 城市空间营造的特征

1. 战国时期夷陵城城市特征

综上所述，战国时期的古夷陵城是宜昌有据可考的最早的城市（图2-5）。虽然目前缺乏相关的历史典籍，但从现有的考古资料分析，战国时期的古夷陵城已经具备了如下特点：

（1）建城指导思想：以军事控守为主导的军事堡垒。古夷陵城与军事防御有密切关系。从考古资料来看，在前坪发现的战国时期楚墓中，墓中的随葬品多为兵器，巴式柳叶剑、铜戈、铜矛等巴楚兵器最为常见，是"巴楚数相攻伐"的佐证。同时，除了楚墓以外，另还发现有巴人墓和秦人墓，在其中还出土了饰有"手心纹"的具有典型巴民族特征的"巴人矛"。在葛洲坝的墓葬中也发现了铜戟刺等武器。这些兵器和秦墓的发现说明巴人、秦人在前坪一带的军事活动事实，这也从侧面说明了古夷陵具备强烈的军事功能。

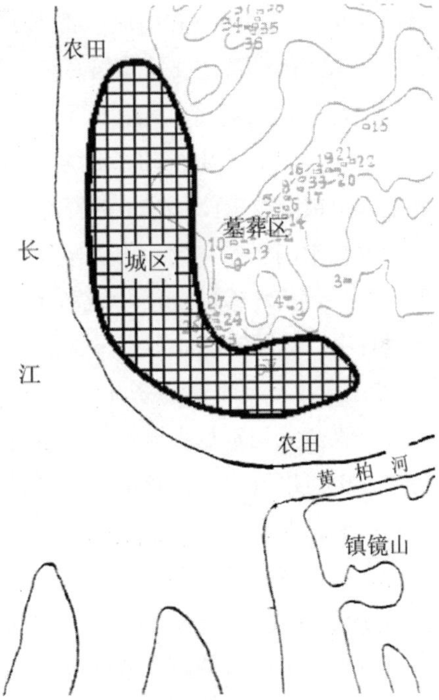

（2）城市规模。无论其人口还是用地，古夷陵城城市规模都较小。前坪王家沟的人类居住

图2-5 古夷陵城示意图

遗址只有1.5万 m²。和目前发现的其他楚城比较，规模是比较小的。如最大的纪南城达到16km²，即便和楚城中面积较小的军事堡垒相比，其占地也很小[②]。虽然目前无历史典籍考其人口，但从考古资料和两汉时期夷陵城人口作为参考估算，其居民人口大约在一两千人[③]。

（3）功能分区。从考古资料的分布来看，夷陵城已经出现了较为简单的功能分区。如在临江的一级台地上，出土有大量的周代至战国的楚人遗物，显示这一地区应该是居民生

---

① 杨华. 战国时期楚"夷陵城"考辨 [J]. 三峡大学学报：人文社会科学版，2004（3）：16-20.
② 面积比较可以参考：陈振裕. 东周楚城的类型初析 [J]. 江汉考古，1992（1）：61-70.
③ 同上①.

活和农耕的场所。在山冈高地，主要集中分布了从战国到两汉时期的墓葬，显示这一区域是埋骨之地，可能和祭祀场所也有一定关系。此外，冶炼也是一项重要的功能，其位处西部。总的来讲，其分区主要受到地形的影响，依据台地分级而依次排列。

（4）经济活动。从峡江地区的考古资料来看，农产品及生产工具与渔产品及生产工具的出土量极为悬殊。在峡江一代先秦文化遗址中，出土了大量捕鱼坠，同时还发现有部分铜鱼钩。其他如鱼骨堆积和鱼葬品的出土，证实渔业活动是这里的主要经济活动[1]。先秦时期，冶铁业的发展促进了农业经济的发展，农业的技术水平达到相当程度，稻谷、粟的耕种已经普及。但区别于其他西楚区域以农耕为主其他为辅的情况，夷陵渔业经济占据该区域经济的主导地位。

（5）城建特征。古夷陵城无城垣，这和春秋战国时期楚国的大多数城邑有所不同。在三峡地区东部的楚国，其"城市林立"，这些林立的城市在建城时多构筑有"城垣"[2]。但到目前为止，在前坪及宜昌城区都不见有"城垣"遗址的迹象。据杨华分析，战国时期的古夷陵城的防御设备主要是构筑一种简易的"木栅栏"，并以之作为城市界标，无土砌城垣，使用荆棘等构制樊篱。究其原因是与当时频繁的军事行动相关。采用樊篱作防御设施，非常有利于频繁的军事行动，此方法不仅简单，而且又可节省财力、劳力。而先秦时期的三峡地区植被资源丰茂，充足的资源条件为构筑防御设施提供了方便。

古代中国以农立国，古夷陵城亦已经具备了一定的城市经济体系，同时又聚集了一定的人口，包括奢侈的统治阶级和军队，军事防御是夷陵城的一项主要职能。综合以上分析可以看出，战国时期的古夷陵城是一座以民养军的军事堡垒。

2. 夷陵城城市选址分析

河流交汇处常见古城址，这本身就是我国古遗址分布的一个规律。事实上从古夷陵城的选址也可以看出，前坪的地理条件，虽然受到一些限制，但符合当时的历史条件和经济发展水平，夷陵城的选址符合其以民养军的军事要塞的功能要求。

（1）夷陵城依托高地而建，位处前坪台地，周边存有高岗，具有比较理想的军事价值。《周易》说："天险不可升也，地险山川丘陵也，王公设险以守其国。"夷陵城其北面为南津关，南边为黄柏河，西面为长江，河流和高山本身就是一道天然的防御屏障。同时，从微观地形分析，其高岗视野较为开阔，有利于提高观察范围，军事据点居高临下，可对敌情做出准确和全面的判断。同时，依托高岗建立堡垒，进可攻，退可守，是理想的军事据点。

（2）夷陵城依托地势高敞的高地而建，既有生活之便又无洪涝之忧，纳阳光而御风寒，是最适宜生存的地方。先秦时期，洪涝频繁，人们抵御自然灾害能力低下，在长江或其他大河周边，建在平地或低地的城邑，很容易受到洪水的影响，造成城市人口生命、财产的巨大损失；而建在高地或台地之上的城邑，可以抵御一般的洪水泛滥之危害。

（3）夷陵城紧靠长江和黄柏河，紧邻自然水源（图2-6）。"高毋近旱而水用足，下毋近

---

① 张忠民主编. 宜昌历史述要 [M]. 武汉：湖北人民出版社，2005.
② 陈振裕. 东周楚城的类型初析 [J]. 江汉考古，1992（1）：61-70.

水而沟防省"。城址选在高地之上，有许
多优点，但也有一些弊处，其中主要是
饮水条件要比住在平地之上差很多，而
夷陵城有条件利用自然水源提供生活用
水，解决了主要的生活需求。

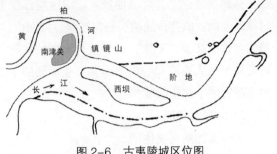

图2-6　古夷陵城区位图

（4）前坪靠近长江和黄柏河的区
域，土地肥沃，存在大面积的适合从事
农业生产的地势平坦的台地。"圣人之处
国者，必于不倾之地，而择地形之肥饶者，乡山左右，经水若择……乃以其天材，地之所
生，利养其人以育六畜。"前坪一级台地，是理想的农业和渔业场所。

2.1.4　城市起源的地理分析

关于城市的起源动力，有防御说、集市说、社会分工说等多种说法。事实上，古代城
市起源动力呈多样化和多元化以及复杂化态势。安全保障、行政管理、交通区位、土地状
况、农耕技术、手工业和商业的发展等皆为古代城市起源的动因。而政治、军事、经济等
外部因素和自然、地理等内部条件相互影响，共同作用于城市而形成城市物质空间。

城市的兴起和发展是由一定历史背景下的地理空间关系所决定的，这种空间关系是由
自然地理环境和人文地理环境共同组成的。首先，自然环境为聚落的兴起和发展提供了必
要的物质基础和重要保障，它主要体现在地形地貌、水文、土壤、气候等方面。其次，人
文地理环境则是影响聚落发展演变的关键因素，主要体现在城市所在区域的政治、军事战
略地位、经济交通形势等方面。自然地理环境和人文地理环境各项相互作用、相互影响，
共同决定着城市的发展状态。

1. 自然地理分析

城市作为"人居环境"要求良好的外部自然条件。城址的选择受政治、经济、军事及
自然等多种因素的综合影响，但在城市起源阶段，自然环境是起决定作用的首要因素。温
和的气候、肥沃的土壤、丰富的物产以及良好的地形地貌和山川河流，是最为重要的几项
主要条件[1]。早期夷陵聚落和城市的形成，首先在于其自然地理具备了人类生存的良好环境。

1）地质构造与地貌特征

宜昌的地质构造稳定，适合人居。7000万年前燕山运动和距今4000万年前的喜马拉
雅造山运动后，形成三峡和长江[2]。自燕山运动以后，宜昌市区一直处于大面积间歇性的倾
斜式整体上升状态，其运动强度渐趋减弱，地壳处于相对稳定阶段。历史上宜昌市区内未
发生烈度大于或等于5度的地震。国家地震局将宜昌确定为不设防城市[3]。而夷陵地处的西
陵峡，在唐以前还没有发生过山崩[4]。这为人类的早期发展提供了安全的生活空间。

① 田银生. 自然环境——中国古代城市选址的首重因素 [J]. 城市规划汇刊, 1999（4）: 28-29.
② 陈可畏主编. 长江三峡地区历史地理之研究 [M]. 北京: 北京大学出版社, 2002.
③ 湖北省宜昌市地方志编纂委员会编纂. 宜昌市志 [M]. 合肥: 黄山书社, 1999.
④ 武仙竹. 三峡地区环境变迁与三峡航运 [J]. 南方文物, 1997（4）: 78-80.

从地貌特征上，宜昌地处黄陵山区与江汉平原接壤的丘陵地带，是由山区型向平原型过渡的地段，山势由陡峭而趋向平缓，江面由狭窄而趋于开阔[1]。在长江沿岸的两侧，有大量的台地、缓坡、平坝、岛等适合农耕的场所。从远古三峡区域考古资料来分析，这些区域是最早的人类活动的聚集地和农业活动的主要场所。宜昌及周边地区一些较大的村落、聚落都集中于这些区域。

2）气候和物产

气候条件是人类生活、生存的基本条件之一。城市的选址尤其需要考虑气候条件。良好的气候条件不仅提供了良好的人居环境，同时也是动植物资源生长的重要条件。

宜昌地处亚欧东部，处于中亚热带和北亚热带的交汇地区，气候类型属于北亚热带大陆性季风气候。其气候特征是春早、夏温、秋迟、冬暖，秋温高于春温，春雨多于秋雨，夏季降水集中，雨热同季。其四季分明，植物生长期长。其平均气温在16.8℃，年内气温变化在3—4月上升、9—11月下降较为剧烈，其他时段变化相对较慢[2]。

古代的宜昌气候和当今有所不同。先秦时期，三峡地区气候比现在热，雨水充足。其农业规模小，水土很少流失，江中滩少水清，生态环境良好。同时，森林资源丰富，6000年前的长江三峡，植被茂盛。从考古资料分析，从葛洲坝原三江河底，有大片第四季胶结砾石层，其中含大量碳化古树和部分成层的树叶，由此可知，当时的宜昌峡口一带，植被茂盛，树木苍翠，绿荫掩映，遮天蔽日[3]。一直到春秋战国时期，这里仍然是一片郁郁葱葱的原始森林。战国末期，楚人宋玉《高唐赋》记载三峡植被情况是："玄木冬荣。煌煌荧荧，夺人目精……榛林郁盛，葩华覆盖。双椅垂房，纠枝还会。徙靡澹淡，随波暗蔼。东西施翼，猗狔丰沛。"宋玉文中，记述先秦时三峡生长有典型的亚热带常绿阔叶原始森林[4]。植物的繁茂也为动物资源提供了良好的栖息环境。

3）水资源

夷陵城所在的位置，有着优越的自然环境。其紧靠长江和黄柏河，丰富的水资源不仅给城市提供了水源地，同时也给渔业发展提供了先天条件。

从先秦考古中大量渔业遗存显示，渔业经济是三峡地区的重要经济来源[5]。宜昌曾是我国最大的淡水鱼产卵场，鱼类资源十分丰富。鱼类学家调查发现，宜昌葛洲坝大江截流之前，三峡鱼类产卵场分布在西陵峡东段至南津关一带，是三峡地域重要的产卵场区，产卵场上下约37km[6]。其中，包括青、草、鲢等多种鱼类。从考古资料分析来看，先秦时期，包含宜昌的三峡东区流行较大的石网坠和铜鱼钩，鱼类残骸的个头大[7]。可见宜昌由于是产卵场分布区，作为渔业捕获对象的个体是产卵亲鱼，食用价值高，捕捞方便。丰富的鱼类资源，为该地区提供了便利的生活资源。《汉书·地理志》："民食鱼稻，以渔猎山伐为业。"

① 湖北省宜昌市地方志编纂委员会编纂. 宜昌市志[M]. 合肥：黄山书社，1999.
② 同上.
③ 侯全光. 长江三峡的历史变迁[J]. 陕西水利，1996（4）：42.
④ 武仙竹. 三峡地区环境变迁与三峡航运[J]. 南方文物，1997（4）：78-80.
⑤ 武仙竹. 长江三峡先秦渔业初步研究[C]// 三峡文物保护与考古学研究学术研讨会论文集. 2003.
⑥ 马仲波. 长江三峡水利枢纽的建筑与宜昌鱼类产卵场关系问题探讨[J]. 淡水渔业，1981（5）：18-20，13.
⑦ 同上⑤.

《汉书·王莽传》："荆州之民，率依阻山泽，以渔采为业。"自古宜昌渔业都具有重要的经济地位。

总之，先秦时期宜昌的自然环境要比当今优越，安全的环境、肥沃的土地、良好的气候、丰富的物产与鱼类资源为城市的出现提供了良好的自然环境，城市建设与发展的条件较好。

2. 人文地理分析

孔子论为政之道曰："足食足兵，民信之矣。"城市有了优良的经济条件，就应训练英勇善战的军队保卫国家。夷陵城具有良好的生态环境，具备早期农业城市的经济条件，同时也深深受到当时历史背景下以军事争霸为背景的建城原则的影响。

1）历史背景分析

纵观先秦史，就是一部战争史，早期对三峡的争夺贯穿于巴、楚的历史。长江出三峡后紧挨两大支流：一是清江（即古夷水）的长阳段，为土著巴人的发祥地，以廪君蛮为首的五姓巴人从夷水（清江）流域繁衍并向外开拓蔓延；一是沮漳二水汇合的当阳，系早期楚民立足发迹的地方。以长江为纽带相衔接的宜昌—三峡地带，恰好是巴、楚两大文化的交接部位，又是巴、楚发祥的共生地区。巴楚两个民族在三峡地区曾展开了长时间的争夺，在分别建国后经过相互亲和、征伐，在三峡地区形成巴楚并存的交错局面。

西陵峡地区在夏商阶段曾是早期巴人的活动范围。在西周一代巴、楚均为周之南国，但两国间分布有大批百濮群落。到两周之际，随着濮的衰落和大批远徙，巴、楚关系始获进一步发展的条件。随着楚国的西进，巴国的疆域不断缩小，在长江三峡地区兼及清江流域的广大地区先后为楚所占领而成为楚地。

西周至春秋，西陵峡地区早期为夔国所在。公元前634年，楚成王以夔子不祭祀祖先为由灭夔，占据了宜昌及周边地区，加强了对长江上游地区的控制。随后，楚成王命"令尹子玉城夔"，以加强楚国西部边防，防止巴蜀入侵。春秋早中期，楚文化势力在西陵峡地区已占绝对优势，表明这一地区已全部纳入楚的版图。宜昌在春秋战国时期已经成为楚国"东楚、南楚和西楚"中"西楚"的重要组成部分。

随着秦灭巴蜀，楚秦之间在三峡地域也开始直接接触，并和楚之间或战或盟——欲攻魏、赵、韩则亲楚，欲攻楚则亲魏、赵、韩，灵活实施东进和南下的军事策略。而楚国在三峡区域也和秦多次交战。在秦伐三晋时，楚与秦争夺西南地区，出兵攻取旧属巴国的枳（今重庆涪陵东），对秦的侧翼形成了威胁。秦决定对楚加以打击，秦昭王移兵南下，以巴蜀地区作为秦国的兵员和物资供应基地以及理想的出发地而全力攻楚，并最终爆发了著名的"拔郢之战"而大败楚军，楚国随之衰落。秦随即在江南设南郡，秦始皇二十六年（公元前221年），南郡都尉驻夷陵。

在从远古到秦统一中国这一过程中，早期古夷陵城的形成事实上和巴楚、秦巴在三峡地区的争夺是分不开的，其军事防御是建城的主导动机。可以说，作为宜昌前身的夷陵城邑主要是军事争霸的产物，城市的这一主要目的和功能又深深地影响着城市的形态结构。

在另一方面，在早期夷陵城的形成过程中，其在政治上主要受到楚国的影响，在相当长的时期内，一直处于楚抵御巴蜀的前沿，是楚国城镇体系中的西楚要塞。同时，文化上受到巴、楚、秦等多方面的影响，其中巴楚的影响最为突出，巴楚的交流和融合使其城市建设有别于江汉平原的楚城而具备了巴城的某些特征。这些因素也不可避免地对夷陵城的体制、规模、形态等产生重大影响。

2）交通区位分析

发达的水陆交通条件有利于城市与其他地域的政治、经济、文化的交流，发挥其对管辖地区的控制力和影响力，是城市兴起和发展的重要条件。夷陵的地理位置优越，交通便利，"上控巴蜀，下引荆襄"，是江汉平原和三峡地区的交界处，同时也是水路和陆路交汇的中心。尤其在水运方面，夷陵位处三峡的出口，是三峡航运的必经之路。

古人对三峡的开发由来已久。三峡航运始于新时期时代，到了夏商时期，随着巴蜀楚在三峡地区的活跃，已经有了依托三峡的航运记载。有学者认为，早期巴人向巴渝地区的迁移，就有可能就是从宜昌走水路进入。在春秋时期，楚国视三峡为重要的至西南的交通航运线。随着社会生产力的发展，航运技术得到了明显的进步，较大规模的木板船的问世和驾船技术的提高，三峡区域已经出现了一定规模的航运。楚人循川江线路，经夔巫而达枳与渝，再经汉之僰道，以达南中。巴、蜀、楚、秦等先民都充分利用了三峡水运的优越条件。

3）军事地理分析

夷陵的地理位置具备重要的军事战略价值，历来也是巴、楚、秦争夺中心。夷陵有"川鄂咽喉"之称，位处楚郢都和巫郡之间，是进入江汉平原的入口，是郢都的西大门。西陵峡口，地势险要，两岸悬崖峭壁，从地理环境来看，其进可攻，退可守，有着绝好的军事条件。

另外，航运发展的一大动力在于战争，其技术发展的直接结果就是水战。《史记·货殖列传》记载："江陵故郢都，西通巫、巴。"而到达蜀巴必经夷陵。《左传》（庄公十八年、庄公十九年）记载巴人东向伐楚时，"楚子御之，大败于津"。此"津"是津乡，乃是今天宜昌之下的枝江[①]。楚成王灭夔，是经枝江、宜昌陆路而去。水路则溯江而上，经三峡而通往巴蜀之地。楚国也曾经建立过一支强大的水军，以"西通巴蜀，与秦国抗衡"。《华阳国志》载："司马错率巴蜀众十万，大舶船万艘，米六百万斛，浮江伐楚。"秦军四次从巴蜀出发，顺江东下，也都是由水路经夷陵讨伐楚国。夷陵的军事地理位置和良好的交通条件使得军事镇邑的形成具备了主观条件和基础。

4）限制条件分析

夷陵城的兴起是当时历史条件的合理选择，但其发展也不可避免地受到当时历史条件的限制而影响到城市的进一步发展。

（1）区位限制

区位事实上代表了其一定时期内一定地域的经济发展水平。楚国在春秋末至战国初，为其鼎盛时期，疆域广阔。后世习惯将其分为东楚、南楚和西楚。根据《史记·货殖列传》中划分的三楚范围，西楚大致辖今安徽北部，河南南部，颍河淮河之间，京广线西侧，湖

① 武仙竹. 三峡地区环境变迁与三峡航运 [J]. 南方文物，1997（4）：78-80.

北江陵、荆门、洪湖以下，长江、清江流域以北，重庆巫山以东等[①]。夷陵位处西楚之列，虽然从地理位置看属于西楚的地理中心，但其东面为郢都，其西面的重庆巫山等区域是楚灭巴以后所改郡县，其经济发展水平因有巴蜀数百年的经营而相对较高。可以说，夷陵其实是属于楚国的边缘地区，其经济相比楚国其他区域相对落后。由于历来并不是楚国的政治和经济中心，相对较低的生产力水平束缚了城市经济的发展。

（2）体制限制

《考工记·匠人》营国制度提出"体国"之制。所谓"体国"，是指合理确定城郭的等级与规模，布置城池、宫殿、宗庙和社稷。其城市规模和城市的等级有直接关系。楚国的城池按现代考古学研究分为4个层次：都城、别都、县邑、军事堡垒，不同级别的城池具备不同的城市规模。它既有社会经济发展与军事需要而新设立的，也有原来楚国的城邑与楚将所灭国的都邑改建置为郡县的。从城市的面积看，既有规模宏大的都城，也有面积很小的军事堡垒，一般面积的县邑，构成了多层次的网状体系[②]。作为西楚的军事堡垒的夷陵，地位的低下使得城市受到等级的限制而规模较小。

（3）地形限制

先秦时期的城市建设者已充分认识到城市周边的广阔土地对城市的支持作用，将城市周边的乡村地区作为城市建设的一个组成部分，并以此建立城乡一体的城市结构。《管子》提出"夫国城大而田野浅狭者，其野不足以养其民。城域大而人民寡者，其民不足以守其城"，即城市规模必须与周围田地大小以及城市居民数量保持适当的比例关系[③]。由于其军事要塞特性，夷陵城的选址位于依托高地的前坪。前坪土地肥沃，在先秦时期"城乡一体"的结构体系中，能保证城内居民和士兵的生活需求。但由于其用地较窄，且两面临水导致洪涝灾害时有发生，进一步缩小了其耕地的范围。在经济条件并不发达的历史时期，城市规模小，人口少，前坪的用地尚能满足其基本需求，随着城市人口的增加和城市性质的多功能化，其用地特征不可避免地阻碍了城市经济的发展和城市规模的扩大。

2.2　秦汉至三国时期的夷陵城

2.2.1　秦汉时期的夷陵古城

公元前221年，秦王嬴政结束了诸侯长期割据的局面，一统中国，并创立了中央集权的专制主义政治制度，废除了分封制而大力采用郡县制。此后，汉继秦制，比秦更为严整。西汉设夷陵县，隶于南郡。

战国时期古夷陵城被白起烧毁后，其夷陵城如何变迁，历史资料并无明确记载，《水经注·江水》《卷三十四》记载："俯临大江，如萦带焉，视舟如凫雁矣，北对夷陵县之故城。城南临大江。"由于对其含义的不同理解，历来也有多种说法，其中比较有代表性的说法有

---

① 张忠民主编. 宜昌历史述要 [M]. 武汉：湖北人民出版社，2005.
② 陈振裕. 东周楚城的类型初析 [J]. 江汉考古，1992（1）：61-70.
③ 王军，朱瑾. 先秦城市选址与规划思想研究 [J]. 建筑师，2004（1）：98-103.

二：一说位于今宜昌市磨基山对岸的东南江滨；一说位于在宜昌的西北。

从考古资料分析，正如前文所说，在宜昌的前坪、后坪进行的 5 次大规模发掘，清理墓葬 150 余座，其中绝大多数是秦汉墓。出土大量的铜、铁、银、陶、玉石等各类器物约 600 余件（不含钱币）。前坪墓地是三峡地区目前为止秦汉墓葬资料发表最多的墓地[①]。其中西汉墓集中分布于前坪，少量在后坪和葛洲坝。从时间来看其墓室从战国至西汉、东汉各个时期都有分布，具有较强的延续性。另外，在江南卷桥河入长江口右岸一带也发现有汉代遗址[②]。结合前文对战国时期夷陵城的分析以及与历史典籍的相互印证，秦汉时期的夷陵城以古夷陵城为基础而缓慢发展，其位置仍然位于宜昌西坝以北的南津关至前坪一带。

由于夷陵重要的军事地理特征，汉代曾经在夷陵修建有数个军事堡垒以卫城。20 世纪，在宜昌市城区西北 12km 的长江西陵峡口北岸的二级台地上，发现了一座汉代的古军垒，其位置南临大江，东临峡口，位置险要。军垒的四面墙体呈方形。墙面为青石块用灰浆砌筑。在填土中还发现有周代、汉代及六朝的遗物。据考证，军垒初建于东汉晚期，并沿用至六朝[③]。另外，在三游洞（长江）对岸的牛扎坪临江处，也发现了一座与三游洞相对峙的古军垒，其年代大致与长江北岸的古军垒遗址年代相当（东汉—六朝）[④]。

2.2.2 三国时期的三城并立

1. 三国时期的空间营造背景

三国时期，宜昌是魏蜀吴争夺的重要地带，三国都曾在此地设郡，清《宜昌府志》记载："魏曰临江，蜀曰宜都，吴改西陵，亦称宜都"[⑤]。在此期间，由于其重要的军事地理位置，宜昌曾进行过一系列的以军事为背景的建设，见之于史的有蜀刘封城、吴步骘城、步阐城和陆抗城。

建安十三年（公元 208 年），孙权大败曹操于赤壁，北方的曹魏集团实力被严重削弱。此后，孙权与刘备展开了对夷陵、荆州的争夺。刘备养子、副军中郎将刘封，约于建安十九年（公元 214 年）与孟达同任宜都太守，在北岸山顶修筑城垒，称刘封城。《夷陵州志》（明）记载："刘锋（封）城在三游洞边荒城"[⑥]。《宜昌府志》记载："刘封城在府西北二十里，三游洞顶。汉昭烈帝章武初，封守宜都郡所筑"[⑦]。其位置位于今宜昌南津关风景区内。遗址范围内，现时有汉砖等遗存出露，经文物工作者考证，与史籍记载相吻合。

吴国占据宜昌（时称西陵）时间最长。建安二十四年（公元 219 年），"陆逊别取宜都，获秭归、枝江、夷道，还屯夷陵，守峡口以备蜀"[⑧]。夷陵被吴所占据。陆逊以辅国将军、领荆州牧的身份，主持长江上游事务，亲自镇西陵，守峡口，前后经略西陵逾十年。蜀汉章

① 蒋晓春. 三峡地区秦汉墓研究 [D]. 成都：四川大学，2005.
② 刘开美. 夷陵古城变迁中的步阐垒考 [J]. 三峡大学学报（人文社会科学版），2007（1）：13-17.
③ 屈定富，常宝琳. 宜昌市发现一座古代军垒 [J]. 文物，1987（04）：93-94.
④ 杨华. 夷陵浅议 [G]// 江汉考古编辑部，湖北省考古学会论文选集，1991.
⑤ 聂光銮修. 宜昌府志（校注版）[M]. 武汉：湖北人民出版社，2017.
⑥ 刘允等编. 夷陵州志 [Z]. 明弘治九年刻本. 宜昌市地方志办公室等整理重刊，2008.
⑦ 同上 ⑤.
⑧ 陈寿. 三国志 [M]. 北京：中华书局，1982.

武元年（公元 221 年），蜀主刘备率领数十万大军顺江东下，夺峡口，攻秭归，屯兵夷陵。章武二年（公元 222 年）两军对峙于夷道猇亭（今宜昌市猇亭区），吴蜀爆发了著名的"夷陵之战"。陆逊火烧连营，蜀军大败，刘备"仅以身还"。蜀汉元气大伤，自此无力问鼎中原。

吴国在夷陵的胜利，巩固了三国鼎立的战略格局。黄龙元年（公元 229 年），孙权正式称帝于武昌，拜步骘为骠骑将军，领冀州牧，都督西陵，代陆逊抚荆冀戍，步骘是继陆逊之后镇守西陵的第二位东吴重臣。一直到吴赤乌九年（公元 246 年），步骘受命代陆逊为丞相止，步骘坐镇西陵十八年。步骘安边有术，宽宏为政，深得民心，邻敌亦惧敬步骘的威信，从不敢轻易侵扰。赤乌十年（公元 247 年）步骘逝世，步阐兄长步协嗣父之任。步协死后，步阐继其业为西陵督。

2. 步骘城、步阐城、陆抗城的形成

夷陵在步骘和步阐的治理下，经历了一个相对稳定的发展时期。据《宜昌府志》和《东湖县志》记载，步氏父子都督西陵都先后在此筑城，名曰步骘城和步阐城。步骘城即在蜀汉延熙七年（公元 244 年）所筑。"江水出（西陵）峡，东南流，迳故城洲……故城洲上，城周一里，吴西陵督步骘所筑也。"[1] 此城即是当时西陵县治所在。步阐城在吴凤凰元年（公元 272 年），步阐为西陵督时所筑。故城洲的"洲头曰郭洲，长二里，广一里，上有步阐故城，方圆称洲，周回略满"[2]。此即步阐城。步骘城和步阐城两城互为犄角之势，南北相邻，可以控扼长江水道的咽喉。

而两城的具体位置，从《水经注》的记载来看，应该分别位于"故城洲"和其洲头"郭洲"。而郭洲坝位于何处，由于长江河道的历史变迁，给考证增加了难度，历来有多种说法。《宜昌府志》记载，步骘城和步阐城都位于"下牢溪前"，步阐城"其城迹当在今郭洲坝"[3]。杨守敬、熊会贞所著《水经注疏》中，熊会贞指出："郭洲在东湖县西北三里。非古郭洲也。"这表明，今宜昌市城区曾经有两个郭洲坝，分别为古郭洲坝和郭洲坝（"郭""葛"同音，郭洲坝即葛洲坝）。而步骘城和步阐城应该位处古郭洲一带，其位置在今中心市区明清夷陵古城即东湖县城处。刘开美认为，步阐故城的方位"大致在樵湖岭一线以西、现市一中（西陵二路）以北至三江大桥以南之间的范围内。而步骘故城则在樵湖岭一线以西、现三江大桥以北至赤溪（入江口在今沿江大道 18 号处）以南之间的范围内"[4]。也有学者认为，故洲城是今之西坝，步骘城位于西坝船厂附近。郭洲坝就是葛洲坝，步阐城即位于葛洲坝上[5]。

三国时期另外一座著名的故城即陆抗城。吴凤凰元年（公元 272 年）步阐叛吴，陆抗在步骘城和步阐城东面筑陆抗城。陆抗城"北对夷陵县之故城，城南临大江"，"城即山为

① 郦道元. 水经注 [M]. 上海：上海古籍出版社，1990.
② 同上①.
③ 聂光銮修. 宜昌府志（校注版）[M]. 武汉：湖北人民出版社，2017.
④ 刘开美. 夷陵古城变迁中的步阐垒考 [J]. 三峡大学学报（人文社会科学版），2007（1）：13-17.
⑤ 杨怀仁，唐日长. 北京：长江中游荆江变迁研究 [M]. 北京：中国水利水电出版社，1999.

埔，四面天险"①。陆机称此地为东坑。李善曰："东坑，在西陵步阐城东北，长十余里。陆抗所筑之城，在东坑上，而当（步）阐城之北，其迹并存。"②其位置一说位于磨基山，一说位于当今西坝一带。

这三座故城，完全可以作为孙吴全力经略西陵的实物象征③。从城市特征来看，步骘城是城市经济和政治活动的中心，在三座城池中处于主导地位，而步阐城和陆抗城从建城的主导动机来分析主要是军事防御，和刘封城一样属于军事堡垒，并不能算是城市。

2.2.3　城市空间营造的特征

1. 建城的指导思想

两汉到三国时期的夷陵城，虽然一直作为郡县的治所，但其经济中心的作用相对较弱，贯穿始终的是其军事防御的主导思想。

两汉至三国时期夷陵的军事地理位置相比先秦时期更为重要。夷陵城位处荆州的西面，地形颇似一个横卧的漏斗，北、西、南三面环山，东面衔接开阔的平原。以夷陵为依托，向西可以逆流而上进入益州，向东可以直捣荆州腹地江陵，向东北可以攻击宜城、襄阳、南阳一线，向东南可以威逼武陵（今湖南常德）、长沙一线，易守难攻，且可进可退，为兵家屯兵据守的理想之地④。顾祖禹对西陵的重要地位给予这样的评价："三峡为楚蜀之险，西陵又为三峡之冲要，隔碍东西，号为天险"，"故国于东南者，必以西陵为重镇矣！"⑤

西汉末年，宜昌当阳曾爆发了著名的"绿林起义"。东汉时期，夷陵被地方封建割据势力田戎所占据，此后投靠割据益州称帝的公孙述，与东汉大将军岑彭在夷陵一带展开了长达十数年的攻防。南郡在岑彭的治理下，进行了长时间的地方军事建设。三国时期，夷陵更是名副其实的"争地"。自东汉献帝建安十三年（公元 208 年）的赤壁战役之后，鼎立三方围绕着西陵展开的争夺，始终没有停息，几乎是"一部三国兵争史的缩写"⑥。孙权倾全力夺占了夷陵等地，并改夷陵为"西陵"。

军事防御的指导思想贯穿于夷陵的建设之中。对孙吴政权而言，西陵是保证国家战略安全的根本要地，其城防直接关系到吴国政权的存亡。西陵都督是孙吴政权主持西部长江防务的最主要军事长官，吴国历任西陵都督（以及西陵督）多为一时名将，并将军事防御的指导思想贯穿于夷陵的建设之中。首任西陵都督陆逊曾说："夷陵要害，国之关限，虽为易得，亦复易失，失之非徒损一郡之地，荆州可忧。"⑦其子陆抗也说："如有不虞，当倾国争之。"步氏父子在西陵的建设也遵循这一原则。

---

①　郦道元. 水经注 [M]. 上海：上海古籍出版社，1990.
②　萧统编，李善注. 文选 [M]. 上海：上海古籍出版社，1986.
③　孙家洲，邱瑜. 西陵之争与三国孙吴政权的存亡 [J]. 河北学刊，2006（2）：92-97.
④　王前程，杨爱丽. 三国争霸，争在夷陵——简论三国时期宜昌地区的军事战略价值 [J]. 三峡大学学报（人文社会科学版），2008（5）：5-9.
⑤　顾祖禹. 读史方舆纪要 [M]. 北京：中华书局，1955.
⑥　同上③.
⑦　司马光. 资治通鉴 [M]. 北京：中华书局，2011.

军事防御的指导思想一直贯穿了秦汉到三国时期的夷陵发展史，而建城的军事防御性质也对城市的城址、形制、规模产生了重大影响。

2. 城址变更的空间特征

从秦汉到三国时期，宜昌古城历经数次变更。虽然步骘城、步阐城、陆抗城其位置历来有争议，但目前学者对城址考证研究的共同点在于三者都位于葛洲坝大坝以下、前坪以南，这表明三国时期夷陵城市中心发生迁移，迁城的线路由前坪一带向下。从其线路分析，总的特征是由上游迁至下游，由高地迁往平坡，由狭窄地带迁至开阔地域。这是由当时的历史条件所决定的必然。正如前文所提到的前坪选址的先天性的不足，当社会的政治、经济条件发生变化以后，必然会带来城市的迁移。

（1）城址下迁的主要原因与军事防御的城市性质相关。随着军事技术和军事战略的演变，三国时期，夷陵的军事地理位置与战国时期夷陵主要防卫西蜀的军事地理发生了相当变化。从春秋到战国，夷陵相当长时间隶属楚国，在巴楚、秦楚军事争夺过程中，其防御对象主要来在于三峡上游的巴蜀地区。秦汉以后，地方割据，荆州作为地方经济和军事的中心地位日益显著。夷陵作为荆州的门户受到多重方向的压力，而其上游的南津关、下游的虎牙和荆门都极具军事价值。城址的下迁有利于军队的调动和大规模作战。

（2）随着三峡航道和航运的发展，水战的重要性更为显著，而水战的规模更为庞大。西汉末年地方割据势力公孙述率数万水师从西蜀沿江东下直出三峡，并在夷陵东境荆门、虎牙一带，建立了长江第一座浮桥以断绝航道。岑彭屡攻不下。两年后，岑彭调集了6万水师，乘风火攻，才攻占了荆门要塞。可见随着航运技术的发展，水战在秦汉时期的夷陵规模更大。吴国更为重视水军的建设，"弓弩戟楯不如中国，惟有水战是其所便[1]"，舟师部队强大。前坪一带虽然是天然良港，但地形狭窄，而三国故城一带地势开阔，有利于大规模的停船。

（3）吴国在占据江东以后，实行军民结合的土地垦荒制度。晋书记载，"吴上大将军陆逊抗疏请令诸将各广其田"。其后，屯田制开始施行。"长江沿岸，屯田据点，连绵不断。东起吴郡、西至夷陵[2]"夷陵就是一个重要的屯田据点。屯田制分军屯和民屯，吴国的士兵家属，凡随军者，随军屯垦。其屯田者，如同曹魏一样，也是且耕且守，出战入耕，是屯田兵的两大任务[3]。前坪腹地狭窄，土地少，而葛洲坝以下的南北两岸土地肥沃，适合大面积耕种，作为屯田的管理机构所在地和士兵家属的居住地的城邑也必定随之下迁。

3. 城郭体制和城市规模

秦汉到三国时期夷陵空间营造的另一个特点就是以城墙为特征的城郭体制开始出现。上文曾经分析先秦时期的夷陵尚未有城墙建设的迹象（包括夯土城垣和砖制城墙）。区别于战国时期受到巴人的影响不同，从汉代开始，在城市建设过程中城墙开始大量采用。在宜昌城区的考古发掘中，多次挖出汉代的城垣。从上文所提到的汉代的古军垒（图2-7）来分

① 司马光. 资治通鉴 [M]. 北京：中华书局，2011.
② 陈连庆. 孙吴的屯田制 [J]. 社会科学辑刊，1982（6）：80-87.
③ 刘静夫. 中国魏晋南北朝经济史 [M]. 北京：人民出版社，1994.

33

析，其城墙的建筑工艺已经达到一定的水平。其材料采用青石块和青砖，施工工艺采用灰浆和泥浆砌筑。并开始注重建筑艺术，其青砖具有几何纹和绳纹[1]。在宜昌樵湖岭一代出土的六朝早期的古墓也采用了一面有绳纹的青砖。

图 2-7　汉代军垒城墙
来源：屈定富，常宝琳. 宜昌市发现一座古代军垒 [J]. 文物，1987（4）：93-94.

这表明至少从汉以后，夷陵城的建设已经在统治者的规划下依城郭体制建设城市。据《汉书·高帝纪》：高祖六年（公元前 201 年），刘邦下诏"令天下县邑城"。地方官上任后，均将整治城郭之事当作必须履行的职责之一[2]。《三国志·陆逊传》记载，陆抗攻打步阐城时说："此城处势既固，粮谷又足，且所缮修备御之具，皆抗所宿规。"这表明三国时期，夷陵城的建设已依照军事防御的要求有所规划，并由政府作为其主要建设主体，而城墙的建设正是基于军事防御的需求。

城墙的出现固然有国家的强制性要求，但另一方面，夷陵从汉代开始建设城墙，虽有防洪、国防的要求，但内部防卫即安民的需求则更为突出。西陵地处偏远，在这一多山多水地区，群山众溪之中分布着不受政府控制的少数民族军事力量，当时泛称之为"夷人"或"蛮夷"，其中"巴郡、南郡蛮"人数最多，多次与朝廷发生冲突。对他们的有效控制和防卫是维持敏感地区形势稳定的必要条件。到三国时期，这一现象更为明显，陆抗攻打步阐城时，犹在担心"南山群夷皆当扰动"，表明当时夷陵的"夷人"势力较大，他们的向背往往成为决定战争胜负的重要砝码。城墙的建设能有效地保证城市的安全。

虽然建有城郭，但秦汉到三国时期的夷陵，规模较小，无论是人口规模还是用地规模都处于比较低的水平。步骘城，"城周一里"，按照古制换算，约 576m 左右。步阐城位于郭洲，整个洲长度也才"长二里，广一里"，其城规模亦小。

从人口资料分析，夷陵的城市规模亦不大。历史典籍并无夷陵城人口的详细记载，但整个南郡的人口在秦汉时期都处于一个相对较低的水平。据《汉书·地理志》中的人口资料，秦汉时期，南郡有县 18 个，户 12 余万户，人口约 70 余万人。而随着战乱以及其他因素，到后汉时期，《后汉书·郡国》记载，南郡有 17 城，人口约 7 万余人。此外据《晋书·地理志》记载："宜都郡，吴置，统县三，户八千七百，夷陵、夷道、佷山。"郡人口少，县的人口就更少，而夷陵城中的居民亦不多。即使和湖北汉代的其他同级别的县城城郭比较，夷陵的城市规模也处于较低水平。当然由于其军事镇邑的特征，虽然夷陵城市的规模小，但城市周边居住有大量的士兵等流动人口，城市的功能仍然是为军队服务的。

① 屈定富，常宝琳. 宜昌市发现一座古代军垒 [J]. 文物，1987（04）：93-94.
② 周长山. 汉代的城郭 [J]. 考古与文物，2003（2）：45-54.

  城市规模偏小究其原因除了夷陵作为县邑城市等级低而受到礼制的限制、军事活动频繁而影响到城市的发展外，经济发展水平低也是最为重要的原因。秦汉到三国时期，经济水平相比先秦时期有了进步。汉高祖刘邦建立西汉王朝以后，吸取秦朝迅速灭亡的教训，采取了一系列与民休息的政策措施，乃至进一步统一货币，监管盐铁，调剂供需，促进流通，发展商品生产。这一时期的夷陵在国家安定统一的前提下，经济和社会有了一定的发展，但其发展低于全国平均水平。从全国的经济发展水平来分析，秦汉时期，关中、黄河中下游地区是全国的政治、经济中心，长江上游的巴蜀地区，在秦汉时期是当时三峡地区的主要的政治、经济中心。长江中游以荆州为代表经济发展水平更为发达，夷陵地区相对于其他地区，其经济技术仍然处于较低的水平，发展较为缓慢。这也是城市规模偏小的一个重要原因。

  4. 民居形式

  秦汉到三国的建筑至今没有真正的发现，其建筑及空间布局无从考证。但从考古资料来看，干栏式的建筑形式在宜昌已经发展得比较成熟。在前坪西汉墓中出土有各种类型的明器陶仓和陶屋（图2-8）。有的陶仓形制多是模仿当时当地居址干栏式建筑形式而制作的。陶仓多为圆体筒形，有的正面设有门和阶梯，仓底设3~4个立柱。仓盖为四阿式屋顶。还有的在四阿式屋顶上又叠压一小块四阿式屋顶。陶屋（楼）为三重檐的悬山式楼阁建筑，共4层。底下为院落，围墙正面左边开门，并划出上槛和抱柱。有拱门洞进入底层，门外置阶梯直通二楼楼门，二、三、四楼的墙壁（山墙）上开有窗口，楼底不住人。这是一种典型的干栏式的建筑形式 [1]。

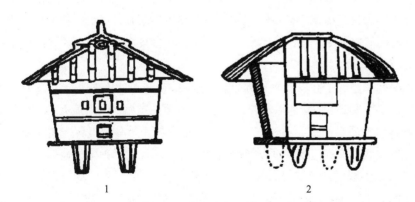

1   2

图2-8 宜昌出土的汉代明器
来源：葛洲坝工程局年鉴编纂委员会. 葛洲坝工程局年鉴（1994）
[M]. 武汉：湖北科学技术出版社，1994.

---

  [1] 杨华. 长江三峡地区夏、商、周时期房屋建筑的考古发现与研究（下）——兼论长江三峡先秦时期城址建筑的特点 [J]. 重庆三峡学院学报，2000（4）：16-19.

2.3　唐代步阐垒的形成和发展

古志《大清一统志》卷35中，《宜昌府·古迹》记载夷陵故城"在东湖县西北下牢戍，隋以前故城也"，从晋到隋，夷陵城的治所仍然在三游洞下牢戍一带。唐贞观九年（公元635年），其治所迁移到步阐垒。《新唐书·地理志》载峡州治夷陵"本治下牢戍，贞观九年徙治步阐垒"，同治《东湖县志》卷9《营建志·城池》载东湖"旧为州城，初治下牢戍，唐贞观九年徙治步阐垒"，明确记载了夷陵城的变迁史。而唐代步阐垒即为明代夷陵城的基础，其建设奠定了明清时期夷陵古城的雏形。

步阐垒亦称步阐故城，即上文所提到的三国时期的步阐城。依前文分析，步阐城的位置位于当今宜昌葛洲坝以下。虽然对步阐城的具体位置学者们尚有争议，但唐代步阐垒位处当今中心市区的明清夷陵故城一带已经得到公认。《一统志》曰：步阐垒，即今东湖县治。刘开美从考古资料和历史典籍分析，步阐垒"并非是指移治步阐故城之内，而是移治步阐故城附近的今中心市区明清夷陵古城即东湖县城之处"，具体位置"位于樵湖岭一线以西、今市一中（西陵二路）以北至三江大桥以南之间"的范围内[1]。从现代考古资料来分析，其位置是较为准确的。

步阐垒的兴起有多方面的原因，是特定的历史条件下城市发展的必然。从考古资料来看，随着人口的增加，当今宜昌市城区一代在汉至六朝时期已经开始出现大量的聚居现象。20世纪80年代在宜昌发掘的樵湖岭墓群，面积约2km^2，曾暴露并清理数十座砖室墓及土坑基，出土汉代、六朝文物[2]。这表明市区先民自汉代就开始从前坪一带向当今的宜昌城区迁徙，其人口已具备一定的规模。同时，汉代先民的迁徙为三国吴国步骘在这里筑城提供了方便，而此后形成的三国故城步骘城和步阐城已经形成了一定的城市基础，其居住建筑为六朝时期居民迁徙此地创造了条件。步骘城和步阐城经过长达数十年的建设，已经具备较为成熟的城市特征。随着晋代郭璞（公元276—324年）在夷陵寓居，今中心市区明清夷陵古城内的人烟也逐渐兴旺。

而步阐垒的兴起除了有以上所分析的客观原因外，步阐垒城的形成也受到了学者郭璞的重大影响，已经具备了一定的城市规划思想。《东湖县志》（清同治）记载"今县城旧基，传闻经璞相度"，《宜昌府志》载述："晋郭璞注尔雅处，旁有明月台，前有明月池。故老金云，峡州旧城为璞流寓时所相度，就山川形势，分配五行，独中央地势卑下，于土德为弱，因自中州辇土至峡，相阴阳向背之宜，特建二台镇之。"郭璞寓居夷陵时，在夷陵进行了一系列的城市勘查和建设活动。首先，"相度城基"，察看、勘测、度量城镇的坐落和脉象，并根据风水理论，提出两条建议：一是将夷陵治所由今三游洞处的下牢戍下迁，以利发展。二是在当今宝塔河处的青草铺建一宝塔，以镇水口。宝塔建成之后郭璞为之题名"天然塔"，今存天然塔是后人在郭氏天然塔遗址上所建。这一时期，夷陵城的建设活动已经开始受到风水观念的影响而具有早期中国城市规划的特征。

---

① 刘开美. 夷陵古城变迁中的步阐垒考 [J]. 三峡大学学报（人文社会科学版），2007（1）：13-17.
② 国家文物局. 中国文物地图集（湖北分册）[M]. 西安：西安地图出版社，2002.

唐代虽然治所从下牢戍迁出到步阐垒，但作为隋旧城的下牢戍也没有荒废，夷陵城呈典型的双城结构，即政治、经济中心位于步阐垒，而下牢戍作为经济活动的副中心和港口转运地而一度繁荣。唐代诗人杜甫诗句"北斗三更席，西江万里船"就反映了当时宜昌古港的水运情况，而其时泊船地就在下牢戍一代，诗中"始知云雨峡，忽尽下牢边"就指明了这一点。唐元和十四年（公元 819）年，唐诗人白居易在《三游洞记》中记载："三月十日参会于夷陵。翌日，微之反棹送予，至下牢戍。"事实上，直到宋代，下牢戍仍然是主要的舟船泊地，北宋康定元年（公元 1040 年），北宋峡州知州查庆之修建百丈溪（今名下牢溪）的《通远桥记》摩崖石刻，文中写道："至下牢津，经百丈溪，苍崖峭立，其经阙然，临流数仞，乃刺舟而渡。"下牢戍虽然已不作为政治中心，但仍然存有城镇，也是当时长江航运的港口集镇。

北宋时夷陵城在唐城基础上略有扩建。到南宋，州县治所多次迁移。南宋初年，城治迁至江右，傍紫阳山；建炎年间（公元 1127—1130 年）峡州州县治所临时迁至石鼻山（今宜昌平善坝一带），后因南宋政权稳定下来而于绍兴年间（公元 1131—1161 年）迁回旧址；至南宋端平年间（公元 1234—1236 年）因蒙古灭金及蒙宋矛盾的加剧，州县治所再次迁于江右。到了元代，城治才重新迁回江左，在唐代旧城的基础上始建成初具规模的城垣。在这个过程中，虽然城址多次变迁，但总的来讲时间不长，复移中仍"因唐旧基"，且"明亦因之"，致使夷陵古城在现中心市区一带得以固定下来，城市形态及结构开始趋于稳定。

第3章 宋代至清代的城市空间营造

3.1 宋代的夷陵城

3.1.1 城市空间的职能转换

从南北朝时期开始到宋代，宜昌的建制沿革变动较为频繁，其名称也多次发生变更。南北朝时宋、齐皆与晋同。梁改宜都郡为宜州，西魏改为拓州，后周改为峡州。隋大业三年（公元 607 年）改峡州为夷陵郡，辖夷陵、夷道、长杨、远安 4 县，夷陵县为郡治，隶属荆州都督府。唐初，改夷陵郡为陕州，领上述 4 县，属山南东道。天宝初又改为夷陵郡。乾元元年（公元 758 年）复改陕州，辖原 4 县，仍属山南东道。五代时，陕州与荆州、归州为南平国。北宋复称陕州，属荆湖北路，仍辖原夷陵 4 县。元丰年间（公元 1078—1085 年）改"陕"为"峡"。

而从隋唐到南宋，随着政治经济等外部条件的变化，夷陵的城市发展出现了一些新的特征。以军事控守为主要建城原则而形成的军事镇邑逐步转变为国家政治体制中的地方政府所在地，而成为地方政治和经济的中心，城市空间的职能发生根本性变化。

1. 军事区位的重要性降低导致其军事功能减弱

从隋唐到宋元，夷陵的军事地理位置仍然处于重要地位。历次朝代更替以及政权变故，三峡作为水战以及部队运输的重要通道而屡被利用。其中在峡州（宜昌）发生的比较重要的战役如隋陈峡江之战（公元 619—620 年）、唐平萧铣江陵之战（公元 621 年）、大娅寨（今秭归西）之战（公元 1239 年）等。在南宋时期，其城址也因为战争需要而多次迁移。夷陵的军事区位特征仍然较为强烈。

但总的来说，在数百年间战争之年是少数。到唐宋时期，中国统一国家的基础更为牢固，到北宋时期，国家的军事和政治中心复归北方而经济中心逐步南移。随着唐贞观九年（公元 635 年）夷陵治所迁移到步阐垒，夷陵已不再像战国至六朝时期长期处于战争的前沿，夷陵的军事重要性开始减弱。这一时期，军事防御已经不再是城市建设的主要指导思想。

2. 航运交通区位重要性增强致使转运功能增强

军事区位特征减弱，但夷陵的航运交通区位特征日趋显著。六朝开始，朝廷更为重视长江流域的经济价值，并进行了一系列的政府主导的航道整治活动。西晋东晋，疏浚江汉运河，隋代，开通大运河，沟通江、淮、河、海四大水系。长江流域各地的经济得到极大发展。唐末虽曾一度出现藩镇割据的局面，但由于北方生产力遭到严重破坏，社会经济中心进一步南移，长江流域的商业活动反而更为活跃，《旧唐书·崔融传》针对当时的商业情况说"天下诸津，舟船所聚，旁通巴汉，前指闽越"，各地的经济往来已十分频繁。

作为联系四川和湖北的三峡航运的重要性亦日趋明显。在六朝之前，三峡航运主要还是服从于战争或政治的需要，这在很大程度上制约了三峡航运事业的发展。到唐代，三峡航道成为运输川米、马纲、蜀麻、蜀布、吴盐的重要水路，客货运输均比较繁忙。"安史之乱"后，唐王朝在经济上更加仰给四川和江南，三峡水路因而成为唐后期租赋出入的重要交通路线之一。宋代，北宋王朝定都汴京之后，为解决政府、军队对粮食及其他物资的需求，开始大规模开发整治长江中上游的航运，"通湘潭之漕"、开挖荆襄运河、开辟荆南水路，把确保内河漕运的畅通放在建国之本的重要地位（图3-1）。

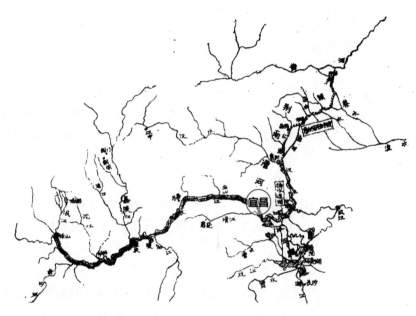

图 3-1 宋代荆襄纲运路线示意图
来源：乔铎. 宜昌港史 [M]. 武汉：武汉出版社，1990.

这一过程中，夷陵作为联系四川和江南的重要转运港其交通区位重要性逐步增强。宜昌自古以长江为对外主要通道。西汉时期，川粮通过水路调运入楚，宜昌已经成为川鄂水运的木船泊靠岸点，但规模较小。隋唐时期，川鄂间物质交流频繁，随着造船技术的进步，川楚水运出现了上至巴蜀、下达东吴的"万里船""万斛船"，在夷陵转口的木船不断增加。进入北宋时期，四川等地物资下江北更为便利。四川贡物由乐山水运至夷陵，再由夷陵经荆南（今沙市、江陵一带）、襄阳运抵开封。夷陵已经成为朝廷贡赋和南北水运的一个重要港口，只是此时宜昌的港口仍带有寄泊的明显特征，并未对城市形态产生根本性的影响。

3. 封闭的自给自足的农业经济特征

唐宋以来，长江流域逐渐成为全国经济中心，但地域发展很不平衡。其中以江淮三吴地区为核心的下游，开发程度最高，地位也最重要。杜牧说，天下以江淮为国命，而"三吴者，国用半在焉"。长江上游，三峡西部地区由于地势较低，自然条件较好，同时又西邻经济水平较高的四川盆地，以农业生产为主，经济比较发达。欧阳修曾说"蜀于五代为僭国，以险为虞，以富自足"（欧阳修《峡州至喜亭记》），宋太祖平蜀后，四川地区长期都是朝廷贡物的重要产地。而对比之下，位处三峡东部的宜昌及周边地区，农业、手工业和商业都有发展，但开发程度远远落后于巴蜀和下游其他地区，地位相形见绌。

宋时的夷陵农业经济较为发达，自然条件"好水土"，除主要农业产品稻、粟、麦外，其他经济作物如茶、笋、甘、橘、柚、梨、栗、漆、椒等年岁丰收而丰富多产。但由于地处偏远，交通成本高，而且"民俗俭陋，常自足，无所仰于四方"，"富商大贾皆无为而至"（欧阳修《夷陵县至喜堂记》）。城市的经济活力不足，城市呈现典型的自给自足的封闭的农业经济特征。

3.1.2 城市空间营造的特征

1. 城市的规模与形制

唐宋时期的夷陵城规模仍然很小，呈现城乡一体的松散结构。宋仁宗景祐三年（公元1036年），欧阳修被贬为夷陵县令，其初到夷陵时，描述夷陵"地僻而贫，故夷陵为下县而峡为小州"（欧阳修《夷陵县至喜堂记》），而其人口也不多，"青山四顾乱无涯，鸡犬萧条数百家"（欧阳修《寄梅圣俞》）。无论是城市用地规模还是人口规模都处于较为落后的状态。

城市空间并不像同时期其他城市有较为明确的边界。其"州居无郭郛"，由于三国时期的步骘城、步阐城等三国古城所形成的城墙早已荒废，且夯土墙也无法长时期地保留，宋代的夷陵并无城墙来限制边界而呈现开放的城市格局。由于城市小，城市乡村联系紧密，甚至出现"县楼朝见虎、官舍夜闻猫"（欧阳修《初至夷陵答苏子美见寄》）、"猛虎白日行，心闲貌洋洋"（欧阳修《猛虎》）的景象。城市的边缘开放还体现在文化及佛教建筑的分散，据《夷陵州志》记载，夷陵在唐代修建了东山寺，位于"州东五里"，宋代修建"儒学"，位于明代的大南门外，都零散分布于城市的周边，城市和乡村的界线并不明显。

这表明唐宋时期的夷陵是一个自然生长的小城邑，也并无明确的规划，城市呈现自然发展的形态特征。直到景祐二年（公元1035年），尚书驾部外郎朱庆基治理峡州时，才开始有了一些政府主导的城市建设，但也仅仅是"始树木，增加城栅，甓南北之街，作市门市区"（欧阳修《夷陵县至喜堂记》）等简单规划内容，直到南宋仍然"峡路州郡皆荒凉"（范成大《吴船录》），城市简陋且狭小。

2. 城市交通形态特征

夷陵城的对外交通一直不便畅。在陆路上，唐代随着邮驿得到发展而开辟了东至江陵、西至巴东、北至襄阳、东南到巴陵、西南到清江的驿道。宋代的夷陵对外交通据欧阳修记载，取道荆门襄阳至汴京，有二十八驿站的路程；水路经过长江，渡过淮河，抵达汴京的东水闸，共五千五百九十里。这种区位条件是较为封闭和不便的。虽然依托长江其航运有一定发展，但主要是作为转运休息之地，地僻遥远，商贾不至，且民风古朴而封闭，其本土居民与外界交流甚少。木船是当地与外界的重要交通手段，也是进出巴蜀地区货物的运输工具。

内部交通由于城市规模小，其道路体系也并不完备。"通衢不能容车马"（欧阳修《夷陵县至喜堂记》），没有成形的街道，道路又窄又脏，车马不能通行。街道设施简陋，无街道铺装，宋代才用砖铺砌南北街道。低下的经济条件使得以道路为特征的基础设施建设较为落后。

3. 城市商业形态特征

宋代，商业在国民经济中的地位和作用日显重要，因此宋政府在一定程度上调整了传统的"重农抑商"政策，相应地制定了一系列保护商业的措施。对于三峡地区，通过税务整顿来促进商业的发展。如太宗淳化二年（公元991年），"诏峡路州军，于江置撞岸司，贾人舟船至者，每一舟纳百钱以上，至一千二百，自今除之"（《宋会要辑稿》）。真宗大中祥符二年（公元1009年），"禁缘峡江诸州津铺邀留客旅舟船，以句钱，令本州察之"（《宋史》）。在政府相关政策的引导下，三峡地区的商业呈现出发展的势头。

在这样一个背景下，夷陵的商业在宋代相比唐代也得到一定程度的发展，一些以服务业、餐饮业、百货业为主体的商业要素开始出现。但由于其地处偏僻和寄泊港的双重特性，其商业发展极不平衡，出现"港""市"分离的规划特征。

1）低下的城市商业。

夷陵的本土商业有一定发展，但较为缓慢，商业的规模也较小。据记载，其"市无百货之列，而鲍鱼之肆不可入"（欧阳修《夷陵县至喜堂记》）。其市井没有商铺排列，大多沿道路零散布置。商店内所卖的农副产品主要是干鱼、咸鱼等日常杂货以及一般生活用品，而且建筑形式简陋而使得卫生条件较差。同时，餐饮业在宋代有一定程度的发展，"市亭插旗斗新酒，十千得斗不可赊"（欧阳修《寄圣俞》），酒肆等店铺在街区随处可见，人们消费水平有所提高。总的来说，本土商业发展具有强烈的市民生活导向，发展程度较低。

2）繁荣的港口商业。

由于寄泊港的特性带来了一些外来流动人口，夷陵依托港口的集市商业发展水平较高。发挥宜昌码头的地理优势，作为货物的集散地的港口商贾云集，千舟齐聚，码头商业门市繁盛，长江渡口昼夜不停。"巴贾船贾集，蛮市酒旗招"（欧阳修《初至夷陵答苏子美见寄》）、"依依渡口夕阳时，却望层峦在翠微。城头暮鼓休催客，更待横江弄月归"（欧阳修《和丁宝臣游甘泉寺》）。其街市发展达到较高的程度。

可见，夷陵的商业发展呈现强烈的不平衡性。由于人口少，经济发展水平低以及自给自足的农业经济态势使其城市的本土商业活力低下。但依托转运港这一天然优势条件，港口区的商业发展更为迅速。但总的来讲，夷陵的商业发展水平受到各种因素的限制，在三峡地区处于较低的水平。

4. 唐宋时期的宗教建筑

唐宋时期的建筑史志资料早已佚失，并无详细的统计。从明代《夷陵州志》来分析，宋代以前建设的且明代仍有遗存的比较重要的建筑有儒学，建于大南门外（旧在大南门外，宋建，元末毁于战火）。报恩寺，唐景福初建；东山寺，州东五里，唐建。夷陵城周边还有龙兴寺（唐建）、甘泉寺（宋）、土城普济寺（宋建）、香烟寺（宋建）、铁保寺（宋建）、铁佛寺（宋建）、灵山寺（宋建）、黄陵庵（唐）等建筑。其他无考。

从以上资料的分析可以看出，汉唐以来，宜昌是佛道影响广泛的地方。宜昌的佛教道教分别以寺庙和道观为活动场所。唐宋时期，夷陵的宗教建筑开始盛行，并在城市建设中占据了重要的位置。以上所述宗教建筑，大部分建设于唐宋时期，保留完好，且在元明以前，还曾有多次修缮的纪录。而宋代夷陵的发展受以佛教为主体的宗教文化的影响较深。

5. 民居形式

宋代夷陵的民居形式比较简陋。大部分民居其建筑材料主要采用竹子、木板和茅草。加工工艺简单，一般都是直接利用。住房面积窄小。一般分为两层，一堂之中，"上父子而下畜豕"（欧阳修《夷陵县至喜堂记》），楼上住人，楼下养猪。室内空间宏敞单一，楼上住人的空间里，很少有进一步的功能分割，且厨房、天井、谷仓都挤在一起。当地民俗信奉鬼神，传说修建瓦屋的人不吉祥，因此虽然官房建筑有少量砖瓦房，宋朱庆基治理峡州"教民为瓦屋，别灶廪，异人畜"，倡导建设瓦屋，但成效甚微，直到南宋时期范成大经过夷陵时看到的仍然是"唯州宅"才"有盖瓦"（范成大《吴船录》）。这和宜昌的较低的经济发展水平和信奉"鬼神"的文化传统有着不可分割的关系。

3.2 明代的夷陵城

元明时期，是夷陵发展的重要时期。唐宋时期的以步阐垒为基础建设的夷陵城规模小，无城垣，城市形制散乱。南宋到元初，夷陵治所几经变更。一直到元代，在唐代旧城的基础上始建成初具规模的城垣，城市的格局初步定型。到明代，以城墙的建设为标志，城市的发展逐步限制在城墙以内，形成较为集中的用地形态，城市的规模、体制逐渐成形并为清代宜昌的进一步发展打下良好的物质基础。

3.2.1 元明时期的历史发展背景

1. 元明时期的建制

公元 1126 年，金人灭北宋，赵构在杭州建立南宋，公元 1234 年，蒙古王朝灭金朝，公元 1279 年灭南宋而统一了中国。元朝中央政府对峡州较为重视，"归附"后，公元 1275 年 5 月，枢密院即决定"峡州宜以战船扼其津要"（《元史》）。公元 1280 年，将峡州建制提升为"路"，"路"管辖峡州县，是次于行省的行政机构。峡州路统属四县：夷陵、宜都、长阳、远安。

公元 1374 年，明太祖改峡州路为府，后又降为州，直隶湖广行省。太祖九年（公元 1376 年），改峡州名为夷陵，以州治夷陵县省入来属。领长阳、宜都、远安三县，隶湖广布政使司荆州府。

2. 元代农业的缓慢发展

宋元时期战事频繁，作为扼守四川门户的峡州，虽然地处军事要塞位置，但从整体上看，并未造成较大的破坏。南宋末年，公元 1275 年，元军阿里海牙率军进驻江陵，宋军投降，峡州知州赵真乃与归州等处悉以城降，从而使得峡州未受战争损害而纳入了元朝版图。元末明初徐达下江陵，而夷陵、归州皆降。这都避免了夷陵遭到战争破坏，而其社会经济秩序基本得到维护。

元代在"重农""扶农"政策的推动下，大力发展农业，通商抚农，保护商旅，社会经济逐渐恢复。夷陵以农业为主导的经济结构也逐渐得到发展。峡州夷陵物产丰富，有黄金、丝、芦笋、桐油等特产。同时，水稻也是这里的主要农作物，但由于耕作方式落后，单位面积产量较低。另外，畜牧业、家庭纺织业等也有了一定程度的发展。尽管如此，元代夷陵经济发展的程度还是有限的，尤其是中后期，随着元代统治者经济剥削的加剧，夷陵的农业生产也呈现出停滞的局面。和长江流域其他地区相比，其经济的发展较为缓慢。

3. 港口的转运功能逐步增强

虽然元明时期夷陵的农业经济发展缓慢，但随着长江航道的日益繁荣，夷陵的转运港口特征也出现了新的特性而开始走向逐步繁华。

元明时期，长江上游的航运越来越得到政府的重视。元朝以后，朝廷和军队所需粮食物资，很大程度上取自东南地区，因此忽必烈极为重视水运交通，并于志元十五年（公元1278年）设立川蜀水驿，自叙州（今四川宜宾市）直抵荆南府，利用水路转运官物和传递公文。这种释运制度到了明代更加完备，为了方便舟船进出，朝廷对峡区水道多次进行治理。明成化十六年（公元1480年），四川参政吴彦华开辟了宜渝航道间的水运纤道。天启五年（公元1625年），湖广按察使乔洪壁召集民工整修新滩，进一步保证了航道的畅通。

在这一背景下，夷陵的航运区位特征越发明显，其转运形式也出现新的特征。元朝时期，通过宜昌港口的官物主要是漕粮和木材。明代，为营建北京宫殿，从永乐四年（公元1406年），屡次派人从四川和湖广等地采办巨木，仅见诸史册的大型采木之役就有七八次。其中，永乐四年仅湖广一地为采木征发的民工就达10万余人，万历中（公元1573—1620年）的一次采木活动费银高达930余万两（《明史》），足见采木数量之多，运木规模之大。由于川木大量下运，成化七年（公元1471年），明朝政府特在荆州（今江陵）增置工部官，以税竹木。

除了漕粮、木材等官物外，四川通过宜昌下运的商贸物资主要有生漆、青麻、牛羊皮等六种，此外，还有川盐、茶叶和其他土特产品。到明中后期，从江淮运来的食盐业纷纷在宜昌分销。来宜昌的商人开始增多，人口也开始增加。到明末，宜昌市镇初具规模。此时的大宗商品是食盐和粮食。这一时期的夷陵，虽然本土商业贸易仍然较弱，但转运港口的地位更加牢固。

3.2.2　官方主导的建设活动

明代是夷陵城市发展最为重要的时期。经济的发展，特别是长江航运的进一步发展，作为交通枢纽的夷陵码头贸易日益繁荣。各种建筑形式不断涌现。城中书院、会馆、宗祠、戏院、客栈、餐馆等公共建筑不断增加，同时城内外也修建了大型庙坛、祠庙、牌坊、碑亭等建筑形式。这一时期不同于宋元时期的城市自发蔓延，官府在城市建设中起到了重要的主导作用，官方意志对城市形态的发展和城市空间的营造影响增强。尤其在明朝初年，以城墙和公共建筑为主的城市建设在官府的领导下逐步实施，奠定了明清时期城市发展的骨架并一直延续至今。

明代夷陵城建设的核心在于城墙的建设。明初不稳定的军事形势，与"高筑墙、深挖壕"的防御思想，产生了中国城池建设的历史高峰。明代洪武年间，社会日趋稳定，经济日益复苏，生产技术建筑材料已有相当提高，修城筑池在地方已能顺利进行。据《夷陵州志》记载，洪武十二年（公元1379年）由守御千户所许胜、知州吴冲霄、绅士易思、陈永福等率众在唐代夷陵旧城的基础上修筑砖墙。宜昌城初具规模：古城沿今环城北路、环城东路、环城南路，沿江大道建成椭圆形城池（图3-2）。《夷陵州志》记载其城池"周围八百六十二丈，计四里零二百八十四步，高二丈二尺，壕池绕城，东南北三面深二丈，阔四丈五尺，西面川江，楼上串楼八百六十二间"。这也标志着明清时期夷陵城的成形，以后的夷陵城基本就限制在该范围内发展。

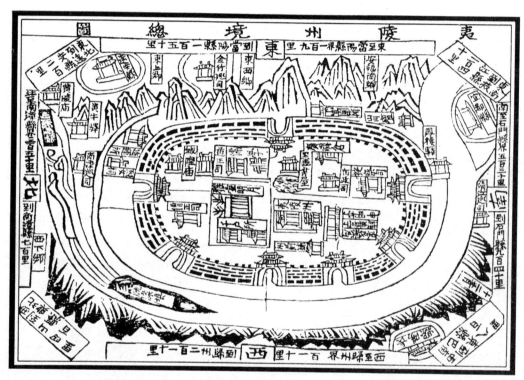

图3-2 夷陵州境总图

来源：刘允等编. 夷陵州志 [Z]. 明弘治九年刻本. 宜昌市地方志办公室等整理重刊，2008.

夷陵城墙因为火灾毁坏和年久失修，破坏情况屡有发生，在明代又经历了数次重修。成化十四年①（公元1478年），由于火灾造成城楼大面积损坏，荆州左卫指挥樊椿、知州周正、正千户常𬀩在原城墙的基础上增高加厚。完工后城墙高五丈，城外砌石，横直勾连，彼此相制。城墙内筑土为卧羊城，下绕以围，堪容走马。此时城门依然为七个，女墙二千七百座。

除了城墙的建设，在官府的主导下，明代夷陵进行了大量的以公共建筑和市政配套为主体的建设活动。从时间分布来看，明代的大规模建设主要集中于明朝初期和中期。其中明初的建设活动最为频繁，除城墙外，其他重要的官衙、军营、文化等建筑俱在明初新

———————————
① （明）《夷陵州志》表述为"成化十四年"，（清）《宜昌府志》记载为"成化四年"。

建。到明中期，随着经济的恢复，知州陈宣在任期间，对城市重要的公共建筑进行了大规模的修葺，整治危房，并完善城市功能布局，特别是对文化教育极为重视，按照居民分布新修多所学堂。截至明弘治年间，夷陵已形成了以公署、学校、兵卫、书院、宫室、惠政、邮传、寺观等种类齐全的公共建筑体系。城市的内部格局和空间形态也逐渐成形。

明末的战乱对夷陵的破坏极大。明崇祯十七年（公元1644年），农民起义军张献忠攻占夷陵城，《宜昌府志》记载"据其城十九日，驱妇女平城，官私衙舍焚毁无遗"，城遭重毁。

3.2.3　城市外部空间形态

夷陵城占地约1200亩。由于受到长江和周边地形的影响，其城池外轮廓呈椭圆形。城垣以内为城市建设区域，城垣之外则为自然地形分界和近郊农业用地。从人口看，据《夷陵州志》记载，明代弘治年间夷陵州城内常住人口仅为6995人、1800多户。明代夷陵州城规模较小。

1. 以城墙、城门和护城河为代表的城郭体制初步确立

城郭体制在中国传统城市中占有重要地位，是军事、政治以及经济的集合体，任何朝代都十分重视。城墙建筑被视为城市建设的根本，向为统治者所倚重。自三国以后一直到明代以前，夷陵一直没有建设完整的城墙，究其原因，一是在于夷陵军事地位的相对降低，二是更为重要的原因在于修葺城墙耗费颇巨，而夷陵的经济水平较低而无法承担。

明清时期，我国传统城市的政治属性将城墙建筑视为城市建设的根本，其建立从根本上是统治阶级稳定政权的工具，是心理安全的保障物。虽然耗资巨大，历代官绅却甘为己任，积极筹划。"筑城之费，除官帑税银等官项之外，还不时得之于官民之赀"（《广东通志》卷一百二十五）。明代夷陵经济的发展使城市建设具备了物质条件，而城墙的建设正是官民结合的产物，历经积淀而形成的文化意识，使政府和一般平民都对城墙有着强烈的需求与依赖，无论是城墙的初建还是重修，都得到了政府和当地士绅的大力支持。

城墙：明代城墙周长八百六十二丈，计四里零二百八十四步，高二丈二尺，如前文所述，夷陵城城墙在明代经过数次加高加固。成化四年（公元1468年）在旧城墙基础上较高至5丈。从城墙的高度来看，五丈的城墙在明代州县一级来讲是比较少见的。如下辖县城级的宜都明代城墙，高一丈二尺，而其上级府城级的荆州城墙，高度约合8.83m，都远低于夷陵城城墙高度。可见其建设的首要目的仍出于军事防御的要求，体现高大与坚固的原则，且军事防御设施齐备。其次，由于受到地形的限制，地处长江沿岸，洪水泛滥时有发生，高大的城墙对于防洪有重要作用。

城门：据明《夷陵州志》记载，明弘治年间夷陵城的城门楼共七座。正东为东门，正南为大南门，正北为大北门，西北为小北门，正西为中水门，西南为小南门，另有镇川门[①]。城门为城墙的一部分，一般来说，城门的数目与城市的规模有一定的关系，规模比较大的京城、省城大部分设九座或其以上，府州级城市设六座或八座，县级城市大多数设四

---

① 一说有八门，本章结尾有专门论述。

座或以下。从夷陵的城门设置来分析，其设置的主要依据虽然遵循礼制要求，但设置的方式更多的是从其交通的实用性来考虑。城门的设置呈不对称形式，正东西南北各一，而其邻长江的西面设置有四个城门，这主要是由于城中缺少水井，为便于取水而增加和水源的联系，同时城门的设置和排水系统亦有所结合。

护城河：城墙外围西面临长江，东南北面设置护城河，深二丈，阔四丈五尺。

城墙、城门和护城河的建立是宜昌城市空间营造中的重大事件。宜昌在古代漫长的历史中，一直作为封闭的偏远城市而并不受到重视，城市形制散乱，城市规模偏小。城墙的建立使城市空间开始成形，这种空间形态奠定了明清时期夷陵发展的基础，一直到清末，宜昌的发展都基本没有超出这个范围。

2. 城市形态由开放走向内敛

明代城墙的建立表明其城郭体制的正式确立。城墙把城市和农村分开，使城市成为一个地区物资交换的中心，推动了当地社会经济的发展。农村供养城市，城市也为农村提供必需的商品，使社会经济结构分工更为明确。唐宋时期形成的城乡一体的城市结构在明城墙的阻隔下开始逐步变得对立。

同时，明初城墙建立使得城市的格局逐步由原来的自然开放格局走向封闭，城市形态逐步趋于集中内敛，城市主要的功能形态和人居活动向城墙内部发展。从夷陵的功能结构上看，其城市主导功能开始被强制限定在一定的空间体系内，城墙外部空间虽然还有一部分功能形态，但其设置一般基于其功能要求必须设置于此，如港口和依托其而形成的集市，再如东门外设置的作习射之用的射圃亭，其他尚有和城市生活不甚紧密的功能形态。而原在城市外围的作为日常生活的城市功能要素逐步移到城墙内。如城市重要的教育建筑儒学，本为宋代所建，旧在大南门外，元末毁于战火后，洪武间移至城东门内大街，其他莫不如是。从旧志来分析，从明初到明中期，其主要的建设活动集中于城墙内部的功能重构而少有外部形态的营造。

而城市外部空间除原有部分小型的以乡村为主体的居民区外，仅仅散落布置有少量宗教和文化建筑。比较著名的如六一书院，位于城东门外一里珍珠岭下，此外还分布有祭祀设施如社稷坛（大北门外），山川坛（大南门外），郡厉坛（大北门外）。其他主要是宗教建筑，如东山寺、龙兴寺、甘泉寺、土城普济寺、双泉寺、香烟寺等。从清代的《宜昌府志》中所附图（图3-3）可以看出，城市外部空间逐步成为城市文化活动的精神寄托场所。

3.2.4 城市内部空间形态

城市内部结构以大十字街和小十字街为中心，形成以南北和东西街道为核心的相对对称结构形式。城墙和城门成为夷陵城市空间定位的最重要因素。城内主要大街均以城墙和城门为依归，东西、南北四个城门之间形成夷陵城的主导空间轴线（图3-4），并与其他街巷相交错成十字形道路网，由此构成传统城市的道路格局。

在城内主要建筑群的布局上，夷陵也遵循中国传统礼制，通过方位体现尊卑贵贱的封建等级。沿东西轴线和南北轴线，分别布置重要的官衙和宫室建筑。东西轴线，从中水门

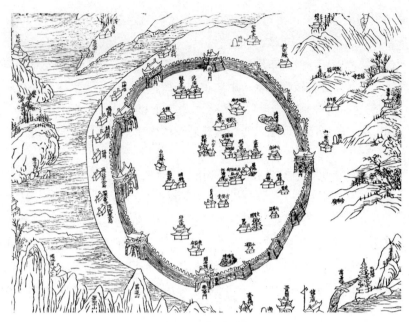

图 3-3 宜昌府城垣图

来源：聂光銮修. 宜昌府志（校注版）[M]. 武汉：湖北人民出版社，2017.

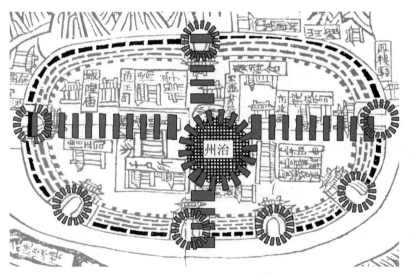

图 3-4 夷陵城空间轴线示意图

（西门）至东门，依次布置有夷陵州治、书屋，南北轴线，从大北门至大南门依次布置有鼓楼、布政司、按察司等重要官方建筑，并以此为核心形成较为完整的十字轴线。此外，城厢内外还分布一些庙祠、书院和社稷坛，也起着世俗教化作用。这种以夷陵州治等官署衙门占据重要位置并环以城垣的城市格局一直沿用至晚清。

　　从另一方面来看，明代夷陵具有中国传统礼制特征，但由于受到多方面的限制而呈现更多的实用主义特征。从《夷陵州志》所载《夷陵州境总图》分析，明代夷陵统治者有建设理想城市空间的愿望，并在建设过程中形成了以封建等级为核心的城市架构，但由于受到地形条件的限制，其城市结构形式简单，主要轴线沿大、小十字街展开，结构形态在轴线上总体保持完好，但其布局仅呈相对对称而且并不严格。在轴线外的广大区域，并不如同其他城市那样有着较为明确的用地布局和街道格局，而是呈现较为散乱的布局特征。《夷陵州志》通篇所提到的街道仅仅有大小十字街和城外的土街，这也说明至少在明代中期，其城市形态虽然已经形成东西和南北的总体构架，但其内部肌理仍然较为简陋和单纯。

经济水平的落后也影响到城市格局的严肃性，如作为城市高点的鼓楼，直到明嘉靖年间由知州薛治始建，其位于今新民街、北正街与西陵一路交汇口中间，楼为两层，上为击鼓厅，下为过街通道[1]，从建筑形式来讲是较为简单的。其他如作为封建社会城市重要象征的宫室建筑，多次出现荒废现象。如南纪楼，位于州城中，到明弘治年间就已废；楚塞楼，位于州治后，明弘治年间废。其他从清《宜昌府志》所记载分析，很多重要建筑因年久失修倒塌的情况屡有发生，只是在经济条件较好时在官府和士绅的资助下多次修葺。

3.2.5 城市功能要素的营造

据方志史料的记载看，明代夷陵城市的功能要素构成包括官署、学校、兵卫、书院、宫室、惠政、邮传、寺观等公共建筑，以及商业店肆、少许手工业作坊、居屋府第、私宅、农地及空地、城墙与城壕，此外还有城市道路、城市水道等城市要素。归结起来，直接反映城市的政治、经济以及社会文化职能，其空间功能则包括行政、军事、教育、教化、商业、居住等几个主要方面。其中以行政用地、教育文化用地和祠堂寺庙等宗教用地为主导，形成了宜昌完整的礼制空间。

1. 行政用地及建筑特征

明代依政治体制设置有布政分司、按察分司、夷陵州治。夷陵州治位于中水门内正街，按察分司位于州治东南，布政分司位于州治南。

作为官僚政治的产物，行政建筑是权力的象征，体现了统治者的意志与目的，无论是其选址，还是建筑的规模，都在城市中占据着最为重要的位置。正如前文所分析，夷陵城公署分别位于夷陵城东西和南北两条主要空间轴线的重要节点，并以此形成城市政治中心。其中，作为统治核心的夷陵州治，其区位最为重要，所处的中水门内正街，是夷陵城中人口相对密集、市容繁华、交通发达的地区。州治选址于此，并和州前铺一起形成夷陵的政治和商业中心，是夷陵城最为重要的城市空间。同时，官僚机构的设置又是以等级制为结构，表现出重叠交错的网络状特征，作为权力象征的衙署自然是这种政治权力交错形态下的产物，按察分司和布政分司虽然所处位置亦为重要，但相对州治稍为偏远。

从建筑的规模来分析，行政类建筑也是当时夷陵城中最为宏大的建筑群，不仅多次修缮，而且数次扩建，官僚系统的庞杂在城市中占据了相当的地域空间。据《夷陵州治》记

---

① 宜昌市建筑学会. 夷陵地名掌故 [Z]. 1982.

载，布政分司，在明初有"正厅三间、卷厦三间、后堂三间，东西司房各二间，厨房二间"；按察分司，建于正统年间，弘治年间翻新，其"正厅三间、卷厦三间，后堂三间，东西司房各二间，厨房三间"。从夷陵城并不发达的经济条件来看，其规模都是较为可观的。

而作为统治核心的夷陵州治经过多次翻新和扩建，在明中期已成为夷陵城中最为庞大的建筑群。州治建于洪武十年（公元1377年），此后，历任官员一直将官衙的修葺视为其为政期间的一件大事而极为重视。正统七年（公元1442）重修，含"正厅三间、卷厦三间，中堂一间，后堂三间，仪门三间，幕厅一间，大门三间，东西司房十二间，库房一间"。其廨舍位于正厅东西周边，正厅后为知州衙，"正房三间，后房三间，东西厢房各四间"；正厅东为判官衙，"正房三间，后房三间，东西厢房各二间"，正厅西为吏目衙，含"正房三间，后房三间，东西厢房各二间"。弘治年间，又依照《大明律·工律·营造·有司官吏不住公廨》[①]规定于正厅东侧空地新建吏舍，将在外散居的官员集中居住。如此庞大的建筑群和占地表明了夷陵城市的属性特征，即明代的城市仍属于传统的政治性城市。

夷陵州治的建筑布局循规蹈矩地执行着儒家礼法的原则，将建筑物置于秩序化的氛围中，在以大堂与内宅为整个官衙建筑的主体结构中，创造了一个前堂后寝的活动空间。虽然并无明代官衙的空间布局图，但从《夷陵州志》对空间的表述来分析，其形制中间有一条显著的中轴线，前堂和后寝均坐落在官衙的中轴线上居于的主导地位，而中轴两侧的建筑物居于次要的地位，从而构造了以大堂为中心、中轴对称、庭院组合式的官衙建筑模式和表现手法。

2. 教育文化用地及营造特征

从《夷陵州志》分析，夷陵城的教育文化用地主要包括学校和书院两个部分。

1）学校建筑

学校建筑主要有儒学，位于城东门内大街；东门外设置有射圃亭；大城门外设置有山川钟秀坊。在城东南西北分别设置有城西社学、城南社学、城北社学，上北社学、河西社学、黄牛驿社学。在城墙之外设置有城外西北社学、中北社学、西坝社学、黄牛驿社学、赵家坪社学。

从学校建筑的种类来分析，明代夷陵的教育体系较为完备，比较严格地遵循朝廷关于地方官学的设置规定。明代地方官学，因朝廷对学校教育重视而较为发达。明太祖开国之初，即在全国各府、州、县设立相应的学校，管理周密，制度健全。明代府、州、县学的普遍设立始于洪武二年（公元1369年），是年诏天下府州县皆立学。地方官学学习内容，洪武初年"令生员专治一经，以礼、乐、射、御、书、数设科分教"。洪武二年（公元1369年）又重行规定，计分礼、射、书、数四科，颁经史礼仪等书，要生员熟读精通，朔望又须学射于射圃，每日习书500字，数学须通《九章算术》。此外，明代沿袭元代制度，

---

① 《大明律·工律·营造·有司官吏不住公廨》规定，有司官吏必须居于官府公廨，不许杂处民间："凡有司官吏，不住公廨内房府，而住街市民房者，杖八十。"虽然明初颁布了地方衙署建设的规制，但明代县衙的建筑格局还要受历史遗留下来的衙署格局的影响。从文献记载来看，许多在明初新修或重修衙署的格局的确遵循了新的规制，但也有些地方限于经济条件或历史格局的影响，并不完全符合新的规制，比如在一些地方吏舍并未被纳入到县衙之中。

在乡村广泛设立社学。初仅延师以教民间子弟，兼读《御制大诰》本朝律令。弘治十七年（公元1504年）令各府州县建立社学，选择明师，民间幼童15岁以下者送入读书，讲习冠婚丧祭之礼。在教学活动方面，明代社学对于如此教儿童念书、看书、作文、记文，培养儿童学习习惯以及每日活动安排等，都有具体规定。正统元年（公元1436年），"诏有俊秀向学者，许补儒学生员"，把社学与府、州、县等儒学衔接起来，促进了明代社学的发展。

作为封建时代教育机构的核心，夷陵城儒学的建设从选址到建设规模都体现了官府对教育的重视，不仅建筑规模宏大，而且历任历届地方官员都对儒学进行了不同程度的修缮和扩建。儒学旧在大南门外，元末兵燹后，于洪武年间于城东门内大街重建，其内部教学和管理人员的设置也遵循明制，"置官学正一员，训导三员，生员、廪膳、增广各三十，司吏一"。此后，多次扩建，到弘治年间，有记载的修葺和扩建就达二十余次（夷陵州志），此后隆庆二年（公元1568年）又进行较大修葺。其建筑内部含"大成殿三间；东西庑十间；戟门三间；棂星门；神厨三间、门楼二座；神库一间；明伦堂三间；博文、约礼、存诚三斋各三间；馔堂二间，后增为五间；学门一座；养贤仓一座；东西号房一十四间"，另外还设置有学正公廨和二所训导公廨。为学习习射，于东门外设置射圃亭。弘治年间的儒学已经成为夷陵城中另一庞大的建筑群。惜明末兵毁。

夷陵城社学的设置亦较为完备，并开始考虑学生就近入学的原则而加大对基础教育的投入。早期由于经济落后社学较为匮乏，明中期知州陈宣就任时，为解决儿童教育的问题，于弘治六年（公元1493年）按照地域设置社学，并"选命儒士分教童蒙"，而且"每教读均瑶一丁"，建立了完备的教学体系。从分布来看，城墙内设置有：城西社学，位于镇川门内千户所公馆；城南社学，位于城内东南隅；城东社学，位于州治东百许步；城北社学，位于儒学西。由于城外尚有部分乡村，也分别设置有城外西北社学，位于镇川门外；上北社学，位于社稷坛边；中北社学，位于大北门外；河西社学，位于递运所前；西坝社学，位于洗菜坝江岸；此外，较远的黄牛驿和赵家坪也各设置社学一所。

2）书院建筑

明代夷陵的书院有墨池书屋和六一书院。明代夷陵书院建设受到明代官方政策的影响。明初发展教育的基本国策是提倡官学，官学在社会上占据了主导地位，明孝宗即曾指出："本朝无书院之制"（《明孝宗实录》卷十四），书院因之衰落。明初书院的受抑现象到英宗正统年间得到了扭转，书院开始了它的初步发展而渐有生气，尤其是到了宪宗成化、孝宗弘治年间，书院发展步子显著加快。到中叶的正德、嘉靖时，明代书院进入它的鼎盛阶段[①]，并对明代的教育、学术文化及朝廷的政治都产生了很大影响。

明代夷陵书院的发展，从一开始就与中央政府对它所采取的态度密切相关，而夷陵书院建设的时间特征亦符合明代的官方政策的时序特征。明中期以前夷陵亦并无建设书院的记载。到弘治七年（公元1494年），知州陈宣于州治东半里许、学宫之南的隙地建立书院，其位置位于今宜昌老城区新街与人民路之间的墨池巷内。该地故有洗砚池，传晋代郭璞注

---

① 赵映林. 明代书院的兴衰 [J]. 文史杂志，2000（3）：28-31.

《尔雅》时，曾经在此洗砚致使水呈黑色而得名。又宋代苏东坡被贬时，也曾洗砚斯池，其世传为东坡墨池故址，故题名"墨池书屋"。整个书院占地十数亩。虽然清代大肆扩建，但弘治时建筑规模并不大，仅仅"作屋三间"，但内部环境宜人，"临池西向筑屋"，"环树以柳、绿荫翁郁可爱"，"潇洒清洁、焕然出尘外。"墨池书院建成后，逐渐成为"诸生肄业染翰之所"。

此后明代嘉靖年间（约1530年前后），夷陵州知州李一迪在城东门外一里的珍珠岭下创建了六一书院。当时建院主要目的是祭祀欧阳修，"置六一书院于城东祀欧阳修，俾后学知所师承"[《宜昌县志初稿（民国25年版）》]。李一迪之后约30年左右，继任夷陵知州姚宗尧在六一书院里立碑并撰文示教。虽然地处偏僻，但由于夷陵名人雅士常相聚于此而成为夷陵一所重要的文化场所。明末六一书院的房屋及四周的楼舍，均毁于战火。

3. 祠堂与寺庙营造特征

1）祠堂

明代夷陵祠堂众多。《夷陵州志》记载，城内分布有四贤祠（本为文昌宫，弘治年间移去文昌像改为四贤祠）、西社土谷祠、东社土谷祠、南社土谷祠、北社土谷祠。城外有赵司徒庙、姜孝子祠、城西北社土司祠，此外还有城外上北社土谷祠、中北社土谷祠、河西社土谷祠、西南社土谷祠、西坝社土谷祠、黄牛驿土谷祠、赵家坪土谷祠。

以上祠堂大多建于明代，并成为明代礼法教育的重要场所。明以前，夷陵有巫风淫祠的民俗，早在六朝时期就有范缜废夷陵淫祠的记载。到宋代欧阳修任夷陵县令时亦对当地民风民俗做了"腊市鱼盐朝暂合，淫祠箫鼓岁无休"（欧阳修《夷陵书事寄谢三舍人》）的描述，到明初夷陵淫祠众多，如位于中坝的赵司徒庙旧为淫祠，"乡人每岁二次花会，男女混杂"，历任政府官员虽屡禁但不止。陈宣任知州时，展开了一场声势浩大的移风易俗行动，在夷陵州境"力去淫祠"，并教导人们"修古礼""崇四礼"，为教化人民，陈宣以百户为社，每社俱修建社学及土谷祠，加强乡村教化，统一民众思想，引导民众的信仰和崇拜。以上所述土谷祠俱为陈宣在任时修建。考虑到民俗之难变，陈宣制定乡约遗法，并规定每逢春秋二社日，须于土谷祠"祭祀土谷之神"。土谷祠在改变夷陵陋俗过程中起到了相当作用，同时也是政府控制人民思想的重要物质场所。

2）寺庙

到弘治年间，夷陵的寺庙建筑也达到一定规模。在城内，分布有报恩寺、观音阁（即圆通宝阁）、弥罗宫。此外，城外还有报恩寺、龙兴寺、土城普济寺、双泉寺、香烟寺、大王寺、普庵寺、龟山寺、兴福寺、铁宝寺、丛林寺、铁佛寺、灵山寺、黄陵庵等。此外，城内有城隍庙、关王庙（即关帝庙）、东岳庙、江渎庙、汉景帝庙、龙王庙，城外有伍子胥庙、烈女庙、黄陵行祠、黄陵庙。此后明后期还建设有火神庙。

坛庙：在城市外部，依礼制于大北门外设置有祭祀之用的社稷坛，山川坛设置于大南门外，郡厉坛设置于大北门外，弘治六年（公元1493年），以其逼近民居，移至三里店。

从以上寺庙的建设时间分析，其设置亦是明政府的宗教政策下的现实反映。明洪武二年（公元1369年）和三年（公元1370年），朝廷多次诏示天下，制定城隍崇祀制度。每年要由皇帝或地方官亲自主持对城隍的祀礼，从此城隍祭祀正式成为国家祭祀的组成部分。

皇帝的推崇使城隍崇拜流行一时，各地纷纷建庙①。而夷陵城隍庙亦"在郡城内东北隅，洪武初建"。此后于弘治和嘉靖年间先后修葺，并于嘉靖年间建钟鼓楼而成为夷陵城中重要的祭祀场所。

同时，明代夷陵在统治者对宗教特别是佛教所奉行的宽容和尊崇政策下寺庙建设也得到了一定的发展。明初虽曾对佛道教进行限制和整顿，但又采取了一系列尊崇措施，促进了佛道教的发展②。明代夷陵设置有僧正司和道正司统管佛道事务，这也大大促进了宗教建筑的建设，绝大多数宗教建于明代有重建或修葺。《夷陵州志》记载，农兴寺，弘治初重修；土城普济寺，弘治初重修；双泉寺，成化间重建，甚至置办田产，"本寺常住田一十亩"；香烟寺，天顺年间重修；大王寺，成化初重修；普庵寺，正统间重建；龟山寺，成化初重建；兴福寺，宣德初重建；铁宝寺，成化初重修；丛林寺，成化间重修；铁佛寺，天顺初重建；灵山寺，成化初重修；黄陵庵，天顺初因旧重修。此外道教建筑弥罗宫，亦于成化初重建。

佛教建筑中报恩寺是明代夷陵最为重要的宗教建筑。其位于州城大北门内，建于唐景福初，明成化初重建，弘治三年（公元1490年）僧人宗海在其正殿后募缘修建观音阁（即圆通宝阁）。建造还得到了以守御千户为代表的当地官绅的资助。建成后，"雄伟高敞，为州之观"。该处亦为地方政府举行朝廷大庆的场所。

4. 其他功能形态特征

其他较为重要的要素有军事设施和民政设施。

明代夷陵设置有夷陵千户所，于洪武九年（公元1376年）设立，成化十三年（公元1477年）改隶行都司，统兵1411人③。其位置位于城内西北方。兵器局位于东门外，在大北门外设置有演武亭。守御千户所是由原来元代的狭州卫改建而成。由于经济条件不佳，其建筑年久失修，到正统年间曾重建。

民政设施包括：预备仓，位于州治东半里，紧靠东门。建于成化年间，弘治六年（公元1493年），知州陈宣多方积蓄稻谷，仓仓充满，又新建仓库一座。此外，其他设施设置有养济院，位于州东。惠民药局，位于州前。

5. 建筑形式的变化

明清时期，随着经济发展和长江流域文化交流日益频繁，宜昌的建筑形式也逐步受到外界的影响，建筑形式开始发生大的变化，逐步出现以明清硬山式建筑风格——封火墙、天井屋、石库门、翘角檐（图3-5、图3-6）。这种建筑形式在明代虽逐步出现但并不多见，主要在一些官方建筑和大户人家的房屋中有所发展。宜昌的民居大多数仍然是以传统的木、竹结构房屋为主。

① 刘海岩，郝克路. 城市用语新释（十）传统城市的标志：城墙、城厢、城隍庙与衙门 [J]. 城市，2007（10）：76-78.

② 陶明选. 论明代宗教政策的宽容特色 [J]. 兰州学刊，2007（11）：173-175.

③ 张建民. 湖北通史（明清卷）[M]. 武汉：华中师范大学出版社，1999.

图 3-6　镇江阁（明）
来源：张忠民主编. 宜昌历史述要 [M]. 武汉：湖北人
民出版社，2005.

图 3-5　明代建筑
来源：湖北省方志纂修委员会. 宜昌市志（1959 年初
稿本）[Z]. 宜昌市地方志办公室整理翻印，2007.

3.3　清代的夷陵城

3.3.1　清代的历史发展背景

1. 清代的夷陵城建制

清顺治四年（公元 1647 年），清军占据夷陵，州归版图。同年，夷陵州隶属荆州府。顺治五年（公元 1648 年），为避讳改"夷陵"为"彝陵"。雍正十三年（公元 1735 年），升彝陵州为宜昌府，改彝陵县为东湖县并为宜昌府治所，领东湖、兴山、巴东、长阳、长乐五县及归州、鹤峰 2 州，隶属荆宜施道。宜都、枝江、当阳、远安四县属荆州府。

宜昌在清代其军事价值并不突出，也没有八旗军驻守，因此没有形成满城。根据嘉庆《湖北通志》和《大清一统志》的记载，清军在宜昌设置有完全由汉人组成的绿营，规模也较小，整个宜昌府"额设兵 2215 人"[①]。清代的宜昌仍然属于传统的政治性城市。

2. 经济发展特征

明末清初，由于封建统治者的残暴掠夺以及朝代更替时候的战乱不止，使得明中叶发展起来的工商业受到了严重摧残。清雍正、乾隆时期，由于采取了一系列发展农业生产的措施，工商业得到复兴，商品交流趋于活跃。同时，为适应水运发展的需要，从清乾隆初开始政府对长江进行了若干次航道整治，建设水运设施，从而对长江上游宜渝航道上的水运事业起到促进作用，使得宜昌港口得到进一步发展。终有清一代，宜昌的商业活力逐渐增强，并成为一个以中转贸易为主的商业城市。

---

① 张建民. 湖北通史（明清卷）[M]. 武汉：华中师范大学出版社，1999.

直至明末清初，随着农业生产的发展，四川成为商品粮基地，长江主要支流都在粮食和棉、糖、盐产区，汇流而下，促进了商品交流的活跃。其中粮食运销在宜昌的地位最为突出。清代的四川由于实行开垦荒地的措施，农业生产恢复很快，并迅速成为全国重要的粮食产区。为适应川粮下运和交易的需要，宜昌地方官于康熙十八年（公元 1679 年）在今宜昌市原镇川门下首江边建起镇江阁，作为川粮的专门交易场所。据《镇江阁记》记载，"夷陵扼荆襄门户，川楚咽喉，舟船云集，而本地粮食生产无多，大半依赖河道来源接济"，宜昌不仅成为转运的中转港，同时外来商品也开始在宜昌大规模销售而形成商业市场。"唯我河道粮食一业，由各家祖辈于明末创建客栈，经纪买卖。"大约从明代起，宜昌港口的重心已逐渐转移到今宜昌沿江一带，这种港、市相依的港口发展态势，不仅便利了粮食买卖双方，对于木船运输和商业的进一步发展提供了有利条件，也初步奠定了宜昌港口的基础[①]。

同时，在由官方支持的川粮下运与日俱增的同时，官方长期实行的川盐下运禁令也日趋松弛。尤其川盐走私的规模化，也使得川江航运异常繁忙。而在川盐渗透的同时，宜昌港口的淮盐转运也兴盛一时。淮盐在清初运至宜昌的每年就有百万斤。康熙以后，则大大超过此数[②]。宜昌还专设分店七家，领盐销售。

以粮食和食盐为主体的运销活动，反映了宜昌当时商贸繁荣的一个侧面，也充分显示了水运与商贸共同发展的趋势，极大地促进了宜昌城镇商业贸易的发展。从鄂西北山区陆运来的货物除在宜昌销售外，多数在此转口运往下游。而由下游船只运来的货物除在宜昌集散由陆路运销各县镇外，绝大部分由此换船运往上游。虽然宜昌本身的商品生产并不发达，但其优越的地理位置使得其成为一个重要的转运港口而促进了商业的繁荣。

3.3.2 城市外部形态特征

清代的宜昌的外部形态和城市扩张出现了不同于以往的新特征。一方面，作为传统城市的礼制特征的强化，以城墙为代表的城市边界不断得到加强，统治阶级希望以此达到对城市的形制控制；另一方面，由于经济的进步和城市人口的增加，城市的功能已不能在封闭的城市内部得到充分发展，进而开始突破城墙而形成城市的扩张。随着宜昌港口商贸的发展，这种特征也越来越明显。

1. 城墙的重建——礼制特性下的边界强化

在传统城市体系形成以后，尤其是在王朝相对稳定的和平时期，城墙愈来愈成为政治中心城市的象征或符号。清代随着政治形势的稳定，城墙依然是宜昌城市建设的重要内容，有记载的修葺就达到九次。城市的形制仍然以城厢为代表而具有强烈的传统礼制特征。

清王朝建立初始就将城墙的维护作为一项重要的政府职能，沿袭明代的城建体制而展开大规模的城墙修葺。明末的战乱对夷陵城墙破坏较大。据《宜昌府志》记载，顺治十二年（公元 1655 年），荆州镇郑四维率属登城踏验，通计崩塌一百二十余丈。到顺治十三年

---

① 乔铎. 宜昌港史 [M]. 武汉：武汉出版社，1990.
② 张建民. 湖北通史（明清卷）[M]. 武汉：华中师范大学出版社，1999.

（公元 1656 年）拨专款，委任彝陵左营游击张琦修葺。此后顺治十四年（公元 1657 年）总镇张大元及知州孔斯和又捐资重修。这是清王朝成立后对彝陵城墙的第一次大规模修缮。

此后，由于大雨和洪水造成城墙的多次倒塌，在官府的主导下又对作为封建统治象征的城墙多次进行重建和修缮。由于经济的进步，宜昌的财政已不像明代拮据，修复城墙的资金来源也不像明代尚需大量借助民间士绅的力量，而是基本来自官府。康熙三年（公元 1664 年），由于淫雨弥月，城墙被毁，知州鲍孜修缮。雍正五年（公元 1727 年），同样由于大雨，城墙倒塌一百六十丈有零，知州何广廷奉文发资兴修。此后，乾隆年间，又进行了一次规模较大的重建活动。乾隆二十四年（公元 1759 年），又陆续倒塌城垛二百一十丈零，城墙四十一丈八尺，知县蔡本樅请求拨款，两年后又倒塌城垛六十四丈九尺五寸，城墙三段共十丈七尺，小北门城楼一座。知县林有席用了两年的时间将其重修，并上报朝廷。此后，道光二十六年（公元 1846 年），东门城楼由知府陈熙晋重修；咸丰二年（公元 1852 年），南门城楼重修；咸丰十年（公元 1860 年），由于江水泛滥导致东门和小南门内外毁坏十余丈，再次修复。同治元年（公元 1862 年），在前署知府唐协和倡导下，城垣加高加厚，并行修六处炮台。这是清代彝陵最后一次大的修筑活动。

清朝是封建社会礼制城市发展的高潮。宜昌城市的形态在城墙边界下仍然处于强制性割裂状态。城墙使城市内外界限分明，城门成为通行的唯一通道，从洪武十二年（公元 1379 年）开始，在长达数百年之中，城里与城外的联系，主要依靠数目有限的城门（图 3-7），对城门的控制成为政府控制城市的重要手段。宜昌城的城市主导功能被困在小小围城中。

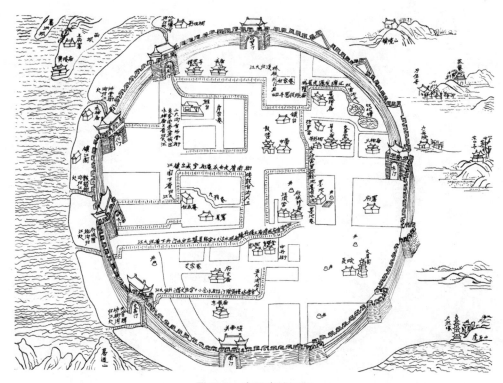

图 3-7　宜昌府城垣图

来源：王柏心. 续修东湖县志（同治）[M]. 南京：江苏古籍出版社，2001.

2. 城市扩张的小尺度尝试

虽然清代统治者因强化礼制要求而强化城墙的边界特性。但随着生产力的发展,手工业、商业逐渐繁荣,城市的商业化和市民化倾向逐渐对城墙提出挑战。清代的彝陵,随着港口的繁荣以及转口贸易的兴盛,逐步在城墙外部形成一定规模的商业空间。

明代末期港口的下迁为城市扩张创造了条件。其发展的主轴沿长江,依托港口以镇江阁为中心而带状扩散。这些商业空间随着转运港口的发展而逐步成为一个相对独立的功能区。区别于唐到明代的"港""市"完全分离,随着港口的下迁,由港口兴盛所带来的商贸区和城市的地理关系开始由独立走向融合。城市的发展开始出现突破城墙的小尺度尝试。

另外,随着对城市外部空间的文化特征的追求,在城市外部利用自然山川河流形成丰富的景观体系。在清代宜昌形成"东山图画、西陵形胜、雅台明月、灵洞仙湫、三游雨霁、五陇烟收、赤矶钓艇、黄牛棹歌"等景点,其大部分都位于城市周边,被称作"东湖八景"(图3-8)。城市周围的自然山川以其宇宙象征的色彩,成为人们的心理寄托和希望所在,得到人们普遍的尊重和保护,各类祠庙的修建和后世宗教建筑的引入,又增添了山川景观的人文色彩,逐渐成为城市郊外的一大胜景。

但总的来讲,其扩张的规模并不大,对城市形态的影响并不深刻。清咸丰以前,城市建设用地仅 78hm²。从用地来讲,城墙和长江之间的腹地面积较小;从功能来讲,性质较为简单。其扩张并不是由于城市化的结果,而是转口贸易的畸形繁荣所带来的单一商业空

图 3-8 东湖八景

来源:聂光銮修. 宜昌府志(校注版)[M]. 武汉:湖北人民出版社,2017.

间。同时，由于城墙的阻隔，其形态和城墙内的以日常生活为主体的城市功能联系亦并不紧密，扩张的用地组织也呈现自然发展的无序状态。

3.3.3 城市内部空间形态

明代的夷陵虽然已经建立了以城厢为代表的礼制空间，但其结构简单，除了官衙等主要公共建筑具备一定的规划外，城市的空间布局及用地呈现较为自由的状态。同时，由于人口少，城墙内外还存在大片空地。而清代经济的发展给彝陵的城市建设提供了强大动力，城市的形态发展逐步由粗略走向精细。

1. 城市结构形态——空间轴线的强化

清代城内的建设沿袭明制，以官方建筑为主导，其南北和东西两条空间轴线被主动强化。分析其空间布局，虽然并不像王城具有明确的以街道划分为基础的具备一定几何对称的空间体系，但在南北和东西向，其建筑类型、建筑高度、建筑规模都在城市中占有重要的位置，而形成一条"隐形"的空间轴线。

东西轴线为城市的主导轴线。从中水门到大东门，依次设置有县署、江渎宫、府城隍庙、书院、府署等机构；南北轴线为城市的次轴，从北望门到南门，依次设置有鼓楼、中营、忠义祠、育婴堂、东岳庙和关帝庙等建筑。这些建筑，无不是宜昌最为重要的城市建筑，而且在政府的主导下数次重建。尤其以公署为代表的官衙，如东湖县署，一直是历任官吏建设的重要内容，规模宏大；府署，于乾隆、道光、咸丰年间多次重建。此外，一些重要的宗教建筑也建设于该轴线之上，如府城隍庙是清代新修建的宗教建筑，于乾隆年间修建，其后道光、同治年间也数次重建，和江渎宫一起构成城市宗教活动的重要场所。官衙建筑、宗教建筑、文化建筑等共同构成了清代彝陵的建设中心，体现其在城市礼制建设中的主导特性。

2. 城市用地布局——由单轴线转为网状用地

城市的用地布局事实上和道路密不可分，城市的肌理也受到道路的限制。明代的城市用地形态，以大小十字街为中心，而处于其外的其他的用地及组织具有相当的随意性和自发性。清代随着城市的发展，城市格局逐步走向精细，逐步形成了两横两纵的城市路网格局（图3-9），并依托道路形成更为明确和清晰的城市肌理特征。

同时，在功能布局上，除了政府主导的礼制建设所形成的一些用地布局外，城市的商业活动也在城市中自发聚集而形成一些较为明确的集中商业形态，依托道路形成一定的商业用地。据《东湖县志》（乾隆）记载，

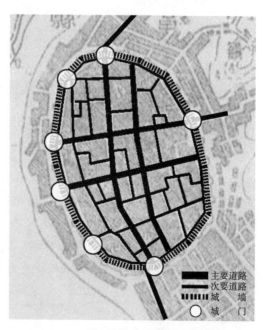

图3-9 清代夷陵城道路体系示意图

乾隆年间已经在城内形成北门内大街市、西门内大街市、鼓楼街市、大十字街市、中水门内街市；在城外形成北门土街市、东门市和河街市。而到清末同治年间，城内分布有东湖门内街市、南藩门内街市、中水门内街市、北望门内街市、大十字街市、二架牌坊街市、鼓楼街市、锁堂街市，在城外形成东湖门外街市、南藩门外街市、西门外上下河街市、北望门外街市、西坝内外河街市。商业空间随着经济的繁荣而逐步增加。

3. 城市交通体系与营造特征

清代彝陵城市的发展，使其已经具备了较为完备的城市交通体系，主要有以港口为代表的对外交通设施和以城市道路为主体的城市内部交通设施。

1）城市对外交通设施

作为对外的重要交通设施，宜昌港口形成的时间极早。到唐代宜昌港位处下牢溪一带。明代夷陵建城之初设置有多座水门，并随之形成居民过江的义渡码头和用于取水的挑水码头，宜昌的泊船岸点就随之下移至板桥及镇川门一带。据《夷陵州志》记载，弘治年间陈宣在夷陵城周边设置有多座渡口。中水门前设置有望州渡，并"设官船二只，渡夫四名，人甚便之"；在州治所北一十里，设置有长桥渡，用于"春夏水泛船渡"，并于递运所前，设置"浣溪渡"，用于"水泛船渡"。这说明当时的夷陵居民出行码头主要集中在北门和南门之间。但当时的码头仅仅设置有渡船，并无大的码头设施的建设记载。

到清朝，随着宜昌航运的繁荣，原来位于宜昌上游的港口逐步下移到古城附近。大小盐船成帮云集宜昌江岸，当时的停靠点主要在三江、西坝和镇川门一带，并形成了多个专用码头。但从其码头设施来分析，一直到清咸丰九年（公元 1859 年），才有将中水门（官埠码头）和右上角西卡挑水码头砌石为阶的记载[①]，其码头大多无专门的设施而是依靠水位和地形自然形成，简单且简陋。

2）城市内部道路

城市的内部道路经过清代的发展，道路体系逐步由原来较为简陋的道路体系发展为两横两纵的格局，并以此形成"棋盘式"道路形态。总的来讲，其道路较为平直，形态清晰。据《宜昌府志》记载，其主要道路分为两直街和两横街。内部还有大量的巷道。可见，清代的彝陵城市内部道路是比较典型的"大街小巷"的传统道路模式，道路的分级清晰，等级明确。

《宜昌府志》对内部道路有较为清晰的记载：

一直街自大北门至南门后街。东为白家巷，西为报恩寺街，通小北门外，再东为射厅巷，通弥罗宫，过鼓楼街，西为九拐巷，通白衣庵街，至天宫牌，西有小巷通艾家巷，出南正前街，东有小巷通红土地庙巷，通学院后墙，抵城壕，再下至小十字东，为学院街内，南走有白蜡树巷，北走有桐树巷，又西为府学宫街，通小南门。

一直街自小北门至大南门。东有萧家巷，通忠义街，西有小巷抵城墙，即锁堂街出水处，再东为九拐巷通北正街，再东有小巷通过艾家巷，出天宫牌街，再下至街口，东为府学宫街，西为小南门。

---

① 宜昌市交通志编纂委员会. 宜昌市交通志 [Z]. 1992.

一大横街自大东门至镇川门。北有火神庙，旁小巷通双堰塘。南为星街，再北为弥罗宫街，通县城隍庙，再南为墨池巷，通府城隍庙街，再过鼓楼，北首为忠义街，通武庙，再下，南为白衣庵街，北为所堂街。

一横街自府署前至中水门。北为星街，再北为墨池巷，通东正街，南为桐树巷，通学院街，巷中有小巷通龙王堂，再北为半头巷，再南为中书巷，通红土地庙横巷，再过大十字，至县署前，南为艾家巷，通天官牌街，再下，北为白衣庵街，南为太平街。

同时，在城门外也形成了多条街道，道路等级较高的有：东门外四贤街，暨六一书院，通北道；西门外河街，上至小北门，下至小南门；南门外奎楼街，暨茶亭；北门外长街，暨石子岭。

除了形成"大街小巷"的道路体系，排水沟渠也在清代形成较为完善的布局。《宜昌府志》亦有清晰记载：

府城中，旧有大沟五条，一条板溪，二水神庙，三流水沟，四中水门，五文门。各街亦有小沟，悉会大沟，以注之江。

其一东门内正街，明水绕县学前横过，转弥罗宫巷，走县城隍庙前。一水归双堰堂，亦由县城隍庙山墙外会合东山之水，过镇署后，向西北，又会北门内之水，走报恩寺，转出小北门外桥板溪入江。

其一府辕及星街，以墨池前门为界，上截明水，朝县学下，截归墨池书院后巷内新沟，北流会弥罗宫。其中台街小沟亦会弥罗宫，合众流经城隍庙，出小北门，板桥溪入江，至所堂街上下街水，会城墙巷中阳沟，归城外水神庙入江。

其正川门街北大沟，经东至鼓楼，下转北，会中营镇辕西小北门入江。其正川门街南大沟，接北正街西，上截沟水，走白衣庵街，穿民房，经镇江阁，出流水沟入江。其北正街东，上截水经鼓楼，下转东会弥罗宫巷，出小北门入江。

其北正街东西下截及府城隍街，上下四旁之水，俱会大十字，出中水门入江。

其天官牌坊，中书学院，分府东岳等街，及南正街上下截水，俱会小十字大街，穿城出文昌门外入江。此城中沟街行水之大略云。

从宜昌的道路和沟渠等设施的营造方式分析，其布局大多依靠地形。虽然整体上其布局呈现"棋盘式"布局，但这种格网式布局遇到地形限制的时候也发生变化。客观上的微观地形限制和主观上的礼制空间营造要求的共同作用形成了具有地域特征的布局形态。

3.3.4　城市功能要素的营造

1. 城市功能要素的构成

《宜昌府志》曾总结说："国朝定鼎后，经流寇十三家及吴逆之乱，凡城郭、廨舍、仓厫、学宫、祠庙、驿置、试棚、育婴、养济等役，悉属创建。"从清代的城市要素来分析，随着清代早期的城市建设恢复和中后期的城市发展，彝陵的城市功能要素构成逐步走向丰富完善。

首先，传统的城墙、学宫、公署、坛庙等建筑屡有修复和扩建。从清王朝建立之初，不仅逐步修复在明末被毁的城市礼制体系，而且随着彝陵建制的变化，其城市管理体系也变得更为复杂，其官衙建筑体系更为庞大。同时，从明清时期的地方志来分析，几乎所有明末被毁的公共建筑，包括学校、寺庙等都在清代都得到了修缮并更为完备。另外，作为城市生活重要组成部分的商业要素在清代得到了前所未有的发展，建立起以对外的转口贸易和对内的城市生活性商业两个方面的空间体系，到清末已经在城内外形成了 13 个街市空间。

清代彝陵城市功能要素最为重要的特征在于逐渐创立了以社会慈善事业和社会保障事业为主体的城市公共建筑形态。从时间来看，主要集中于经济极为发展更为迅速的清后期。乾隆年间建立育婴堂；咸丰年间建立公善堂；众善士集资建设培元堂；同治建立善缘堂；咸丰年间建立水龙公局；同治年间建立栖流所，此外还有漏泽院等形式。从资金来源看，这些公共建筑的建设和运营既有以政府出资为主体的组织形式，更多是地方官员组织地方士绅资助建设，在这些设施的维护和运营上也更多依靠民间的力量。

据清《宜昌府志》，到同治年间，已形成较为完备的城市功能体系，城市"建置"要素包含有"学宫、公署、坛庙、仓库、驿置、铺递、育婴堂、义渡、杂建、书院、义学"等形态，此外，清代还完善建于明代的排水设施，并形成了 5 条大的沟渠。清代彝陵的城市功能要素完善，事实上是经济发展后的市民需求的主动动力和统治阶级出于缓和阶级矛盾需求的被动动力交织的结果。

2. 行政用地及建筑特征

清代宜昌城内的行政机构多层交叉。清初彝陵为州治和县治所在，雍正十三年（公元 1735 年），因土司归附，省彝陵州知府。夷陵城内设置有宜昌府、东湖县两级政府；同时在军事上，乾隆元年（公元 1736 年）设置宜昌镇，其总部也设在宜昌城内，建有总镇都督府和中营两级指挥所。

从《宜昌府志》来看，其官衙建筑包括府级衙署：学院行署，位于城东南隅，建设于乾隆二年（公元 1737 年）；宜昌府署，位于府东街；同知署，位于渔洋关，后因同知改驻新滩而废；通判署，本在城南门内，后于乾隆二年（公元 1737 年）移至西坝；宜昌府教授署，位于府学宫左；府经历署，位于府署东；府司狱署，本在府署仪门外，后废。县级官衙包括：东湖县署；县教育署，位于县学宫后；典史署，位于县署仪门外左。军事衙署包括：总镇都督府署，位于城内北正街；中营署，位于城内鼓楼街右首前营，但并未署；镇川门原有兵马司，后废。此外，还设有察院司，位于文昌门内；阴阳学，位于中水门内；医学，曾废，后于咸丰十年（公元 1860 年）于城内重建。

从以上衙署的分布位置来分析，基本上沿袭明代的分布特征，大部分建筑在明基础上重建。在其分布特征上，总体强化县署和府署的中心地位。县署和府署不仅规模大，而且多次修葺，是各时期城市建设的重要内容。从《宜昌府志》记载来分析，府署和县署是清代彝陵城中重建次数最多的建筑形式。如府署，本为少保张忠孝的旧宅。乾隆年间修建以后，由于日久毁坏严重，后于道光二十六年（公元 1846 年）在原址重新翻修。到咸丰五年（公元 1855 年），又于仪门右侧的空地扩建。此后由于太平天国时期的战乱，府署在咸丰七年（公元 1857 年）被毁，但很快就于咸丰九年（公元 1859 年）重建。

作为宜昌最为重要的东湖县署（图 3-10），清代的重建更为频繁。明初所建的州署毁

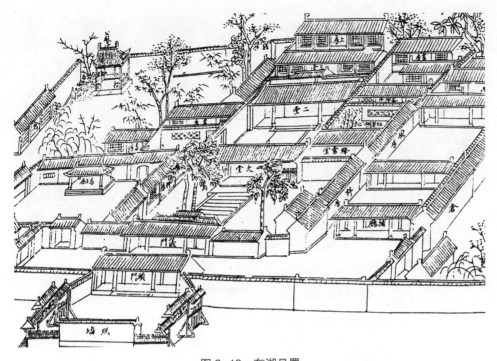

图 3-10　东湖县署
来源：王柏心. 续修东湖县志（同治）[M]. 南京：江苏古籍出版社，2001.

于明末的战火，清初彝陵州治沿袭明代的州治治所。顺治六年（公元 1649 年），知州事朱长允在原来州治的基础上创建厅事三间、川堂三间、衙舍三间。此后不断扩建。顺治九年（公元 1652 年），知州事孔斯和增建衙舍；康熙四年（公元 1665 年），知县鲍孜修后楼、绛雪堂等设施，此后"吏舍仓廒，次第兴举"。康熙三十四年（公元 1695 年），知州李六成建前厅。雍正十三年（公元 1735 年），由于升彝陵州为宜昌府，彝陵县为东湖县并为宜昌府治所，彝陵州署改为东湖县署，并依据清制进行改建，形成了东湖县署主要的建筑群体。此后，又分别于乾隆十二年（公元 1747 年）、乾隆十六年（公元 1751 年）新修大堂和卷棚。乾隆二十七年（公元 1762 年），知县林有席对东湖县署进行了一次较大的扩建，完善其功能形制和空间布局。咸丰七年（公元 1857 年），县署亦毁于火，咸丰九年（公元 1859 年），知县刘浚重修大堂、库房。同治二年（公元 1863 年），又对部分建筑群体进行修治。

从《宜昌府志》我们可以看出，府、县两级官衙建筑在彝陵城中规模庞大，占据了较大的空间。如宜昌府署，从道光二十六年（公元 1846 年）建成起，就较为庞大（图 3-11）。据《宜昌府志》记载，其中为大堂，堂右官厅一间，堂下为露台，东西书吏房十二间，前为仪门三楹，门左为德福祠，为壮皂房，门右为司狱署，废，为监狱，又前为头门，对面照墙一座，东西辕门二栅，东栅额曰西陲锁匙，西栅额曰南郡屏藩，大堂后左为便门，右为子书房，进为宅门，门左迤东为厨房，门右偏厦一楹，共五间，又库房一间，毗连宅门为屏门，中为甬道，左右各有回廊，再进为二堂，堂东书房一楹五间，堂西为客厅，左右书房各一间，厅后幕舍一楹，前后八间，二堂后为正内宅一楹，前后五间，周以回廊，东内宅一楹五间。

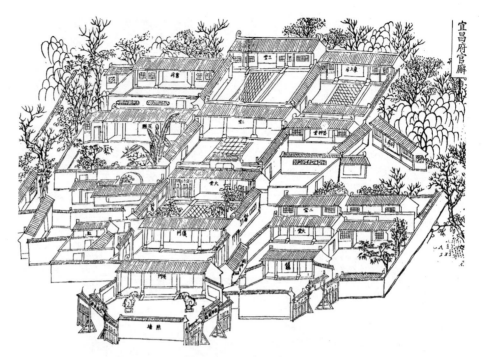

图 3-11　宜昌府官廨
来源：聂光銮修. 宜昌府志（校注版）[M]. 武汉：湖北人民出版社，2017.

而东湖县署，其建筑空间也极为庞大。康熙四年（公元 1665 年）以后形成的州治所，前为大堂三间，后三堂贯其中为川堂，大堂之前为露台，又前中道为戒石亭，又前为仪门三间，又前为谯楼三间，达于前街大堂之东为架阁库，又东为仪仗库，大堂之西为赞政厅，又西为绛雪堂，大堂前东廊为收支仓，西为六房吏曹仪门，东为土地祠，为喂马坊，仪门外，西为监狱，堂之后，中为知州廨，墙东为州判廨，西为吏目廨。谯楼门外，东为旌善亭，西为申明亭。雍正年间，改为县署后，又依据礼制增加建筑空间。分别有头门外三间，对面照墙一座，东西辕门二栅，仪门三间。门外西为监狱，西为监狱，进为马号，东为土地祠。仪门内门皂房二间，上谕牌坊，正中一座，书吏房东西各三座，东西仓廒十二间。中为甬道，左右戒石亭二间，上为露台，又上为大堂三间，右房库房一座，进为宅门，左右各偏厦一楹，稍上有过厅，左右小库房，又进为二堂。前有卷棚。东书房三间。其前厅面绛雪堂，在大堂东。稍上小书房二间。又上书房二间，又进书房三间，西书房三间。其前为屋一楹三间，西有偏厦，其侧位厨房，厨房之右为幕厅四间。二堂中为内宅门，进而内宅一楹五间，又进住房三间，周以回廊。内宅旁有偏厦五间，而早前还建设有谯楼、赞政厅、吏目署、旌善亭、申明亭、寅宾馆，只不过后来被废。

从形制来讲，在官衙的总体布局上，始终贯穿了合"中"的观念，它表现为属于正印官活动空间的大堂和内宅均建于平面布局的"中轴线"上，如宜昌府署和东湖县署，其形制较为类似，都构造了以大堂为中心、中轴相对对称、庭院组合式的官衙建筑空间体系，这和明代的夷陵州治的空间体系是一脉相承的。但从规模来看，清代的官衙建筑比明代建筑规模要更大，其功能体系也更完备。

3. 教育文化用地及营造特征

清朝地方的教育体系主要包括三部分：一是官办的府、州、县学以及社学、义学；二是独立于官学系统之外的书院；三是里甲和私塾教育。清代的宜昌，其官学和书院都得到了不同程度的发展，分别设置有府学宫、东湖县学、墨池书屋、六一书院、尔雅书院等文化教育建筑。

1）学校

在地方官学的设置上，清代基本沿袭明朝，设有府、州、县学。《明史·选举制》规定："府设教授，州设学正，县设教谕，各一。俱设训导，府、州、县、卫儒学，明制具备，清因之。"清代宜昌的官学体系也完全依制建立，基本沿用明代的州学来设置东湖县学，并于乾隆初年建立府学宫。从区位来看，其府学宫位于文昌门内，东湖县学位于东湖门内正街，正好位处宜昌城的两侧。

宜昌府学宫位于文昌门内，乾隆初年在原来察院署的基础上新建，此后逐步扩建，到同治年间，已具备一定规模，"较宏敞矣"。在建筑形式上，学宫主体有棂星门、泮池、戟门、御路、月台、大成殿、崇圣祠等，它们都处于同一条轴线（中轴线）上。此外，设有东庑、西庑、儒学署和明伦堂等。其中，大成殿是府学宫的中心建筑，同治二年（公元1863年），知府聂光銮率城内官绅将大成殿增高，其核心地位愈加突出。

东湖县学沿用明初所建夷陵州学，明末兵毁后，清初顺治年间，知州事朱长允创建文庙五间。此后分别于顺治十四年（公元1657年）、康熙四年（公元1665年）、九年（公元1670年）、二十三年（公元1684年）、六十一年（公元1722年）多次扩建和修葺。乾隆二十六年（公元1761年），知县林有席又展开了一次全面修缮，并稍扩其址。在建筑形制上，和府学宫类似，以大成殿为中心，前后分别设有棂星门、泮池、戟门、月台、崇圣祠，两侧设置有名宦祠、两庑、明伦堂、宰牲亭，并设置有教谕属、儒学、和训导署。

另外，清代好善者捐立有东湖义学，在清初位于镇川门内。后废。

2）书院

明代夷陵所建的"墨池书屋"和"六一书院"在明末都毁于战火。清王朝建立以后，由于统治者害怕书院成为讽议朝政、传播反清复明思想的场所，对书院采取抑制政策。到清代中期这种政策才有所改变。雍正十一年（公元1733年），谕令各省督抚在省会设立书院，并拨帑金一千作为膏火，资助书院的发展。禁令既开，书院得到长足发展[①]。宜昌也在这样一个大背景下逐步恢复墨池书院和六一书院，到清末开设了尔雅书院。宜昌的书院逐步走向繁荣。

从建设时序来看，清代宜昌的书院建设受到朝廷制度的严格控制，其建设时序和清朝的书院政策息息相关。清代早期宜昌书院并无建设的记载。直到康熙年间，知州宗思圣于城内星街重建明末毁于战火的墨池书院，到乾隆十三年（公元1748年），知府陈伟重修课士，墨池书院才开始走向正轨。但在此后长达两百年的时间，其规模一直不大，直到道光年间，仍然"规模弗宏"。此后，宜昌的书院建设开始迅速发展。道光初年，东湖士绅王永

---

① 殷奎英. 清代教育制度的变化 [J]. 菏泽学院学报，2008（1）：121-124.

言、永重弟兄捐资于东门外重建六一书院。道光八年（公元1828年），墨池书院大肆扩建。到咸丰十年（公元1860年），又于小北门内重建尔雅书院。宜昌的书院体系在清后期得到了长足发展。

从建设的主体来分析，清代宜昌书院的建设也受到了朝廷的官学化的影响，其建设和管理的主体为官府。据《续会典事例》记载，清朝统治者在颁谕各省督抚于省城各设书院的同时，还规定其余各府、州、县书院，不管是绅士出资创立的，还是地方官拨公款经营的，都要申报、查复。该规定限制了这一时期不能像宋明那样士绅自由地创设书院，书院的创办与管理已全部被纳入各级政府的统一管理之中①。

宜昌的书院亦不例外，三所书院基本都是由在官府的主导下引入民间资金进行建设的。如墨池书院（图3-12），在清早期由时任政府首脑知州宗思圣和知府陈伟创立其物质空间和管理体制。道光年间的扩建也是由知府程家颐"捐廉为倡，檄所属州邑各剖廉俸，并广劝绅富解囊为助"。尔雅书院在清晚期，由知县刘浚"首捐廉俸，邑绅富各出囊资"重修之。另外，虽然引入民间资金，但书院的管理由政府控制。如六一书院主要由当地士绅王永言、永重弟兄捐资重建，但教学体系和生源安排亦服从宜昌的统一安排。"其始专属东邑，内外庠并课之，后以生员课拨入墨池，而墨池童生课并入六一"，而其课程和人员"亦

图 3-12　墨池书院
来源：王柏心. 续修东湖县志（同治）[M]. 南京：江苏古籍出版社，2001.

---

① 殷奎英. 清代教育制度的变化 [J]. 菏泽学院学报，2008（1）：121-124.

由知府甄别"。其他书院亦无例外。到同治年间，形成了六一书院以童生为主体、墨池书院以生员为主体的教学体系。

4. 坛庙及宗教建筑营造特征

清代的坛庙建筑达到了一个顶峰。从统计来看，城市坛庙建设贯穿于清初到清末全过程。清代封建礼制的完善在宜昌城的宗庙建设中充分体现，到晚清，逐步形成了以祭祀坛、祠堂、寺观庵为主体的坛庙体系。同时，由于宗教信仰的多元化，还建立了清真寺、教堂等宗教建筑形态。总之，清代宜昌宗教得到了长远的发展，其建筑也极为兴盛，达到封建社会教化建筑建设的顶峰。

1) 祭祀体系的完善

祭祀，这一古老的纪念活动，源于原始社会的图腾崇拜。为求得五谷丰登，君权统治稳固，历朝的封建统治者对皇天后土、日月星辰、风雨雷电、山林川泽、四方百物的祭祀十分重视，并把它视为"国家大事"。清代宜昌的祭祀体系沿袭明制，对明末毁于战火的祭祀建筑进行了重建，并新建祠堂坛庙，形成了丰富的祭祀空间。

在城外形成祭祀天地日月的社稷坛、风云雷电山川城隍坛、先农坛祠、厉坛。社稷坛是祭祀土地神、谷神之所。宜昌的社稷坛位处城北门外一里小河边。雍正年间由知府何广廷重建，乾隆年间知府佟世虎建碑。帝王以建天坛、地坛、日坛、月坛祭拜自然之神，而地方则根据清顺治（公元1644—1645年）初年之规定，只需兴建一座神祇坛共祭风云雷雨山川城隍之神。宜昌的风云雷电山川城隍坛位于南藩门外圆觉庵旁，内有坛台，周以垣墙，雍正十二年（公元1734年）知府何广廷重修。先农坛祠是祭祀农神之所。位于东湖门外一里，亦于雍正十二年（公元1734年）知府何广廷重修。此外，为祭鬼（逝者）设置有厉坛，位于郡城北望门外二里石子岭。

此外，清代宜昌还建立起祭孔子、祭名宦、祭乡贤、祭节孝、祭关帝、祭文昌、祭龙神、祭火神、祭城隍等丰富的祭祀空间。其中最为重要的祭祀建筑有二：一为关帝庙。宜昌清代共有三座关帝庙，分别称为关帝庙、大关庙和小关庙。关帝庙位于北水门内，康熙八年（公元1669年）总镇刘芳标重建，并于雍正三年（公元1725年）"追封三代公爵，设位后殿，有司并祀"，此后在雍正、道光、同治年间多次扩建。成为宜昌举行"武庙祀典"的主要场所。另在南藩楼上建有关圣楼（亦称关帝楼），建于康熙三十一年（公元1692年），楼基面积一亩，屋二间。该楼建筑上最有特色，香火最盛。此外，尚建有小关帝庙，位于鼓楼街，亦于清康熙年间重建。二为城隍庙，是另一重要的祭祀空间（图3-13）。由于雍正十三年（公元1735年）升彝陵州为宜昌府，乾隆年间在府正街修建府城隍庙，形成府县两级城隍祭祀体系，以对应现世中不同等级的行政机构，使城隍也具有了"冥界官僚"的性质[①]。宜昌府城隍庙其头门三楹，门内戏楼一座，左右厢房二间，前殿一重，廊房三楹，后殿一重，东西廊房四间，左右僧寮四间，后廊厨舍一间，架房一间。县城隍庙沿用明代的建筑空间，在顺治十四年（公元1657年）、康熙二十五年（公元1686年）、康熙

---

① 刘海岩，郝克路. 城市用语新释（十）传统城市的标志：城墙、城厢、城隍庙与衙门 [J]. 城市，2007（10）：76-78.

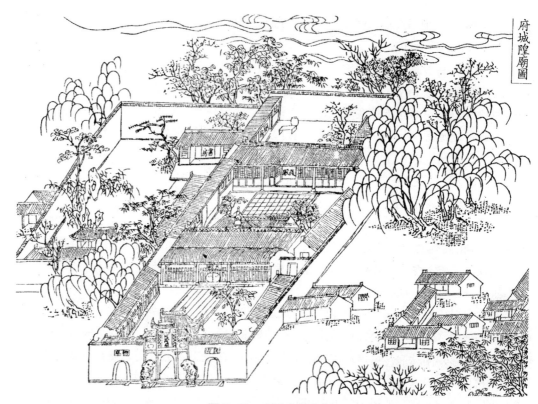

图 3-13　宜昌府城隍庙

来源：聂光銮修. 宜昌府志（校注版）[M]. 武汉：湖北人民出版社，2017.

二十七年（公元 1688 年）和咸丰二年（公元 1852 年）多次重修并有所扩建。

2）宗教建筑的兴盛

清代以佛教为主体的宗教建筑得到了很大发展。同时，由于人口的迁入和西方宗教的影响，在宜昌也逐渐出现一些新的宗教建筑。

天后宫清真寺：清代宜昌随着回族人口的迁入，逐渐出现伊斯兰教的宗教信仰。清顺治年间（公元 1644—1661 年）于天后宫巷尔雅台侧建设天后宫清真寺。在建成后的 200 多年里，曾进行了三次大的修葺。第一次于乾隆二十一年（公元 1756 年），由宜昌新任总镇马大用捐资修葺，并进行了扩建，总面积达 2823m²；第二次于嘉庆年间（公元 1796—1820 年），甘肃人肖福君在宜任镇郡时主修；第三次在光绪三年（公元 1877 年），回族首人李宇珍重修并加固。其建筑规模宏大，建筑雄伟，为砖木结构的古寺。其中，主体建筑——礼拜大殿的建筑面积为 314m²，还有南北对峙的南北厅。附属有北面的厨房和杂屋，南北的沐浴室和厕所，经堂左侧建有二层木架瓦房[①]。

三教堂：主教传入宜昌，可追溯到清康熙年间，并于康熙二十八年（公元 1689 年）于城东南隅建立三教堂。这一时期的西方宗教，虽然有所渗透，但由于中国传统宗教的影响力根深蒂固，并未得到大的发展。

---

　　① 贺新民. 宜昌市房地志（1840—1990）[Z]. 1992.

5. 宜昌古城的城门考辨

对于明清时期夷陵城的门制，明清时期的地方志表述有若干不清晰之处，这也造成了一些疑问。现将各时期方志相关表述原文列出，以供辨析。

明《夷陵州志》（弘治九年）卷之三《城池篇》记载：

国朝洪武十二年，夷陵千户所正千户许胜筑砌，周围八百六十二丈，记四里零二百八十步，高二丈二尺，壕池绕城，东南北三面深二丈，阔四丈五尺，西面川江，楼上串楼八百六十二间，岁久易坏，尝罹火灾，蔓延不已，民甚患之。

成化十四年，奏准修缮。委官荆州左卫指挥樊椿、知州周正、正千户常屋督工。省串楼若干间，并为七座。外甃以石，内筑土为卧羊坡，门制数仍旧数为七，女墙二千七百堵。

城门楼七座，正东曰东门，正南曰大南门，正北曰大北门，西北曰小北门，正西曰中水门，曰镇川门，西南为小南门。

清《东湖县志》（乾隆二十八年，林有席等）卷九《营建志》记载：

其制旧为八门，今七门：正东为东湖门，即今大东门；正南为南藩门，即今大南门；西南为文昌门，即今小南门；正西为西上门，即今中水门；西北之西为西塞门，即今镇川门；西北之北为北左门，即今小北门；正北为北望门，即今大北门。由东湖门至西塞门一里有奇，由南藩门至北望门三里有奇，旧尚有小东门，形家言于风俗不利，开则多怪，旧时遂闭其一，相沿至今，且为台镇之，土人呼为威风台云。

大清顺治四年，州归版图，兵民自河西还城中。十二年荆州镇郑四维率属登城踏验，通计崩塌一百二十余丈。顺治十三年请发帑银，委彝陵左营游击张琦修葺。城垣方有启闭。

从以上论述可以看出，明清时期的志书在城门的数目、城门的名称、城门改制的时序等方面有歧义。而对比以上两本志书，清《东湖县志》（乾隆）的记述中，并未转载明代《夷陵州志》中"门制数仍旧数为七，女墙二千七百堵。城门楼七座，正东曰东门，正南曰大南门，正北曰大北门，西北曰小北门，正西曰中水门，曰镇川门，西南为小南门"的原文，而"其制旧为八门……土人呼为威风台云"为新增内容。

而乾隆年间的《东湖县志》的记述对以后的志书产生了重大影响，清末同治年间续修的《东湖县志》以及《宜昌府志》都以之为依据。而同治年间的志书又成为研究宜昌清代历史的主要史籍。当代学者大多以此为依据，认为明代城门为八，直到清代顺治十三年（公元1656年）门制改为七。且城门名称也为是在顺治十三年（公元1656年）"城垣方有启闭"之时改名。

这种说法值得商榷。基于志书的时序特征，明代的《夷陵州志》应为研究城门形制的基本依据，以成书时间判断，至少在明代弘治九年（公元1496年）刘允等人编撰该志时，其城门数量和名称是准确的，从《夷陵州志》中所附《夷陵州境全图》可以清楚地看出，其城门为七门。认为明代初建城门为八门，直到顺治十三年（公元1656年）才改七门，就直接和《夷陵州志》记述相冲突。

如何解释清代《东湖县志》的记述，本书认为应该从"其制旧为八门，今七门"中的"旧"所指的时间来进行考究。

一个可能性是在明初夷陵建设城墙之时，城门为"八门"，而从明初到弘治年间这一段时间内，曾经发生城门重新建设的情况，而改建为"七门"，而名称也随之变化。而《夷陵州志》的作者由于种种原因并未记载而导致此后的歧义。而《东湖县志》中"城垣方有启闭"并非指城门数量的变化。这种说法中，"旧"所指时间位于明初到弘治年间之间。

另一个可能是在明《夷陵州志》完成以后到清代乾隆年间《东湖县志》成书之前的时间，城门有所启闭。原七门被改建为八门，到顺治十三年（公元 1656 年）又改为七门。这种说法中，"旧"所指时间指顺治十三年（公元 1656 年）以前。

从城门的名称来判断，本书认为，前一种说法具有一定的合理性。从《东湖县志》分析，至少在清乾隆年间，宜昌城门的名称已经有所变化。如果是第二种说法，城门在明代的名称就无法解释了。

基于以上判断，本书认为，其最大的可能性是在明朝初年，建立城墙之时为八门，名称为东湖门、南藩门、文昌门、西上门、西塞门、北左门、北望门。在明初到弘治年间，城墙被改建为七门，名称也变化为东门、大南门、大北门、小北门、中水门、镇川门、小南门。《夷陵州志》因种种原因并未记载该次改建的时间和时序。而城门的名称一直到清末两种形式在官方和民间通用。

当然，由于缺乏更多的资料，是否真实情况确实如此值得做进一步的考究。但其研究的根本在于确定《夷陵州志》的主导性。由于《夷陵州志》在宜昌一直到 2006 年才由宜昌市地方志办公室校勘整理并重刊，如何分析《夷陵州志》和《东湖县志》以及清末的《宜昌府志》之间的传承关系是一个较新的课题。

第 4 章　1859—1889 年宜昌城市空间营造

4.1　川盐济鄂与城市的繁荣

清代的宜昌城市已经有了一定的发展，但从根本上仍然是封闭的农业经济下的一座小城。在晚清时期城市有一些扩张，但如无外力的介入，其发展仍然是一种缓慢的自然增长。而就在此时，历史给了宜昌一次机会。清末由于太平天国运动的影响而带来"川盐济鄂"，在这个过程中宜昌城市活力得到极大的发展。偶然性和事物发展过程的本质没有直接关系，但它的后面常常隐藏着必然性。

4.1.1　川盐济鄂的背景

鸦片战争后，随着长江流域商品生产和商品流通的发展，长途贩运贸易在社会经济生活中日益占据重要位置。川江轮运航线未开通之前，作为长江中上游航运的衔接点，每年经由宜昌转运的大宗货物主要是川米、滇铜、黔铅、川盐、生丝、棉花、药材和麻布等，其中川盐更为转运的大宗。太平天国运动前，鄂省规定只准行销淮盐，川盐入境，以私论，官吏捕缉而禁遏之甚严。

晚清以前，两淮盐每年在湖北行销 50 万引，其中宜昌一府四县共销 3700 引（合 9000余吨），宜昌实销 1300 引。四川盐在宜昌府、鹤峰、长乐等州县的行销额为陆引 92 张、水引 205 张（合 600 余吨）。下运的川盐都购自四川犍为，由奉节沿长江运至宜昌。正常时期通过宜昌水运的淮盐和川盐大约为 600 余吨。此外，还有五路私盐下运，其中与宜昌有关的有脚私、川私和路私[①]。宜昌的盐业转口规模较为稳定。

咸丰二年（公元 1852 年）三月，太平天国定都南京。1853 年，太平军克武昌，随后占领长江中下游的广大地区。至此，由于军事的原因，淮盐进入湖北的通道被堵，以致"片引不至"。为稳定社会秩序，清政府实施"川盐济鄂"措施：咸丰三年（公元 1853 年）七月，为解燃眉之急，湖北总督张亮基奏请借销川引，以济民食。这样，川盐便开始大规模经宜昌下运荆楚地区。

为了"酌抽课厘之款，以济军糈"，清政府规定每斤抽课银一厘五毫，并决定于要隘之处设局抽课。清咸丰四年（公元 1854 年）八月，荆宜施道庄受祺受命专驻宜昌，于平善坝、万户沱设卡稽查偷漏，保护川贩。清政府鉴于淮盐不能上运，楚岸遍销川盐的实际情况，将湖北的宜昌、荆州、襄阳等五府和湖南澧州等地暂定为川、淮并销区，川盐下运渐趋正常。

尽管不久淮盐运楚的通道不久便被打通，但是川盐已有取代淮盐之势。为恢复淮盐运

---

① 乔铎. 宜昌港史 [M]. 武汉：武汉出版社，1990.

楚，两江总督与湖广总督多次交涉。同治二年（公元 1863 年），两湖地区确定每年行销淮盐 16 万引，仅为淮盐受阻时川盐运量的 27.4%。考虑到宜昌为川盐入楚必由之路这一具体情况，同治六年（公元 1867 年）湖广总督谭廷襄奏请清廷，将宜昌盐局改为总局，总局下设四个分局①。尽管随后恢复淮盐引地，但是并未影响川盐下运。这样便保持了两湖、江浙与四川间的物资交流，使宜昌的水运量维持在一定的水平。川盐取代粮食成为贸易第一大宗。

4.1.2　商业都会的形成

"川盐济楚"，为征收盐税，宜昌设置有水、陆两个川盐局。宜昌川盐局总局，设西门外河街，分局四，（分别设于）绿萝溪、姜孝祠、北望桥、汉景帝庙，又置有陆路川盐局，过江川盐卡。咸丰初，宜昌每月可征银一二万两，一年之间可征银 20 余万两，即每月通过宜昌转运的川盐为 1 万 ~ 1.3 万吨，年均 12 万 ~ 15 万吨。川盐贸易的兴盛使得宜昌以盐税为主体的财政收入增加，为城市的发展提供了一定的动力。

转口贸易的逐步兴盛，宜昌开始有"过载码头"之称。位于四川到湖北三峡出口的宜昌，由于川盐的大量下运，并在宜昌转口，带来了宜昌转运贸易的繁荣。一时间，蜀舶云集、大小盐船成帮拢岸。据《宜昌港史》记载，此时的宜昌"木船成批结帮停泊在江边，从上河街一直排到二马路河坡，桅樯林立，鳞次栉比"。在此揽载的民船数以千计，船工船民常在万人以上。"日有千人拱手，夜有万盏明灯"，正是当时宜昌水运繁荣景象的生动描绘。

而在川盐贸易的促进和带动下，宜昌城市社会经济生活发生如下巨大变化，逐步形成繁华的商业都市，并开始带来近代意义上的城市化趋向。

（1）城内商业得到极大发展，商业结构发生变化。以川盐入鄂为契机，商业店铺及设施大量建设。四川省各大盐号纷纷来宜昌开设分号，或者建立办事机构，以主持"济楚盐"的运销。同时外来商户开始利用宜昌作为交流和物流中心，大量采购棉花、绸缎、百货等带回四川。此外，湖广及东南各省客商也大量来宜进行商业活动，并将川盐运销各地。宜昌城内百货充斥，商旅云集，开始由原来的自给自足的封闭型商业形态向开放式商业形态转变。

（2）城市第三产业开始得到发展，并在服务业的带动下带来人口增加。市场的繁荣，商业的发展，带来了城内服务行业的兴起。一些新的行业如土特产、日杂百货、木船修理等行业纷纷出现；税号、钱庄相应增加；客栈及旅店不断建立。《宜昌府志》记载，其来往商人逐渐形成"川帮、建帮、徽帮、江西帮以及黄州、武昌各帮"。"郡城商市，半皆客民"。同治初年，宜昌城区人口达 1.7 万人。"郡城内多高楼大厦，华屋连云"，"市邑十倍于前"。

（3）城市居民的生活方式开始发生变化。商品经济的发展以及服务业的兴起，传统的生活习俗受到冲击，市民的消费水平和心理发生了显著的变化。"奢侈之习"形成，"郡城

---

① 乔铎. 宜昌港史 [M]. 武汉：武汉出版社，1990.

衣冠楚楚者，不减通都"，绅士商人"多衣帛、夏葛冬裘"，妇女们"首饰华丽，轻银重金"，并且这种生活方式逐步影响到周边区域，"东邑乡民亦染郡城奢侈之习"。与昔日的"民俗俭陋"、民风古朴相比，不可同日而语。

综上所述，清咸同时期"川盐济楚"给宜昌商品流通和转运贸易带来了蓬勃生机，宜昌城市获得了较大发展，迅速成为长江中上游与沙市、汉口并驾齐驱的三大商业都会。史载"西南数千里，绾毂于此为大都会"。宜昌的商品贸易和城市近代化发展由此打下基础。

4.1.3　城市功能的外延

川江盐运的繁荣，极大地促进了宜昌城镇商业贸易的发展。宜昌的街市也正是顺应过载转口的特点而逐渐得到发展。城市的主导功能随着转口贸易的深入逐步由城市的内部转移到以码头为中心的城墙之外。

据《宜昌港史》记载，由下游船只运来的日用百货、瓷铁器、大米、布匹，除在宜昌集散由陆路运销各县镇外，绝大部分由此换船运往上游。从鄂西北山区陆运来的部分山杂、毛皮、油脂、大米、煤、盐、糖、烟叶、烟土、水果等，除了在宜昌销售外，多数在此转口运往下游。因而宜昌沿江河街成为商行、货栈的交易市场。其中紫云宫以榨油坊为最多，油籽船停靠在三江江边交易。在板桥河街设有青果行。杨泗庙为宜昌米市专用码头。镇川门、中水门江边依托码头停有煤、砖船。坡上有商贾交易，河下有木船停泊。每逢枯水季节，沿江一带的河滩逐步成为小摊小贩的"河肆"，其中旧船板院、炭院、川橘堆场以及竹、棕、麻业等店铺，则遍布"河肆"四周。

尽管如此，开埠前夕，宜昌总人口仅1.3万余人，工商业规模并不大，全市仅有棉业、钱业、过载堆栈等各8家，另有船行2家、杂货行7家、榨坊4家、旅栈9家。城市依靠水运获得了商业的繁荣，但城市由于其"过载码头"的特型，城市自身的城市建设处于畸形发展之中。

4.2　开埠与城市性质的转换

4.2.1　宜昌开埠的背景

鸦片战争以后，中国门户洞开，外国的侵略势力逐渐向长江腹地渗透。由于宜昌的区位优势，使殖民列强意识到，控制了宜昌，便可打通长江水道，进入四川，进而掠夺四川乃至广大西南地区，以及青海、西藏、甘肃、陕西南部的财富。咸丰十一年（公元1861年），英国远征队萨利勒和布克斯乘船前来宜昌，其后又上抵川东。同治十二年（公元1873年），招商局"洞庭""永宁"二轮相继来宜，是为国内商轮首航宜昌。翌年，英、法、美三国商人从宜昌雇佣木船69只，装载洋货运往川省。从1871年到宜昌开埠前，共计有英、德、法、俄、日、挪威、丹麦、西班牙、瑞士9国的41艘商船抵达宜昌，其货运量从1871年的1063吨增加到1877年的4023吨。

为达到完全控制长江流域的目的，光绪二年（公元1876年），英国殖民者迫使清政府签订了《烟台条约》，辟宜昌为商埠。就在中英《烟台条约》签订的第二年，湖北巡抚翁同爵派荆宜施道孙家谷，会同英国领事馆开始商办开埠事宜。1877 年 2 月 16 日，宜昌关署正式成立。1877 年 3 月 18 日，参照湖北汉口江汉关的章程开办宜昌海关，并于 1877 年 4 月 1 日正式成立宜昌海关。宜昌关署设在府城南门外的江滨，建立之初占用原汉景帝庙，距县治约一里。

宜昌开埠，使英国取得了窥伺我国西南边陲的权利。从此，他们可以从宜昌进入四川，控制重庆，直趋云贵藏。因此，他们将宜昌开埠称之为"中国对外关系史中的第三阶段"，并认为其重要程度"仅次于 1842 年和 1858 年的条约"[①]。英国《泰晤士》报声称："假使立德罗成功，则七千万人口（四川）的贸易就送上门来了。"宜昌的开埠使得宜昌的基于贸易的地理区位特性更为明显。

4.2.2　城市性质的转换

宜昌开埠其主要目的不仅在于开辟鄂南市场，更重要的是以宜昌为跳板，打通川江轮运航线，占领西南地区广大市场。19 世纪 70—90 年代，是外国在华轮运势力向内河航线扩张、国际垄断资本打入中国内河领水的重要时期。在这样一个背景下，宜昌的转口贸易有了极大的提高，其城市的性质也由封建社会下的一个地区的政治中心而向区域经济中心转换，城市的主导职能中的经济因素大大提升。

宜昌海关建立后，开始征收进出口关税，由宜昌起岸的货物从此可以正式报关活动。刚刚取代美商而在华轮运输处于垄断地位的英商太古、怡和公司，迅速进入宜昌，相继设立了常驻办事机构，以承揽客货运输。随着 1878 年英商立德公司从汉口试航宜昌成功，大大加快了进出口四川货物的周转速度。这一年由宜昌用子口半税单运往四川等地的洋货总值为 15223 两，翌年猛增至 164272 两，1880 年更达到 989188 两。仅仅 3 年时光几增至 66 倍。到 1881 年已经突破 400 万两大关。同期出川货物亦达到 4000 万两[②]。宜昌开始成为重要的交通节点。

同时，从港口的转运功能来分析，宜昌开埠以后，因其位处长江中上游两大贸易城市——重庆、汉口的联结点，以及华中西南两大经济区的中心处，各种进出口货物汹涌而至。《1885 年宜昌海关贸易报告》载："货物在分运到远市场和华西之前，堆积如山"。这些货物品种繁多。其中土货方面有煤炭、药材、烟叶、榨菜、水果、黄表纸、米谷、布匹、瓷、铁、山货、盐、糖、生漆、棉花、生丝、茶叶、桐油、猪鬃、肠衣、皮油、木油、芝麻等。洋货方面有煤油、油漆、匹头、棉纱、五金产品、海味品、百货、西药、香烟、颜料、纯碱等。宜昌开始成为长江流域重要的商品集散地、沪汉市场与四川市场之间的中转站，从而促使宜昌转运贸易的迅速发展，而宜昌转运贸易如此大幅度地增长，毫无疑问促进了商业市场的繁荣，增强了宜昌近代都市的经济实力。

---

① 转引自：丁名楠等. 帝国主义侵华史（第一卷）[M]. 北京：人民出版社，1973.
② 徐凯希，田锡富. 外国列强与近代湖北社会 [M]. 武汉：湖北人民出版社，1996.

4.2.3 城市商业的繁荣

开埠使宜昌开始了半殖民地化的进程，但同时客观地分析，开埠在一定程度上也使得城市获得了新的发展动力而开始了早期现代化进程，由农业时代的城市向工业时代的城市转型。这种由开埠所带来的巨大冲击，使得原有基于封建农业经济的社会空间逐步解体。在开埠后短短的一二十年间，城市规模和结构发生了重大的变化。1877 年，宜昌城区人口约 13000 人，1880 年增加到 33560 人，1888 年又上升到 34000 人[①]。至 20 世纪初，居民便达 10 万之众。开埠前那种"规模不甚宏廓，商业亦不甚炽盛"的"萧索之迹"已"泯然无有矣"。这种城市的发展速度在宜昌两千年的历史上是不曾有过的。

不仅如此，在外国商品、资本的刺激和影响下，城市的经济和社会生活也有了突变。"这儿的人们渐渐地需要消费中国及其他国的货物，提高了对这些货物的购买力"。"城市和市民的生活条件都得到了很好的改善，人们穿着较好，有更多广州和外国制造的奢侈品以供消费，旅社客栈数量增加，设备完善有吸引力"。到 1888 年，宜昌城市进一步发展，"城内已有十五家出售洋布的商店"，城市服务行业空前活跃，史载："近几年新建的商店店铺代替了草席棚，生意十分兴隆。""城外沿江一带、尽是草店，列肆向江，灯如排线，沽卖饮食，热闹非凡"。

4.2.4 商埠区初步开发

宜昌开埠以后，英政府就派人来宜，会同湖北及宜昌的地方官员勘查租借地，起初拟定将上至汉景帝庙南侧（今二马路口），下至龙王庙（今一马路口）之间，长 173 丈 9 尺（579m）的外抵江边、内深超过官街的共 90 亩用地划为租界，并商定了租价和租约。"旋因地价悬殊，未经定价承租"。

虽然租界并未划定，但外国商人及殖民者纷至沓来。宜昌海关成立后，西方列强便先后在宜昌设立领事馆。光绪三年（公元 1877 年）英国首先在停泊宜昌江面的军舰上设立领事馆，后来便在桃花岭修建办公楼。光绪二十八年（公元 1902 年）、民国 3 年（公元 1914 年），德国、日本先后在桃花岭设立了领事馆。美、法等国虽未在宜昌设立领事馆，但其在宜昌的事务，均由其驻汉口的领事馆办理，有时交英国驻宜领事馆代理。

以此为先导，列强的租界、洋行便在宜昌拔地而起。日、德、美、意、法等国官员、商人接踵而至，在原拟定的租借范围内，开洋行、建教堂、办学校、设医院，自光绪四年（公元 1878 年）英国立德乐在宜昌拟定租界内开设第一家洋行，到光绪二十六年（公元 1900 年），西方列强在宜洋行已达 17 家之多。光绪三年（公元 1877 年），在宜昌经商具有法人代表资格的外籍商人仅 70 人，至民国 14 年（公元 1925 年），宜昌已有英国、美国、法国、德国、日本、印度、意大利等 13 个国家的 26 个商行和具有法人代表资格的外籍商人两百余人。

但总的来讲，宜昌开埠之初，商埠区并未得到大的发展。为适应港口经济发展的需要，开埠之初宜昌市区主要是向古城南门外沿江一带延伸。这里当时是宜昌港口的主要港

---

① 姚贤镐. 中国近代对外贸易史资料 [M]. 北京：中华书局，1962.

区，临近古城南门，进城上街都很方便。因此，开埠后的宜昌海关便建在这一带，英国领事馆迁至桃花岭前也建在这附近。这和宜昌经济的转运性质有着不可分割的关系。

4.3 城市空间营造的特征

4.3.1 城市外部空间扩展

城市形态的空间扩展可分为两种方式：一是城市用地范围的扩张，即水平方向上的城市地域蔓延；二是城市用地的使用强度，包括建筑层数提高和建筑密度加大两个方面。

影响城市扩张的因素是多方面的，包括自然地理条件、社会政治及经济因素等，其中作为城市近代化的一个重要指标，城市人口增长是造成城市加密及城市用地扩张的重要原因之一。一个城市用地面积的大小、城市建筑的多少、居住面积规模、公共空间的规模及形态与城市人口多少有着密切的关系。因此，人口是城市增长及扩张的重要影响因素之一，同时也是反映城市增长的重要指数。

1. 城市扩展的人口特征

虽然对于宜昌各个年份的人口数据并无太多资料，数据亦不一定精准，但通过统计各类资料中的人口数据，我们可以看出大的变化趋势。通过表4-1中的统计数据，宜昌的人口数量在开埠以前并无大的变化，甚至有所下降。而1876年开埠以后，从1877—1890间有了大幅上升，1890年相比1877年增长了300%。同时，内敛的城市发展模式也使得城市高度相比清中期有所增高。城市流动人口增加，并带来了城市人口的职业构成变化，"郡城商市，半皆客民，"就是较为生动的描述。"郡城内多高楼大厦，华屋连云，"城市密度也达到一定的程度。开埠是宜昌近代化的开始，人口的扩张带来其用地的使用强度增加，其城市化水平开始提高。

宜昌1859—1889年人口统计表　　　　　　　　表4-1

纪年	年代	人口	数据来源
同治初年	1862年	17000	宜昌市商业大事记
光绪三年	1877年	13000	中国近代对外贸易史资料
光绪六年	1880年	33560	中国近代对外贸易史资料
光绪十四年	1888年	34000	中国近代对外贸易史资料
光绪十六年	1890年	39000	宜昌市志

2. 城市扩展的空间特征

到近代以后由"近代化"所带来的城市空间的扩展相比农业经济时代有了截然不同的特征，其扩展的周期缩短，其扩展的速度加快。同时，由于近代宜昌的城市空间扩展受到经济和政治因素的影响，具有很强的阶段性特征。1859—1889年，宜昌的城市空间相比清中期有了一定幅度的增加，其扩展方向呈现"一主，二辅，一转换"的扩展特征。

所谓"一主"，指城市扩展的主要方向沿南门向长江下游的蔓延。其用地集中于城墙和长江之间的腹地并沿长江向下扩张。川盐济鄂所带来的大量的货物转运使得以港口和依托港口的商业空间逐步扩张，扩张的主要功能在于满足日益繁忙的航运需求。南门以下由于具备良好的停泊条件，多数港口都设置于此，并形成了以帮会把持的有所分工的专业港口，各港口连绵一片，商业空间沿港口亦呈带状布置。

所谓"二辅"，指城市东门和北门外部空间的溢出。由于封建社会的城市城墙的阻隔，城门是城市对外联系的主要通道。东门外和北门外由于属于宜昌城和外界的主要通道，交通便利，逐步形成以市场为主要功能的商业用地并呈现带状延伸的趋势，同时依托街道和城门形成纵深较小的扩展。规模不大，本质上属于城市内部空间的溢出。

所谓"一转换"，指西坝的用地性质的转变而逐步成为城市空间的一体。严格意义上讲，西坝并不是真正意义上的扩张，从明代起西坝就已经有了一定的居民，但人口少，规模小，和城市的联系并不紧密。随着清末的商业转运的增加，尤其到川盐济鄂时，大量外来船工在此聚集而逐步成为船员的休息地，其功能性质逐步和城市的主导功能相匹配，具备了城市的特征，由此从以居住为主体的农村聚落转变为城市用地的一部分。

宜昌作为内地封建传统城市，这一时期的发展虽受到了西方资本主义经济的波及和川盐济鄂所带来的影响，但总体上仍保持着原有的城市功能性质和布局结构特征，城墙为城市的主要边界，其城市形态的演变主要表现在依托城墙和城门的功能扩展。城市规模依旧沿袭清代的城市建设体制，虽然有所发展，但城市空间的扩展速度较慢。总体上，这一时期的城市建设基本呈现出无秩序、无规划、军政商民各自为政的自发建设特点：城市环境卫生、道路条件差，港口岸线划分乱，其扩张具有很大的自然蔓延态势。

4.3.2 城市内部空间形态

1. 城市内部空间结构

开埠前和开埠早期宜昌城市空间集中于原有老城区。老城区是历史上依托明清府城形成发展起来的城市原有核心。这一时期城市的主要功能集中于城墙内部，并逐步依托港口形成带状扩展。随着盐业转运的兴盛，在城墙外部逐步形成一定规模的港区，并依托港口形成商业区，城内的商业中心逐步外延至江边，在用地结构上形成以居民生活为导向的古城片区和以转口贸易为主要功能的港口片区。

虽然在川盐济鄂的影响下城市的商业形态发生变化，流动人口亦大量增加，传统的手工业、商业等有所发展，但城市的空间结构仍然主要受到封建礼制建设的影响。转运贸易的繁荣并没有从根本上改变城市以政治建筑为城市核心的结构特征，且中心的外延仍然是依托老城区的自然蔓延。城市结构简单紧凑，城市的主导仍然是封建礼制下的单核形态，总体上呈现"单核发散"的特征。

2. 城市商业中心的变迁

这一阶段的宜昌，城市建设沿袭清制，依然以传统府衙为核心。但随着商贸的繁荣，商业中心的地位逐步提升，从而形成更富有活力的商业体系。

据《宜昌港史》记载，当时宜昌城内的鼓楼街、锁堂街、二架牌坊一带为商贸中心。盐税号、土税号、钱庄等大多集中于锁堂街。绸缎、布匹、杂货、广货（百货）、药材、酱园等店铺，多集中于鼓楼街、二架牌坊、南门外正街、北门外正街和东门外正街。这些街道正当旧城东西南北城门口，为城乡物资交流的重要场所，生意特别兴隆。上河街、下河街以粮食行、土布业和其他行业居多。

可以看出，这一时期的商业中心，逐步出现了以下特征：

（1）商业空间的数量相比清代中前期有大幅增加，商业中心的空间分布由城内为主转向城内和城外结合，从而更为分散。

（2）商业区功能呈现基于地域的分异。城内主要为生活日用品的商业形态，主要满足居民的日常生活需求。而城外的商业空间主要依托港口形成，以转运贸易为主要特征，大宗商品的交易集中于港口上部。

（3）商业中心逐步形成行业的聚集特征，依托街道和港口形成专门集市。

同时我们可以看出，这一时期，虽然开埠带来了外来殖民的进入，但由于并未形成大规模的近代轮船港口，在商业体系上仍然是依托传统港口形成集市，城市空间并未受到大的冲击。

3. 城市交通体系

1）城市的对外交通体系

（1）宜昌的对外交通线路

陆路：宜昌由于地处偏远，陆路交通一直不畅，这一时期宜昌对外的陆路交通主要还是非机动方式，依靠清代形成的以驿道为基础的连接宜昌和毗邻地区的人力、骡马运输的人行大道。该道在开埠后也有过修缮的记录。从宜昌至施南府（恩施）的大道在清光绪丁丑年（公元1877年）将原来的羊肠小道改建为上有石梯，下铺石板的官马大道，同时，宜昌也修建了宜昌接建始的大道，鄂西与宜昌的陆路交通逐步由人行发展到驮运，其交通方式虽有进步但仍较落后。

水路：宜昌长期依靠航道进行主要对外交流。但由于长江航道艰险，一直处于较为封闭的状态。这一时期，随着交通方式的变革，特别是在光绪四年（公元1878年）汉宜航道开通以后，中方招商局和外商太古、怡和相继开通汉宜线轮船航班，宜昌的客货轮对外运输出现新的变化。但在开埠早期，由于渝宜线并未打通，宜昌进出四川主要还是依靠木船（图4-1）。总的来讲，这一时期，宜昌的对外交通仍然较为闭塞。

（2）对外交通设施

开埠以前，宜昌虽然航运得到了迅速发展，但港口设施仍然较为原始。据《宜昌港史》记载，宜昌港修建近代码头开始于光绪三年（公元1877年），宜昌开埠的第二年由海关和招商局各修建了一座码头。宜昌海关在朱家巷下，今人民政府临江处修海关码头，长129英尺（合29.31m）。这是宜昌最早的轮船码

图4-1　宜昌旧帆船码头
来源：宜昌市地方志办公室

头，此后称"洋码头""下码头"。朱家巷以上码头称"土码头""上码头"和"县码头"。据《宜昌海关十年报告》载，清光绪十七年（公元1891年）前，还有意大利传教士修建有罗马天主教布道团码头，长165英尺（合50.29m）。此外，还形成了部分专业码头（表4-2）。

1859—1889年宜昌码头一览表（从上游向下排列）　　　表4-2

序号	码头名称	岸上结构	用途	史迹
1	紫云宫	沙岸	洪水泊木船起卸柴、煤、石灰等	岸上有紫云宫，原为挑水码头
2	伍水镇	沙岸	洪水泊木船起卸柴、煤、石灰等	原是三江的一个挑水巷子
3	赵家巷	沙岸	洪水泊木船起卸柴、煤、石灰等	原是三江的一个挑水巷子
4	社堂口	沙岸	洪水泊木船起卸柴、煤、石灰等	过去在此处处决犯人
5	鄢家巷	沙岸	洪水泊木船起卸柴、煤、石灰等	去三江的一个挑水巷子
6	张家巷	沙岸	洪水泊木船起卸柴、煤、石灰等	去三江的一个挑水巷子
7	板桥	条石梯坎	三江渡口。泊船起卸水果、柴、煤、箩筐等	板桥街上有青果行、花生炒坊等
8	西霞寺	条石梯坎	位于西坝与板桥对峙处，重要渡口	岸上有西霞寺
9	小北门	条石梯坎	湘帮船泊此卸陶、瓷、竹、铁器	附近土街系街市
10	大码头	条石梯坎	川帮船泊此起卸川盐、川糖、毛烟、榨菜等	大江码头水位是三江水涨落的标志
11	镇川门码头	条石梯坎	连接长江两岸的重要渡口，川东、鄂西物资运此集散	原为官埠码头，1859年砌石为磴
12	杨泗庙码头	条石梯坎	起卸大米、杂粮	岸上有镇江阁，俗称"杨泗庙"，从明代起为宜昌河道粮食交易所
13	西卡义渡码头	条石梯坎	渡口、运菜、运粪	古划夫当差，渡运押解过江犯人
14	中水门	条石梯坎	渡口。川江木船泊此起卸货物	明洪武年间，建夷陵州署于此
15	拐角头	条石梯坎	挑水。木船泊此起卸竹子和竹器	原系挑水窄巷子
16	小南门	条石梯坎	木船泊此起卸。开埠后轮船停泊界限	岸有学院街"文庙"，原为官埠码头
17	大南门	条石梯坎	原泊木船起卸，开埠后成为轮船驳岸上岸下船的码头	城门上有"关圣庙"，船民进庙祈平安。门外原为驿传码头
18	奎星楼码头	条石梯坎	木船泊此起卸，开埠后轮船驳岸在此上岸下船	原是挑水巷子
19	招商局	条石梯坎	轮船停泊江心，木船多靠此接送客货上船起坡	1877年建，后下移故称此为"老招商局"码头

来源：根据《宜昌市交通志》（宜昌市交通志编纂委员会，1992）整理

这一时期宜昌码头的分布具有以下特征：

开埠以前的码头主要集中在南门以北的三江段，其设施较为简陋，主要依托宜昌府城城墙和长江之间的腹地形成以帮会把持的土货转运码头。其原因在于三江一带，长江水流平坦，为天然的避风港，且依托老城，交通便利，便于货物集散。

开埠后并未修建大量码头，主要依托原有的码头在小南门以下形成轮船停靠点，其原因在于仍然是受到水位的限制，三江航道较浅，不适合轮船停靠。

2）城市的内部交通

清同治年间（公元1862—1874年），城区东西宽约一里，南北长约三里多，已形成40余条街巷。古城区的道路，主要受到传统城市道路空间格局的影响，基本沿袭清代的古城双横双纵的道路体系，古城道路的形态一直延续到1930年拆除城墙才有所改变。其形态完整，"大街小巷"的格局清晰（图4-2）。由于城市开始在城外形成商业区，城外也逐渐形成少量道路，但城市的道路设施极为破旧，卫生设施无法满足日益增长的人口需求。

图4-2 宜昌城墙及市区一览
来源：宜昌市地方志办公室

4.3.3 城市功能要素营造

1. 城市功能要素的构成特征

虽然1876年宜昌开埠带来了城市经济的繁荣，但其城市功能要素也并没有出现革命性的变化。这一时期宜昌承其旧制，除了由于开埠所带来的少量外来殖民建筑以及所带来的建筑形式的差异外，其城市内部构成殊无差异，传承了封建社会政治中心的建设模式，即以公署为中心，相应布局学校、庙社和诸坛宇，城市功能要素较为稳定。但逐渐出现一些新的趋势，上述的城市功能，在原有基础上逐渐产生新的形式，城市处于新事物不断出现，但传统事物仍然稳固的进程之中。因此，这一时期是宜昌城市的各项功能处于逐渐分化和丰富发展的时期。

2. 城市功能要素的营造特征

城市功能要素的营造，随着政治经济条件的变化而逐渐多元化。

（1）城市商业设施开始更新，商业类型多样化。《1885年宜昌海关贸易报告》记载："近几年新建的商店店铺代替了草席棚，生意十分兴隆。"随着经济的发展，城市的商业、手工业得到发展，城市人口有相当比例从事商业活动，其发展带动了以商业为主导的建筑功能转换。

（2）传统手工业兴旺。清末随着资本主义萌芽的出现，宜昌的手工行业也逐步兴盛，主要有铁业、牧业、竹篾业、榨油业、酿造业、造纸业、米面加工业、糖业、斋铺、砖瓦烧制、纺织、印染、袜业等①。但其规模较小，一般都为手工作坊和家庭副业。虽然宜昌于这一时期开埠，但其现代工业并未起步，仍然以传统的手工业为主。

（3）西方领事馆及宗教建筑开始进入宜昌，并得到初步发展。英国是进入宜昌最早的国家。光绪三年（公元1877年）宜昌成立英国领事馆，暂时在"金河"号军舰上办公。不久迁到后来的淮远路，馆舍于1890年毁于一场大火，后重建。

这一时期，外来宗教对宜昌的影响逐渐显露，并开始出现西方宗教近代发展的开端，但规模较小，对城市空间影响力亦并不大。

其中天主教的发展在这一时期较为迅速。据《宜昌市志》记载，同治二年（公元1863年）天主教开始在白衣庵（现南正上街）建临时教堂及司铎住宅。同治八年（公元1869年）意大利籍神父田大兴开始来宜昌活动。同治九年至十年（公元1870—公元1871年）鄂东教区副主教派人来宜昌，寻找新教区发源地。随着开埠以后宜昌港口对欧洲商人开放，天主教在南门外、滨江路、二马路等地购地置房，在获得欧洲募款所筹集的资金后，光绪六年（公元1880年），在滨江路、乐善堂街开始修建教堂，到光绪九年（公元1883年），宜昌逐步取代荆州成为鄂西南的传教中心，而宜昌教区的中心教堂就设置在乐善堂。

基督教也开始得到发展。同治七年（公元1868年），基督教开始在宜昌布道。随着宜昌开埠，英国长老会、英国内地会、美国圣公会、瑞典航道会、美国福音道路德会相继来宜昌传教，并进行了各种传教设施的建设。在1859—1889年间，长老会（英国苏格兰差会）在同治十二年（公元1873年）先在南正街租用民房布道，光绪四年（公元1878年）又在献福路购买民房，正式建堂，名"福音堂"。内地会（巩固差会）在光绪八年（公元1882年）以后在大公桥一带修建楼房，称内地会公所。

除了修建教堂，外来宗教也在宜昌也进行了一些教区事业的建设。自光绪四年（公元1878年），苏格兰长老会在十字街（今献福路一带）开办识字班（到1904年发展为有7个班的育德小学），此后先后在宜昌开办几个识字班，这是基督教在宜昌创办教育事业的萌芽。天主教在光绪十年（公元1884年）将设在荆州的小修院迁到宜昌二马路天主堂，称文都小修院，设置高小课程。光绪十五年（公元1889年）创办宜昌圣母堂孤儿院，院址设在滨江路圣心堂内。

---

① 宜昌市工商行政管理局. 宜昌市工商行政管理志（1840—1988）[Z]. 1992.

第 5 章　1889—1919 年宜昌城市空间营造

5.1　区域经济中心的确立

宜昌开埠之初，城市逐步成为区域的转运港口，但由于交通方式落后，川江航道和汉宜航道并不十分畅通，城市的转运量受到一定的限制。随着航运技术的进步，以轮船为代表的现代交通方式使宜昌的经济区位价值大幅提升，同时随着川江航道的开辟，长江流域的经济往来更为顺畅，尤其是重庆开埠以后，对外贸易逐步深入并达到高潮，宜昌逐步成为长江经济流域的重要港口。此外，在光绪十七年（公元 1891 年）至三十二年（公元 1906年），随着清朝的鸦片公卖政策，宜昌的鸦片贸易达到第一次高潮，成为中国最为重要的鸦片集散地之一。在此期间，宜昌的城市性质变化特征更为明显，宜昌区域经济中心的地位确立。

5.1.1　现代交通方式的变革

宜昌于 1876 年开埠，但由于长江三峡地段水文环境恶劣，长期以来一直依靠木帆船作为运输工具，在长江中上游，由于险滩甚多，木船航行十分困难。现代的交通方式虽有一些尝试，但早期并不成功。川宜线直到 1898 年才试航成功，这为宜昌转口经济的发展提供了技术支持。

宜汉线的航线由于宜昌和汉口间的水势较为平稳而开通较早。最早试航的第一艘轮船是光绪四年（公元 1878 年）由英商建造的"夷陵号"汽船，在宜汉航线试航取得成功。当年，招商局决定正式通航。随即，英商太古洋行的"沙市""吉安"号与怡和洋行的"昌和""江和"号于光绪六年（公元 1880 年）相继投入汉宜客货运输航班。此后，英商太古洋行在宜昌滨江路设置营业机构。汉口至宜昌的轮船航班开通。

相对而言，汉宜轮运的开通较为容易，而川江轮运的开通则较为困难。1895 年，日本政府强迫清政府签订了《马关条约》，规定日本轮船可以从宜昌上溯川江，以达重庆。此后英商开始尝试采用轮船开辟川江航线，于 1898 年由宜昌溯江而上，试航取得成功[①]。光绪二十六年（公元 1900 年）外国铁壳商轮第一次由宜入川。但由于水文条件复杂，一直未能实现商轮通航。直到宣统元年（公元 1909 年），才正式开通宜渝之间的轮运航线，每月往返 2 次。这是航行川江的第一艘华商轮船，也是宜渝线上最早实现商业营运的第一艘商轮。

随着汉宜、宜渝轮运的开通，到宜昌开辟航运业务的轮船公司不断增加。其中，太古、怡和、日清、捷江等公司先后在宜昌修建码头、堆栈和仓库，开辟客货运输、仓储和水火保险等业务。沿江一带各公司的码头、泊位鳞次栉比，绵延十余里。从此，每年成百

---

① 邓少琴. 近代川江航运简史 [M]. 重庆：重庆地方史资料组，1982.

上千艘中外轮船出入于宜昌港埠。近代交通方式的变革为宜昌城市的发展提供了技术基础，并带来了城市发展所需的外部条件。

5.1.2　贸易转运规模的加大

宜昌水运方式向近代轮运的转变，虽然开通了汉宜、宜渝轮运，且宜昌开埠以后，英国入川的洋货猛增，但川江天险并不适合大规模轮船货运，因此开埠初期轮船出入四川的货运规模并不大。1890年英国迫使清廷与之签订《烟台条约续增条款》中，明确规定："英商自宜昌至重庆往来运货，或雇华船，或自备华式之船，均听其便。"这就使侵略者利用中国的旧有木船为其经济侵略提供了条约依据。

从光绪十六年（公元1890年）重庆开埠到辛亥革命20余年间，列强疯狂掠夺西南物资，大都是利用中国木帆船来从事运输。据《宜昌港史》记载，当时各国商人竞相雇佣中国木船。据宜昌关善坝和重庆关唐家沱的调查，从光绪十七年到光绪二十三年（公元1891—1897年），宜渝间行驶的挂旗船，每年大约在1000艘上下[①]。光绪十七年（公元1891年）宜渝间往来的挂旗船仅为607只次，至光绪三十四年（公元1908年）则上升为2567只次，增长3.2倍。正因为挂旗船的兴盛，便促使传统水运方式在开埠后的宜昌得到进一步发展。

但是，随着宜渝航线轮运往来的增多，挂旗船逐渐减少。直至民国14年（公元1925年）宜渝航线轮船由宣统元年（公元1909年）的1艘次、196t，增至1171艘次、4.42万t；木船则由2339只次、7.4万t，降至1只次、20t[②]，到1926年趋于消失。

另外，华商随着三峡航线的开通也大力发展航运业。宜昌开埠后，华商经营"厘金船"转运四川以至西南出口的大宗土货，诸如盐、煤、鸦片、杂货和湖北出口入川数量最大的棉花、棉布都由厘金船专运或主运。据宜昌海关册载，宜渝航线每年往来的厘金船大致在万只次以上。光绪十八年（公元1892年）宜渝间往来的厘金船12000只次，是同年挂旗船1879只次的5.39倍。至光绪三十二年（公元1906年）宜渝间往来的厘金船15166只次，是同年挂旗船2600只次的4.83倍。在14年间厘金船增长26.38%。据光绪十九年（公元1893年）宜昌海关统计，行驶川江航线厘金船的船户、纤夫不下20万人。由于1912年武昌起义的爆发，从此川帮在汉船只一律该为宜渝，当时仅由挂旗船转来的货物即达55800t[③]。

交通方式的变革带来的转运贸易的发展，促使宜昌开埠后的水运规模呈扩展上升的势头。往来宜渝间的木船至光绪三十二年（公元1906年）较光绪十八年（公元1892年）增长28%。大量的木船云集宜昌，使得宜昌城从豆芽湾（今葛洲坝一带）、紫云官（今三江桥一带）到八标（今十三码头一带）的十里江岸，桅杆林立，连樯接舶，一片帆海[④]。宜昌依托港口的转运功能得到极大发展。

---

① 邓少琴. 近代川江航运简史[M]. 重庆：重庆地方史资料组，1982.
② 刘开美. 宜昌开埠：桨声帆影映"繁荣"[J]. 中国三峡建设，2006（3）：48-55.
③ 同上①.
④ 同上②.

5.1.3 鸦片公卖与商贸兴盛

1. 鸦片贸易的形成

这一时期，影响宜昌城市发展的另一重大事件是朝廷的鸦片公卖政策。宜昌从清末已成为鸦片的重要转运地。从光绪十七年（公元 1891 年）至三十二年（公元 1906 年）是宜昌开埠后鸦片贸易兴盛的时期，其发展对城市的物质空间和社会生活也带来了重要的影响。

一方面，宜昌府的巴东、兴山、归州、长阳、长乐、鹤峰，以及施南府的恩施、宣恩、来凤、咸丰、利川、建始，还有西南云贵川诸省，都是鸦片的重要产区。另一方面，宜昌也是云贵川鸦片外销的主要集散地。此时云贵川鸦片运销外省的渠道之一即出三峡运销长江流域，而经过四川集中下销也需到宜昌转运。因此，宜昌很早就成为鸦片的集散地。

鸦片战争后，自《南京条约》至《烟台条约》的签订，鸦片贸易由在通商口岸的局部开禁转为全部开禁。英商在宜昌开埠后，到宜昌开设分行，并以此借助长江黄金水道向沿江区域贩卖鸦片，鸦片贸易在开埠后的宜昌开始畸形发展。

2. 鸦片贸易的兴盛

光绪十六年（公元 1890 年）秋，湖广总督张之洞在宜昌设立"鸦片厘金征收总局"，另在巴东野三关设立分局，由宜昌 5 家私商土税号代征烟土税。次年（公元 1891 年 6 月 5 日），清政府颁发土药新章：宜昌鸦片实行征税，公开买卖。这一制度带来了宜昌鸦片贸易额的迅速增长，并成为宜昌最主要的转运货物。"大率皆系土药，他货只一万余金"。同时，鸦片贸易也带来财政收入的提高，据统计，20 世纪初，宜昌的烟税不仅增加了 3～4 倍，同时也是宜昌最主要的税收来源。

此后，光绪二十九年（公元 1903 年），在宜昌成立了鄂、湘、赣、皖四省土膏税捐总局。光绪三十一年（公元 1905 年）又增加了苏、闽、桂、粤四省，改为八省土膏税捐总局。光绪三十二年（公元 1906 年）在八省之外再增加直隶、鲁、豫、晋、川、滇、黔、浙、陕、甘十省，改为土药统税。宜昌鸦片转口贸易额进一步增长。

光绪三十二年（公元 1906 年）清政府迫于各界压力，颁布禁烟章程，定期十年禁绝鸦片。此后清政府决定从光绪三十五年（公元 1909 年）起全国实行禁烟，并将宜昌关征收鸦片税之责交给八省土膏税捐总局。光绪三十五年（公元 1909 年）撤销八省土膏税捐总局。至此，宜昌鸦片转口贸易中断。辛亥革命后，北洋政府迫于社会舆论的压力，一度公开禁止鸦片贸易，宜昌土税号均先后关闭。但宜昌鸦片走私的交易量仍然巨大。

宜昌的第一次鸦片公卖，使得宜昌的税收在较长时期内达到一个新的高度。烟土税是宜昌转运贸易收入的主要组成部分，据统计，在 1900—1906 年的七年中，每年宜昌的土药税收占到宜昌海关总税收的 90%～95%[①]。宜昌海关署税务司李约德在 1891 年（光绪十八年）12 月 31 日的《宜昌十年报告》中指出："如果宜昌失去土药的税收，该港的财政收入将会减少到一个很小的数目。"巨大的财政收入在一定程度上为宜昌的城市建设提供了物质基础。

---

① 宜昌市商业志编纂委员会. 宜昌市商业志 [M]. 内部资料，1990：22.

5.2 城市建设的两次高潮

虽然宜昌开埠带来了经济的繁荣，城市人口的激增，但在 1889—1909 年间，宜昌的城市建设仍然处于较低的水平，城市空间并未得到大的发展，从 1909 年开始，随着川汉铁路宜昌段的开工，虽然最终并未完成，但带动了宜昌城市建设的发展，并形成了宜昌城市建设的第一次高潮。而 1914 年，民国政府在宜昌设立商埠局，城市空间骤然扩张，并很快突破城墙的限制，形成沿江发展的格局，形成宜昌城市建设的第二次高潮。这一时期的发展，逐步形成宜昌近代城市的骨架（图 5-1），这个城市骨架一直延续到中华人民共和国成立后很长一段时间内都没有大的变化。

图 5-1 宜昌附近形势图（1933 年）

5.2.1 铁路建设与东门发展

川汉铁路是清朝末年计划建设的一条铁路线，1903 年清政府计划修筑川汉铁路。最初计划从成都起，经内江、重庆、万县、奉节、秭归、宜昌至汉口，全长约 2000km。在经营方式上川汉铁路为商办，1911 年清朝政府将其出卖给外国列强，从而引发了鄂、川、湘省的保路运动，并成为辛亥革命的导火索。此条线最终未能全部建成，只建成了西段的成渝铁路。

在这一过程中，1909—1910 年，詹天佑勘测设计并主持修筑川汉铁路宜昌至万县段。宣统元年（公元 1909 年），川汉铁路首先在宜昌动工修建，宜昌总理李瑶琴、总工程师詹天佑购买了宜昌东山寺至石板溪稻田数千亩，招募 3 万余人，开始修筑车站、办公大楼、车库及住宅。到宣统三年（公元 1911 年），至归州（秭归）的涵洞、桥梁、隧道等已经开始略有规模，其中铁路轨道已经铺至小溪塔。虽然其后由于辛亥革命爆发川汉铁路全部停工，宜昌的铁路建设工人也被遣散，但这一时期的铁路建设对宜昌城市空间的发展产生了深远的影响。

1. 限定了近代宜昌城市空间发展的边界

川汉铁路宜昌段的选址从宜昌东山下延伸至两侧，其地势依山，其道路用地选择较为合适，路段选择并未穿越城市，符合城市发展的需求，既和宜昌城市老城区保留一定距离，又并不遥远，道路和城区之间留有相当平坦的空地。到 1911 年，道路基本成形，其线型自然形成了城市空间的边界，而对其后城市的空间扩张有所限定。事实上直到中华人民共和国成立初，宜昌城市空间的扩张基本没有超出该界限。

2. 带动了上、下铁路坝的繁荣

宜昌在川汉铁路兴建时，为工程需求，同时开辟有两个铁路坝。一个叫上铁路坝，即东山寺下的广阔地带。这里是川汉铁路宜归段客货车站及火车上添煤加水和火车头转头的地方。在瓷云寺坎下修建有花车库，在石板溪修建有给水塔，规模之大，据说在当时"全国第一"。

下铁路坝，以今九码头一带为中心，下抵杨岔路，上到天官桥，其规模与上铁路坝相差无几。这是当时川汉铁路宜昌站的水陆联运码头，沿江岸修有码头及护岸，还设置有缆车起卸货物。岸上修建有大仓库，专供堆放转运货物。

另外，修建铁路，涌来北方筑路民工数万人，人口大增，大多数汇集于今上铁路坝一带。东门由于靠近铁路坝，是当时工人较为集中的生活空间，新修餐馆、澡堂、杂货铺等，铁、木、竹等手工艺匠人聚集，生意兴隆，并带来了宜昌东门城市空间的外延。当地人称之为"宜昌第一个发展时期"。

3. 为城市的发展打下了基础

虽然川汉铁路并未完工，但到民国初年，留下了较为丰厚的成果。其中宜万间第一工程段宜秭段路基基本完成；自宜昌新码头至小溪塔铺轨15华里，此外还留下了大量的建筑和设备。更为重要的是，大量技术工人的涌入提高了宜昌的建设工艺水平。

另外，这一阶段的建设为以后宜昌城市的发展留下了物质基础。虽然后来所铺铁轨枕木陆续拆迁汉口，移作粤汉铁路营建之用，但其道路基础并未荒废，民国时期修建的川汉公路宜昌段基本沿袭了其走向，并利用其平整好的路基建设而成。20世纪30年代后期在宜昌修建的飞机场，也位于铁路坝区域，利用上铁路坝旧址，改建而成千米左右的飞机场。

5.2.2 商埠区的迅速发展

民国3年（公元1914年）宜昌商埠城市建设步入了发展时期。该年，湖北省署派员来宜昌调查开商埠事宜，随后便成立了宜昌商埠工程局。此后宜昌商埠的发展迅速扩大，奠定了近代宜昌城市空间形态的基础。

1. 宜昌的第一个城市规划

民国3年（公元1914年）2月10日宜昌商埠测绘处开工，中国商会组织聘请英国人编制《拟修宜昌商埠缩图原理》，图纸比例为1/5000。据《宜昌市规划志》记载，经过地形勘测，规划在古城大南门、通惠门外东南2km以内发展，用地规模4.5km²，古城范围未有更改，修20条道路。其中纵向干道8条，横向道路12条。凡与古城连通的道路都与古城门连接。道路红线宽均在20m内。

该规划形成通惠路、公园路（中山路）、陶珠路、二马路、一马路、云集路、福绥路、怀远路、滨江路等商业区。各路之间划致祥里、美华里、源发里、新源里、安福里、青云里、平安里、清泰里、平和里、梅安里、培元里、同春里、中宪里、强华里等为住宅区①。还规划出铁路的走线和车站的位置，规划道路间距小，密度大，规划建设仿照上海、汉口

---

① 刘开美. 宜昌开埠：桨声帆影映"繁荣"[J]. 中国三峡建设，2006（3）：48-55.

的城建格局进行，有较为典型的西方街区制特征。

《拟修宜昌商埠缩图原理》（图 5-2）是开埠以来宜昌第一个见诸文字图线的城市规划。尽管尚属粗线条，内容上也还有诸多缺陷，如主要公建和港口设施并没有规划，道路路网划分的地块性质也未确定，但是已将宜昌沿江带状城市的规范结构勾勒出来，基本符合宜昌港口城市的发展趋势。在规划上，受近代西方城市建设模式及实践的影响，率先突破了中国古代宗法、礼制思想束缚，改而采用近似于殖民城市格网式的布局形态，初显了一种"开放"的发展态势。

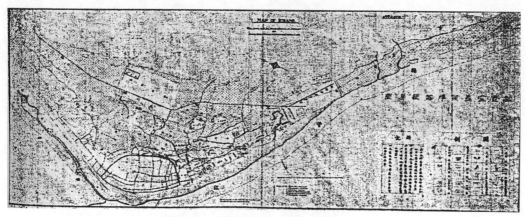

图 5-2　拟修宜昌商埠缩图原理
来源：宜昌市地方志办公室

2. 规划的实施与城市建设

《拟修宜昌商埠缩图原理》对其后的宜昌城市建设产生了深远的影响。在 1914—1920 年间，遵循这一规划宜昌开始了近代意义上第一次城市的大规模扩张。据《鄂西政治月刊》1936 年 5 月版记载，当年就开始修建近代马路通惠路和一马路、二马路等道路，"宜昌之有马路，自此始"。至民国 8 年（公元 1919 年）又先后修筑了中山路、怀远路、滨江路、隆中路、长春路、长康路、云集路等道路。同时还修建了光前街、富裕街、培心里、强华里等街巷。随着道路的修建，大批洋行、教堂、学校、住宅等建筑纷纷拔地而起，到宜昌 1920 年的兵变为止，城市基本建立起近代城市的骨架。

这一时期，逐步形成了新的商业中心。其中地处古城东南的通惠路和福绥路逐步成了宜昌的主要道路，并形成了新的城市商业中心。通惠路在宜昌开埠局成立当年开始建设。由于依托老城区而交通便利，大量商业店铺逐步进驻而形成宜昌的重要商业新区。民国 6 年（公元 1917 年）福绥路开始修建，并与湖堤街、仁寿路、同春里等 10 条街巷相通。当时英国领事馆的球场、英美烟草公司、苏格兰哀欧拿女子中学，均建在这一带。随着福绥路和通惠路的开通，城市的活力也逐步增加。

同时，以桃花岭为中心的新区开始发展，逐步成为殖民建筑的聚集地。桃花岭位处古城东南方向，原本是座荒岭。开埠后，随着商埠区逐渐向古城南郊发展，这里便开始显现活力。英国教会在民国 3 年（公元 1914 年）左右在桃花岭开办了华英中学。此后，由于其环境优美，进驻宜昌的领事馆也开始逐步搬迁或建设于此地。其中德国领事府（第一次世界大战后，德国领事府为日本接管）、英国领事馆都先后建成，其为领事馆配套服务的居住建筑亦建设于此。

桃花岭也逐步成为外国人在宜昌的生活聚集地。美国教会在此开办了美华中学；云集路一带设立有球会等娱乐场所，逐步成为宜昌外来建筑比较集中的地区。正是由于此，抗战时期尽管沦陷后的宜昌城内建筑所剩无几，但是桃花岭一带的建筑却较完整地保存下来[①]。桃花岭逐步成为宜昌城市中的一个重要组成部分。

5.3 城市空间营造的特征

5.3.1 城市外部空间扩展

1. 城市扩展的人口特征

从人口来看，从1890—1920年，宜昌城市的人口处于稳定增加的态势，逐步达到55000人。虽然并无更为详细的资料，但其人口扩张的总趋势开始在1900以后加速。人口增长的主因在于鸦片公卖和商埠建设所带来的人口聚集（表5-1）。

宜昌1889—1921年人口统计表　　　　　　　　　　　　　表5-1

年代	人口	数据来源
1890 年	39000	《宜昌市志》
1900 年	34000	《宜昌开埠：桨声帆影映"繁荣"》
1921 年	55000	《海关调查报告》

2. 城市扩展的空间特征

相比开埠前后，这一时期城市空间扩展方向具有沿江跳跃发展和飞地扩张两个特征。其发展时序以1914年商埠局成立为界限，呈现明显的阶段特征。

1) 1889—1914 年空间的扩展：沿江自然蔓延

1889—1914年，延续开埠后的发展势头，其城市空间发展缓慢。川盐济鄂以后城市空间已经开始沿南门向下游扩张，开埠二十年之后这种态势随着西方列强的涌入更为明显。其扩张的主要功能仍然为依托港口的功能形态。以英商、美商、日商、比利时、瑞典为代表的西方列强在长江沿岸划分势力范围，开办航运、煤业、煤油等公司，开辟客货运输、仓储和水火保险等业务，修建专用港口、货栈、堆场等设施，并配套修建部分办公楼。

这一时期城市空间扩张主要向南自然蔓延。开埠之初宜昌市区主要是向古城南门外沿江一带延伸。开始形成招商局路，后因街临滨江，便改称滨江路。此后，古城南门区域逐步成为古城与新埠连接的枢纽而率先发展，随着主要道路的建成，周围的街巷里弄也开始出现。至民国2年（公元1913年），除滨江路外，先后形成浙江路、南门后路、南门外正

---

① 刘开美. 宜昌开埠：桨声帆影映"繁荣"[J]. 中国三峡建设，2006（3）：48-55.

街、福绥横路等街道，以及安福里、和平里、美华里、邮局巷等里巷。南门的东侧也形成
木桥街、肖家巷等街巷[①]。

虽然开埠带来了城市发展的新动力，宜昌出现了一些西式的教育、医疗、宗教等现代
建筑和城市空间，但由于转运经济和半殖民经济的属性特征，外国资本主义的本质在于利
用宜昌的转运港口功能而并不愿意在宜昌进行大规模的建设，这种畸形的外部动力并无法
带来城市空间形态的飞跃，城市空间有所扩张但用地形态较为散乱，建筑密度并不高。城
市扩展仍然是一种自然蔓延状态。

2）1914—1919年空间的扩展：沿江扩展和飞地

1914—1919年，以政府政策为导向的发展动力带来了城市空间扩展的飞跃。城市扩
展脱离旧城，开始进入近代城市发展的新阶段而呈现跳跃发展特征。从这一意义上来讲，
1876年开埠并不是宜昌近代空间发展的分水岭，1914年商埠局的成立才是宜昌城市空间发
生变革的序曲，其重要性并不亚于开埠对宜昌所带来的冲击。

这一时期，扩展方向以沿江为主轴。从地理条件来看，由于以轮船航运为主体的港口
需要吃水条件更好的空间，从1890年以后在宜昌的长江下游形成近代港口区，其特征在于
距离宜昌海关较近而呈一字形排列。港口区形成的转口商贸区需要有发展的空间，而这一
区域"地势平坦，境域广阔，修筑商埠，甚为适宜"（於曙峦《东方杂志》第二十三卷第六
号），因此，商埠局在规划用地上选择沿长江下游发展就不难分析。

从这一时期城市空间的扩张动力分析，以商埠区建设为主体的扩张是当时政府意志和
本地居民的客观需求两方面共同作用的结果。商埠区的发展不同于以往城市空间的缓慢形
成，而是脱离古城跳跃发展新区，如无外力的借助，是很难实现其空间的飞跃的。据《晨
报》记载，宜昌商埠区的设立最早是由荆南道尹孙振家呈文中央开为商埠，并由政府外
交、内务、农商、财政四部门会同核议而准许。而开辟商埠区也得到了宜昌商会的大力支
持，1920年《晨报》记载，由于"川汉铁路久经停顿，设不早为之计，恐外人取而经营"，
民间具有开辟新埠区的强烈愿望。甚至其开埠资金所需的百万元，"均由人民自行投资"，
并"拟以后随时扩充"。商埠建设开始后，在内外动因的支持下，其扩张速度惊人，在短短
5年间新区就已初具规模。

而这一时期另一重要的扩张动力来自由1876年开埠所带来的外国资本主义。大量外国
人的到来需要为其提供生活的空间。由于旧城区空间狭窄，且卫生条件较差，"缺乏最简单
的卫生设施"，而沿江的港口区在当时被认为"是对人体健康不利的港口之一"[②]，也并不适
合外国人对居住空间的需求。外国人希望营造一个和中国传统空间分离的住区，桃花岭优
美的自然景观开始吸引部分外国人在此建设领事馆和住宅，并逐步形成外国人的居住办公
区域。

正因为如此，桃花岭的空间扩张具有典型的飞地特征。从地理位置分析，桃花岭位处
东山和老城区之间，距离港口有一定距离但并不遥远，与商埠区、古城区既能保持一定的

---

① 刘开美. 宜昌开埠：桨声帆影映"繁荣"[J]. 中国三峡建设，2006（3）：48-55.
② 李约德. 十九世纪八十年代的宜昌[Z]，周勇译. 宜昌文史资料第八辑，1987.

独立也能具有一定联系。桃花岭的发展过程中，从1890年一直到20世纪30年代，都相对保持了其独立性，飞地特征明显。

综合分析1889—1919年城市人口和地域扩张的特征，宜昌在1889—1919之间城市空间的扩张其主因是城市职能和城市政策的变化相交互的结果。同时，城市空间的扩张呈现阶段性跳跃，但在城市大规模扩张时期，人口的增长较为稳定，因此人口密度、城市内部用地使用强度并未发生跳跃甚至有所降低。

5.3.2 城市内部空间形态

1. 城市内部空间结构

随着宜昌开埠，城市的结构逐步由城墙向外大肆扩张，尤其是1914年商埠局的成立，宜昌的城市空间结构随着城市的扩展发生剧烈变化，而商埠区的形成不再依托原有老城区而独立发展，逐步形成以传统礼制空间为核心的古城区和以近代城市建设体制为核心的双核结构。

从用地的使用类型、使用强度和功能侧重来分析，开埠后宜昌在用地结构上主要形成古城区、商埠区和港口区三个片区。各个片区之间相对独立，功能各有侧重。古城区以传统居住空间为主体，其建筑密度高，建筑层数偏低，建筑形式主要为传统民居；商埠区以近代商业、服务业、工业为主体，建筑密度相对较低，建筑层数高，建筑形式除传统民居外，大量分布有以新式建筑为特征的建筑类型。港口区逐步形成转口贸易为主导的商贸区。

城市结构逐步走向发散。开埠后，随着外国洋行的涌入和经济的繁荣，古城内商业中心逐步外迁，并形成多个中心。同时，随着城市的发展，城市功能逐步多元化，由原来的经济政治主导逐步转变为多功能形态，近代工业建筑、学校、西方宗教、高级住宅等建筑类型逐渐占据了重要地位。在城市内部逐步形成了政治、工业、商业、服务业等多种功能形态和多种独立用地形态，城市结构也走向分散和开放。

2. 城市商业中心的变迁

这一时期，宜昌城市中心的性质开始发生变化，商业中心取代政府官衙成为城市的中心，随着商埠区的建设，逐步在古城内外和商埠区内形成了多中心的商业中心格局。

古城内的商业中心依旧沿袭前期，以传统商业为主要功能。新埠区在道路形成以后，商业中心逐步向下发展，集中到通惠路、大南门外正街和二马路等处。其中，二马路为船舶起岸之场，大南门外正街及通惠路为富商大贾列尘之所。

3. 城市交通体系

1）城市对外交通体系

（1）宜昌的对外交通线路

由于地处偏远且地形复杂，这一时期宜昌的陆路交通沿袭前一时期并无大的变化，仍然处于较为封闭的状态。

随着宜汉航线的开通，宜昌的水路轮运逐步发达，并形成了多条轮运航线。从光绪十五年（公元1889年），英国怡和洋行以"同和"和"和昌"二轮加入到宜汉、宜沪航线，从此外来洋行所设立的航运公司逐步占据了宜昌对外轮运交通的主要地位。随着渝宜航线的开通，外国商轮亦从 1917 年开始介入川宜之间的轮运。清末民初，宜昌已经形成 10 家较大的航运公司，除招商局为中国航业外，其他均为外国航商。虽然其殖民特性明显，但宜昌的对外交通开始进入到轮船时代，并形成了以宜渝线和宜汉线为主体的航线，依托长江的交通开始走向一个新的阶段。

（2）对外交通设施

开埠前后，宜昌的港口设施仍然较为原始，主要依靠原有木船码头。而进入到 1890 年以后，以近代轮运为主导功能的码头开始迅速出现，其建设材料也有所进步，以砖铺石砌为主体，形成了较为完备的近代码头体系。

这一时期，码头的兴建主要集中在较早进入宜昌的洋行手中，并形成了较为现代的码头形式，且规模相比原来的木船码头，规模更大。据《宜昌港史》记载，主要新建的码头有 4 座。1898 年，英国太古公司在宜昌建"太古"码头，宣统三年（公元 1911 年），英国怡和洋行在滨江路江边一马路上，开辟码头，采用贴岸形式，用水泥和石块砌成石级下通河滩，石岸长 63m，宽 6~12m。英国亚细亚公司，在陈家台（今万寿桥）江边修建专用码头，全部用石块水泥砌成，码头全场 247m。美国美孚煤油公司也在 1918 年在复兴路江边修建油轮码头，此码头质量较好，为石砌坡岸结构，有两处石级通往河滩，整个码头长 176m、宽 6.2m。这些近代码头和传统码头一起构成了这一时期宜昌对外水路交通的主要形式。

2）城市内部交通体系

城市的内部交通在新区和旧区出现分化。旧城区的道路在此期间基本并无变化，城内外交通主要依靠城门，其中南门最为繁忙。

商埠区的道路网由于以西方城市规划思想的影响下的《拟修宜昌商埠缩图原理》为依据，因而具有近代城市道路的特征。该规划以路网划分地块为主要特点，强调了路网的形态特征，分级明确、网格状布局。而在实际建设中，从 20 世纪 20 年代和 30 年代的宜昌地图来分析，也基本沿袭了这种建设方式，规划特征明显。

（1）其道路有一定的分级，道路路网设置主次较为分明，其中通惠路和一马路、二马路等道路为城市干道，其路面宽度相对较高，宽约 17m，道路较为平直。其他如光前街、富裕街、培心里、强华里等街巷，街巷宽 4~6m，道路等级相对较低。

（2）大致形成纵横交错的网格状道路体系，在横向上以滨江路、通惠路（延伸至环城东路）为主要横向道路，云集路、中山路、一马路、二马路、三马路（陶朱路）为主要纵向道路的网格状的道路体系，呈非规则的方格网。

由于资金的限制，其道路路面的建设较为简陋。通惠路和一马路、二马路等道路为砖渣泥结路面。中山路、怀远路、隆中路、福绥路、云集路等道路，均为泥结路面。小街巷均为条石、碎石、煤渣、素土路面。街道土质松散，同时没有修建水沟等排水设施，"天雨则泥，晴则分尘蔽空，为其缺点尔"（於曙峦《东方杂志》第二十三卷第六号）。

5.3.3　城市功能要素营造

1. 城市功能要素的构成

这一时期，由于处于晚清和民国的过渡期，其城市内部功能要素较前有了很大的变化，据《宜昌市志》《宜昌工商行政管理志》和《宜昌县志初稿》中的资料，以包括行政、金融、商业、医院、新式学堂、新闻出版、工业企业等在内的多个方面，均有新的发展。这其中既有依托原有城市功能而发展的，也有由于经济的发展和外在条件的变化而形成的一些新的城市功能。

城市管理及行政方面，其城市的管理由原来清代的城市管理体制逐步过渡，出现了近代城市管理机构。1906 年湖北省官钱局宜昌分局成立，推行铜圆，兑换官票；1909 年，宜昌设立巡警专局，此为本地近代警察之始。1914 年开设商埠局，并成为宜昌城市管理的主要机构，其他各种机构也在民国时期逐步建立。

商业金融方面，晚清时期宜昌的钱庄业务盛行，1893 年宜昌荣茂祥钱庄开业，同年，宜昌钱庄发展到 50 家，银钱摊子百余家。到 1906 年，宜昌开始有银行机构，此后，城市金融逐步由小规模的民间组织逐步过渡形成近代的金融体系。同时，这一时期除了本地商业的发展外，外来洋行开始大规模进入宜昌。1893 年，英商太古来宜昌建"太古"码头，随后，美日德等国家的 30 家洋行、公司纷纷来宜昌建立据点，逐步确立了在宜昌商业贸易中的主导地位。

此外，近代的一些功能形式也在这一时期开始起步，虽然规模不大，但为以后的发展打下了基础：近代医院等医疗机构出现，并于 1918 年在北门外正街成立中国红十字会；新闻出版出现，1906 年，宜昌政学报馆主编的《宜昌政学报（月刊）》创刊，此为宜昌最早的报纸；工业企业开始发展，1905 年，在宜昌创办"宜人组织机厂"；运输业进入到轮运时代，1892 年，英商在宜昌设立有限专运宜昌分公司；1908 年，创川江华轮企业之始的川江轮船公司成立。近代城市功能形态的形成成为这一时期最为重要的特征。

在新的城市功能不断产生、丰富的同时，城市内部一些不适应社会发展的旧有功能逐渐被替代，相应地形成了新旧功能置换的现象，被撤裁的城市功能主要有一些旧有军事设施、祠祀庙宇以及一些裁撤的衙署等，并逐步出现了神祀空间被世俗化的城市功能取代，衙署被民用功能取代的趋势和特征。

城市的功能要素逐步走向多元化，由于宜昌城市规模小，商埠区开发形成新区以后城市形制分散，这些新的功能要素主要以点的形式分散在城市中，其发展仍然处于一种缓慢积累的、维新式的演变过程中。而对城市空间形态比较有重大影响的，主要集中在洋行和西方宗教的大规模涌入以及近代教育和近代工业的出现等几个方面。

2. 近代教育用地开始发展

这一时期，宜昌开始出现近代教育的新趋势，发展十分迅速。开埠之初，随着外来宗教的进入，已经出现了一些识字班，到光绪末年，宜昌的教育开始出现新式的学堂，并在民国初逐步形成官办、私办、会馆学校和教会学校多方位的教育体系，成为城市空间中一个重要的组成部分。

清末是宜昌学校发展的一个重要时期。宜昌城官办新式学堂始于光绪二十九年（公元 1903 年），当时宜昌府及东湖县奉命就学宫、书院及祠堂开办学校。同年，知县熊宾"奉省令筹建东湖县小学堂，是为县有官立学校之始"①。光绪二十九年（公元1903年），邑官绅商议设立中学，后奉省令于光绪三十一年（公元1905年）改设宜昌府初级师范学堂，是为县办中等教育之始。自光绪三十二年（公元1906年），邑绅黄联元等人设立宜人公立高等小学堂，清拨贡王步点创办九子学校；杨崇德创办崇实女校。据《宜昌市志》记载，至光绪三十三年（公元1907年），宜昌城内已经形成官立宜昌阖府公共学堂、高等小学堂各1所，县立高等小学堂2所，在堂学生238人，初等小学堂8所，学生306人。

宣统二年（公元1910年），宜昌府将原墨池书院改建为中学堂，是为宜昌建立官立新式中学之始。同时在中小学内分别附设中学、初等商业学堂。至宣统三年（公元1911年），城内有高等小学堂3所，初等小学堂9所，蒙学堂4所，国民学校1所，教习（教员）60人。

1912年中华民国成立后，学堂改称学校。民国2年（公元1913年），宜昌各类学校根据要求纷纷改名。民国3年（公元1914年），湖北省立第三师范学校创办。

这一时期，会馆学校也纷纷开始设立。始于民国元年（公元1912年）的会馆学校，旨在保其会产和通过办学减轻其房地产税，同时也方便了同乡会的子女上学读书。此外，教会办学也得到一定发展。

3. 十三帮及会馆建筑

早在清同治年间，宜昌商人就有本地人和客民两种。随着川盐贸易的繁荣，部分来往商人逐渐形成"川帮、建帮、徽帮、江西帮以及黄州、武昌各帮"②等帮会。随着宜昌辟为通商口岸，吸引了外地商人来宜经商。到19世纪90年代，宜昌已经形成7个会馆，即为四川、江西、湖南和福建四省，以及湖北的黄州、汉阳、武昌三府的会馆。到20世纪初逐步形成了宜昌商界的"十三帮"，即四川帮、江西帮、浙江帮、湖南帮、太平帮（安徽帮）、汉阳帮、武帮（咸宁帮）、山陕帮（山西与陕西）、施南帮、黄孝帮、扬州帮、广州帮、宜昌本帮，以会馆为依托进行商业活动。

"十三帮"在清末民初为迅速发展，到民国时期已经在宜昌占据了重要的位置。据统计，民国时期各帮会拥有房屋137栋，土地999亩（其中房屋占地340亩）③。帮会建筑的大量出现，带来了城市空间的多元特征，成为城市中一道亮丽的风景（表5-2）。如四川帮的会馆"川主宫"，约在清朝中期兴建。其地处长江之滨，在建造方式上也极为考究。建筑基地宽敞，除几个主体神殿外，还有兰宫、桂殿，并建设有万年台（大戏台）和内戏台，以及花园和花厅。此外，其木雕梁栋、石刻栏杆、牌楼门扇等工艺精湛，具有四川独特的艺术风格。

这些帮会不仅在宜昌修建会馆，还大量开设商店、酒楼等，开展商业活动。在宜昌的城市空间中独树一帜。不仅如此，在民国初年，教育部颁布学校令，允许、提倡并鼓励私人或团体办学，宜昌的帮会用会产办学也逐渐兴起。

① 林智伯等纂修. 宜昌县志初稿（民国25年版）[Z]. 宜昌市县地方志编纂委员会等整理重刊, 1986.
② 聂光銮修. 宜昌府志（校注版）[M]. 武汉：湖北人民出版社, 2017.
③ 贺新民. 宜昌市房地志（1840—1990）[Z]. 1992.

民国时期主要会馆一览表　　　　　　表5-2

名称	会馆名称	地点
四川帮	川主宫	今西坝
湖南帮	禹王宫	今自立路
安徽帮	太平会馆	今西陵一路
广东帮	广东会馆	今解放路
江西帮	江西会馆	今西陵一路
浙江帮会	浙江会馆	今浙江路
福建帮	天后宫	今天后宫巷
汉阳帮	晴川书院	今西陵一路
咸宁帮	鄂城书院	今新街中段
山陕帮	北五省会馆	今培心路
本地帮	无会馆	

来源：贺新民. 宜昌市房地志（1840—1990）[Z], 1992.

4. 工业用地形态出现

清朝后期，宜昌的工业非常薄弱，几乎没有工业基础。清末民初，近代工业开始在宜昌兴起，城区先后有一批小型的仿制、电力、机器翻砂、造纸、制皂、食品、印刷等私营工业和手工工场开业。据《宜昌市志》记载，1877年，宜昌海关建立修船厂，光绪三十一年（公元1905年），留日学生数人回国携带日本蒸汽机1台，普通铁机2台，铁木结构自动穿梭机数台，并聘日本技师3人，在宜昌创办"宜人组织机厂"。从此，宜昌的民族工业开始逐步发展。清光绪三十三年（公元1907年），铁匠李开荣在宜昌大公桥开设正顺机器翻砂厂，仿制铁木混合的"东洋矮脚机"，成为近代宜昌最早的一家机器翻砂工业企业。宣统二年（公元1910年），农具翻砂厂在宜昌复兴路开业，铸造犁铧、锄头等农具。

此后，随着外来技术的传入，宜昌逐渐出现更多的近代工业类型，民族工业开始起步。1913年，创立光明电灯公司，1914年"龙盛昌机器厂"生产织布机、压面机和轧花机，1915年"同义昌机器修理厂"开始从事轮船修理业务，继而电力、造纸、食品、日用化工等行业逐步得到发展。

虽然宜昌的民族工业有所发展，但工业数量有限，规模不大，尚不足以影响宜昌以港口贸易为主的城市职能。由于工业并不发达，少量工厂在商埠区以南地带，这里以前未被开发利用，随着工厂的设立，周边逐渐形成工厂、商铺和棚屋住宅等相互混杂的区域。

5. 洋行大规模进入宜昌

虽然宜昌开埠较早，但其对外出口商品相当部分来自四川和其他省份，本地并不是商品生产基地，本身的商业和工业基础并不发达。同时，通过宜昌的货物，除少量在宜昌扩散到周边地区外，大部分的去向是上游的四川和下游的武汉、上海。因此宜昌开埠初期，虽然已经有一些外来势力进入，但规模较小，且无大的建设活动。

到了1891年重庆开埠才真正确立宜昌转运港口的重要地位，对宜昌的城市经济发展产生重要作用。重庆开埠，四川的物资开始大量下运，在这一过程中，宜昌作为重要的中转站，其地位开始逐渐显示其重要性。到 1900 前后，以洋行为代表的外国资本主义经济体开始大规模进入。为更好地控制宜昌的港口和商贸，使其成为控制西南地区经济的桥头堡，西方国家开始在这一时期沿江修建各类设施和建筑。

英国、德国、日本分别在这一时期进行了领事馆的建设（表 5-3）。英国的领事馆在光绪十六年（公元 1890 年）毁于大火后，于原址重建，新馆占地 300m²，于光绪十八年（1892 年）落成。德国于光绪二十八年（公元 1902 年）在宜昌设领事馆，于桃花岭兴建馆舍。后因德国在"一战"中战败而在 1917 年撤离。日本于 1914 年在桃花岭设置领事馆，后于 1937 年撤离。

宜昌外国领事馆建设一览表　　　　　　　　　　　　　　表5-3

国别	时间	面积	地点	备注
英国	1892	砖木结构西式楼房和平房 3 栋，面积 587m²，占地 7929.73m²	怀远路 41 号和 16 号	合计有房屋 9 栋，面积 5386.29m²，占地 26835.81m²
	1900	砖木结构楼房 1 栋，面积 466.52m²，占地 256.59m²	力行一街	
	1919	砖木结构西式楼房 3 栋，面积 2477.6m²，占地 1363.22m²	桃花岭	
	1934	购原德国孔尼的砖木结构平房 2 栋作为英国宾馆，面积 465.17m²，占地 16650m²，在空地修建有球场	通惠路	
日本	1914	德国修建混合和砖木结构楼房 3 栋，平房 1 栋，面积 1353.8m²，占地 744.59m²。后被日本占领	桃花岭	合计房屋 7 栋，面积 2015.56m²，占地 1230.20m²
	1927	砖木结构西式平房 2 栋，为领事馆海军俱乐部，面积 321.16m²，占地 298.28m²	桃花岭	
	—	砖木结构西式楼房 1 栋，面积 340.6m²，占地 187.33m²，为三游俱乐部	燎原巷	

来源：贺新民. 宜昌市房地志（1840—1990）[Z]. 1992.

而外来洋行在这一时期大量涌入宜昌（表 5-4）。以太古、怡和为代表的英国航运势力最早进入宜昌，首先来宜昌的是英商太古轮船公司；宣统三年（公元 1911 年），英国怡和洋行开始进入宜昌；英国隆茂商行，其在宜昌的势力虽然不如太古、怡和，但该洋行也是最早进入宜昌的一家，光绪二十四年（公元 1898 年），该洋行在宜昌经营航运业务；英国亚细亚公司，1912 年进入宜昌。继英国以后，美国美孚煤油公司也于 1913 年进入宜昌；1918 年美商德士古石油公司在宜昌设立机构，推销石油产品。

洋行的进入，主要集中在江边，依托港口从事航运和转口业务。基于此，其用地选择一般位于沿江地段，修建码头，建立堆栈、仓库、油库等港口设施，其用地规模也较大。

6. 西方宗教建筑的发展

从 1890 年以后，西方宗教进入宜昌开始达到一个高潮，以基督教和天主教为主体的教会在宜昌开教堂，兴建医院、学校。虽然其本质上是为了扩大其宗教的影响力，但从客观上也促进了宜昌近代教育、医疗事业的发展（表 5-5）。

1889—1919年宜昌主要洋行建设活动一览表 　　　　　　　　表5-4

国别	公司名称	建设活动	公司业务
英国	太古公司	1898年来宜昌，到1919年，共修建公事房（办公楼）及住宅5栋，占地2600m²，另有花园。堆栈5栋	轮船航运、仓储业务
	怡和公司	1911年在桃花岭修建3栋办公楼，400m²。滨江路修建3栋大仓库，1830m²。1916—1919年在怀远路修建办公楼3栋，864m²	轮船航运、堆栈货物、水火保险公司、报关行
	亚细亚煤油公司	1912年在万寿桥修建大油池，宝塔河修建办公楼5栋，共占地2400m²，另有空坝。修建有游船码头	煤油、洋烛
	英美烟公司	1917年在福横路修建办公楼和烟栈2栋，面积499m²	香烟
	隆贸公司	1898年来宜，在滨江路修建公事房2栋，面积489m²	
美国	美孚煤油公司	1913年在三北巷修建办公楼2栋，面积824m²。在万寿桥附近修建大储油池，开辟美孚石油码头。1918年在复兴路修建办公楼3栋，面积300多平方米	煤油、油灯
日本	日清公司	1917年桃花岭修建办公楼3栋，面积552m²，修建大阪轮船码头	航运、仓储、保险

来源：根据《湖北文史资料》："旧中国宜昌洋行的片断情况"一文整理。

1889—1919年天主教及基督教教堂建设活动一览表 　　　　　　　表5-5

性质	年代	主要建设活动
天主教	1892	重建乐善堂及滨江路住宅，城江南十里红修建天主堂
	1898	在下铁路坝天官桥修建妥德堂
长老会（英国苏格兰差会）	1896	成立了宣教委员会
	1915	女公会在仁济堂巷建设"灵友堂"
圣公会（美国差会）	1889	进入宜昌，购乐善堂及桃花岭一带土地
	1895	购南正上街民房一栋，改建为"圣雅各堂"
	1900	在二马路设立"圣灵堂"
	1907—1920	圣公会先后四次购地70.53亩
行道会（瑞典差会）	1895	在青龙巷购园田4.5亩，修建礼拜堂及男女客堂、两人住宅并办务本小学

来源：根据《宜昌市志》《宜昌县志初稿》等文献整理。

　　光绪十七年（公元1891年），宜昌城区发生"宜昌教案"，乐善堂的天主教、滨江路的圣心教堂被当地群众烧毁。次年，天主教利用教案赔款，重建乐善堂及滨江路住宅，并在城江南十里红修建天主堂，又于光绪二十四年（公元1898年）在下铁路坝天官桥修建妥德堂及医院。

　　基督教也得到极大发展。长老会（英国苏格兰差会）在光绪十年（公元1884年）以后，外籍传教士、医生和教师陆续来宜，到光绪二十二年（公元1896年）再次出现大批男女传教士和医生抵达宜昌。圣公会（美国差会）也在光绪十五年（公元1889）年进入宜昌。行道会（瑞典差会）在光绪十六年（公元1890年）开始进入宜昌，并进行了一系列的建设活动。

　　天主教和基督教以修建教堂为这一时期的主要工作内容，同时大力发展教区事业，修
建了以学校、医院为主要功能的建筑形态（表5-6）。

1889—1919年天主教及基督教教会事业建设活动一览表　　　　　表5-6

性质	名称	年代	描述	所属
学校	宜昌文都修院	1903	原二马路文都小修院迁往天官桥新院舍，分中小学两级	天主教
	育德小学	1904	原识字班发展为7个班	苏格兰长老会
	华英中学	1885	在桃花岭南湖岗购地建立中学，称为"安德烈学校"，后改名"华英中学"	苏格兰长老会
	哀欧拿女子学校	1897	在东门半头街（得胜街）开办一所女子学校（属女公会）	苏格兰长老会
		1901	女公会学校正式开办，不久迁往南湖边新校舍，逐步扩大到小学7个班	
		1912	增设了旧制中学4个班，此后在学校周边捐募大片空地，扩充小学部，小学命名为"志澄书院"（哀欧拿女子中学附属小学前身）	
		1915	小学内增设幼稚园	
	美华中学	1900	二马路开办圣灵女校和美华书院	美国差会
		1909	迁往康庄路，附设师范和慈幼小学	
		1918	购桃花岭土地建新校舍，书院迁入，更名为美华中学	
医院	大法国医院	1901	法国人在下铁路坝开办	天主教
	冉医师医院	1890	冉克明医生于璞宝街教会开办小型医院	苏格兰长老会
	普济医院	1900	施士先和安吉祥在滨江路购地扩充创建，原名冉医生纪念医院	苏格兰长老会
	仁济医院	1915	穆秉谦（女）在仁济巷开办，收容女病人	苏格兰长老会
孤儿院	宜昌圣母堂孤儿院	1889	院址设滨江路圣心堂内	天主教
		1901	迁往天官桥新建圣母堂	天主教
印刷	天主堂印书馆	1917	于河西石榴红天主堂内开办	天主教

来源：根据《宜昌市志》《宜昌县志初稿》整理。

第 6 章　1919—1949 年宜昌城市空间营造

6.1　1919—1937 年城市空间营造

6.1.1　宜昌兵变的空间破坏

宜昌商埠区的建设在 1914—1920 年间极为繁荣。但民国 9、10 年间（1920—1921 年）宜昌两次发生兵变，此后 1921 年 7 月又逢大水，1921 年 9 月在宜昌再次爆发川军援鄂之战役。全城商户遭抢劫，致使商业一蹶不振；城市建筑遭到大规模损坏；商埠区的建设骤然减速，对宜昌的城市空间造成了较大的破坏。

1. 1920 年第一次兵变与城市空间破坏

1920 年前后，湖北督军王占元以筹措军费为名，将大额款项据为己有，克扣军饷，官兵矛盾日益激化。1920 年 11 月 29 日夜，驻宜昌王汝勤第八师一部因欠饷发生兵变。变兵们从军营出发，洗劫了二架街坊、鼓楼街、大南门正街、外街、通惠路、二马路等繁华的商业街道，对银行、商号、店铺大肆抢劫。变兵在宜昌城内外大抢大烧，全城被洗劫一空。

此次兵变，城市经济遭到重大破坏。"全埠中国商家无一幸免，民房火者千余家，皆无丝毫余存，绸缎、棉纱、广货、银楼、当铺、海味及大小各商，因劫一空，无力开张者，达四五千家之多。以每家能养活十余人计算之，则宜昌将有六七万人不能生活。即能勉强开市，而损失太巨，亦难持久"。不仅中国商家损失严重，外商也未幸免。"外商英、日、美、法、意、奥、俄七国，皆受重大损失，闻其总数大约在四千万以上，虽不免借此机会以少报多者，然亦必不在千万以下也"（《民国日报》，1920 年 12 月 16 日），"约计此次全城损失之数，计达二千余万"（《民国日报》，1920 年 12 月 11 日）。

此次兵变，不仅民间受到重大损失，吸纳现金较多的征收局、邮政局、中国银行、交通银行等官方机构也无一幸免而被席卷一空。在县署抢走银圆 3000 元，钱一万余串，烟土 4 万余两；在征收局抢走钱 2900 余万串；在邮政局抢走钱 500 余元；抢劫中国银行钱万串；抢劫交通银行银圆 1.38 余万元，钱 3.37 余万串，债票 1630 元，国库券 10.2 万元[①]。

城市空间也破坏严重，大量街道被焚烧一空。据《民国日报》报道：街道"被火焚一空，如二架牌坊自大十字街烧起，至礼泰药房止，二面房屋，焚去二百余家；鼓楼街，焚去天宝银楼等；北门焚去当铺并商店数家；白衣庵街焚去萧鼎新布号等数十户；东岳庙街焚去五十余家；南门外正街，焚去凤祥银楼等数家；一马路焚去慎泰食品店、成章洋货匹头店、利昌罐头店、新凤祥银楼、（日商）武林洋行、大阪堆栈、（德商）马金洋行等。其损失一空者，则城内城外绸缎店、京货店等，皆如水洗无二。其他店铺货物被抢者，十分之六"。

---

① 张忠民主编. 宜昌历史述要 [M]. 武汉：湖北人民出版社，2005.

另据官方统计，此次兵变所受损失，宜昌地方财产 625.3 万串。外商受灾的有 40 家，其中日本 19 家，美国 8 家，英国 7 家，俄国和意大利各 2 家，法国和希腊各 1 家。总计损失 2000 万元。

不仅如此，兵变后，宜昌驻军不顾灾民陷于绝境的苦情，竟又向商会索要 10 万余元，商会无奈，向中国银行借款 7 万，以避免再生祸端。而政府的赈灾款亦迟迟不予发放，宜昌商埠局再次被省当局责成垫付 10 万元用于赈灾，并要求商家"需归还有期"，而"商家因被抢劫一空，归还无着，畏惧此语，不敢领款"（《民国日报》，1921 年 2 月 3 日），城市商业活动大大萎缩。

2. 1921 年第二次兵变与城市空间破坏

1920 年 11 月发生兵变后，宜昌尚未恢复，1921 年又发生了更为严重的第二次兵变。1921 年 6 月 4 日深夜，驻扎宜昌的北洋军第十八师第二十一旅第十八团的士兵由于连日闹饷，军心浮躁，于晚 10 时在移防新堤之前，离船上岸，在宜昌城内大肆抢劫和破坏。

这次兵变全城繁华街区及经济命脉均遭抢劫焚烧。据报道："机关损失：该处征收局、烟酒局、印花税局均被抢空，商会被焚，该处商务会新建会址亦以被焚，中国银行同被毁"（《大众公报》，1921 年 6 月 9 日）。不仅如此，"宜昌商铺，不论大小，概被洗劫一空，大宗绅商被彼杀戮"（《大众公报》，1921 年 6 月 10 日），"宜昌商店大都被抢劫一空"，包括英国、日本在内的洋商，也均被抢劫。"日本领事署、日人商店，英人住宅，希腊及法国洋行，半被抢劫"（《晨报》，1921 年 6 月 8 日），甚至"美商大来洋行被掠之后，又复放火焚烧"（《大众公报》，1921 年 6 月 9 日）。

较之 1920 年兵变，此次损失更为严重，由于兵变后火灾严重，城市空间焚毁无数。"市中大部分皆受火"（《大众公报》，1921 年 6 月 10 日），"中国街市被掠及焚毁者，较前次尚扩大"（《大众公报》，1921 年 6 月 9 日）。据统计，变兵在城内四处抢掠烧杀，商店、银行、货栈、居民住室等被焚 1000 余家，被害 3000 余人，其中死 1000 余人，财产损失超千万元，成为全省各地兵变灾祸之最。

兵变之后，1921 年 7 月，长江中游大雨兼旬，宜昌水位达 55.45m，宜昌江段水位高过地面 1.292m，两岸溃决 10 余处。1921 年 7 月 13 日，南湖堤溃，奎星楼下至天官桥被淹。城市空间再次遭到破坏。此后，1921 年 7 月湘鄂战争爆发，鄂西军和"援鄂军"攻宜昌城，在宜昌城区、东山沿原汉川铁路线展开攻防，宜昌再次遭受打击。一系列的变故使得"市政建设遂告中辍"（《鄂西政治月刊》，1936 年 5 月），自 1914 年起的商埠区建设高潮被强行中断，宜昌城市建设陷于停顿。

6.1.2 鸦片贸易下的黄金时代

1. 鸦片贸易的繁荣

两次兵变对宜昌造成巨大破坏，但由于宜昌转口港的性质，其转口业务恢复也较为迅速。据宜昌税关委员鲍林在 1921 年的《宜昌海关统计报告》中所述："宜昌中国居民于种种不利情形之下，颇表现其奇异之恢复的能力"。其原因在于宜昌的商贸并不主要依靠其城市本地的消费，而是依托武汉和四川之间的转运贸易。同时，由于私贩烟土的盛行，宜昌的经济在兵变后不久的 1922 年就得到了一定的恢复。

到 1924—1930 年，国内军阀混战，鸦片市场恶性发展，民族资本迅速发展，农产品急剧商品化，宜昌城市再次进入到发展的繁荣时期。其中，鸦片公卖政策的实施再次对宜昌经济的发展产生了重要影响。

宜昌的鸦片贸易虽然在辛亥革命后迫于压力而一度被禁止，但到民国时期，军阀、买办为掠夺巨额的烟土税收，一度准许公开买卖鸦片，在宜昌开禁而公开买卖。公开销售的烟土，绝大部分是由轮船从四川运来的。轮船到宜昌后先停泊在西坝，成箱装运。宜昌再次成为云贵川鸦片行销内地的主要通道，鸦片贸易有增无减。同时，各省烟商云集于此，使宜昌再次成为全国最大的贩烟中心之一，有"吗啡城"之称。

2. 城市畸形发展

鸦片开禁使得各省烟商云集宜地，年销售额达十万箱以上，每年收到烟土税约 1000 多万银圆，随着烟土价格上涨，税率也不断提高，最多年份征税达 3000 多万银圆①，标志着开埠后的宜昌鸦片贸易达到了巅峰。萧铮主编的《民国二十年代中国大陆土地问题资料》卷 80《宜昌沙市之地价研究》中指出："宜昌、沙市、两河口，为鄂西三大烟土市场，而宜昌总其集散，为烟土市场之市场"，"宜昌之盛衰，系于烟土，与其谓为通商口岸，毋宁为烟土码头之适当也"。

规模巨大的鸦片贸易，带来了宜昌城市发展的畸形繁荣。一方面，由于宜昌鸦片数量多，以烟馆为主体的商业空间成为城市的一大特色。城中除土税号兼售鸦片外，各类烟馆多达数百家。其中著名的大烟馆有东诚信、西诚信、南诚信、北诚信和鼎诚等。烟馆所带来的第三产业的发展逐步走向低级和奢靡。城中青楼堂班、公娼私妓横行，并在富裕街一带（称为"老三条街"）、力行一、二、三街一带（称为"新三条街"）形成色情服务的中心，陶珠路、浙江路、北门外正街口也成为酒楼、妓院的集中地。宜昌成为仅次于武汉的消费型城市。

另一方面，规模巨大的鸦片贸易带来了大量的流动人口，也相应改变了宜昌的人口结构和经济规模。各地买卖烟土的商人云集宜昌，人口数量有记载称"斯时各地到此经商谋业甚多，城市人口在二十万为谱"。人口的增加和购买力的提高，也带动了百货、客栈、酒馆、金店等行业的空前兴盛。其他行业如匹头、水果业务也很兴旺，"外来之各项用品，亦能多样消费"。金店交易额，有时一日就达数百两。甚至到了 20 世纪 30 年代，仍然有"民国十四五年以鸦片为贸易中心时代之繁荣，迄今仍深印于商民之脑海中"的描述。这种虚假病态的繁荣景象，曾被称为是宜昌的"黄金时代"。

6.1.3　城墙的拆除与城市建设

1926 年北伐战争后，时局稳定。随着经济的恢复，尤其是烟税所带来的城市财政情况的好转，城市建设再次成为城市发展的重要内容。民国 16 年（公元 1927 年）南京国民政

---

① 贾孔会. 宜昌城市近代化发展之进程——宜昌城市发展的历史考察之二 [J]. 三峡大学学报（人文社科学版），1997（4）：91-94.

府成立后，宜昌商埠城市建设进入了较为完善的时期。民国17年（公元1928年）4月宜昌建设委员会成立后，随即着手组织编制了宜昌城市概貌及铁路规划图。这是宜昌第二个有图可查的城市规划。该规划在反映当时城市概貌的同时，在古城东面和南面规划了若干道路，规划范围北至今西陵二路，南至大公桥，东至今夷陵路。其中铁路是这个规划的主要内容，包括铁路走线、火车站位置以及用地范围等。

1927年在汉口拆城墙修大道的影响下，时任宜昌县（今宜昌城区）县长江楚清在《整顿县政意见商榷书》上做出了"旧有城墙，阻碍交通，亟应克日拆毁"的决策。民国19年（公元1930年）12月，以烟税收入开始进行大规模建设。拆除古城城墙、挖基石、填埋护城河，在其基础上修建了环城东路、环城北路、环城西路和环城南路等四条环绕古城的道路，路面宽7~12m，为泥结路面。经过几年的努力，进一步拓宽了城市骨架：次年修通大公路（一马路至天官桥

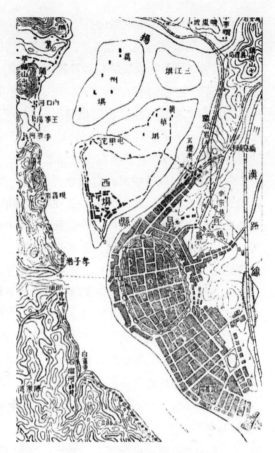

图6-1 1931年宜昌城区地图

溪口），建成大公桥，并填南湖修建了康庄路。此外，还修建了隆中路、新河街（后改名复兴路，为今沿江大道大公桥至港务局一段），并向东延伸至下铁路坝（今胜利一路、市中心医院一带），城市格局日趋完善（图6-1）。

至20世纪30年代抗日战争前，宜昌已成为在湖北仅次于武汉的第二大城市，形成了"南北约5km，东西约0.5km，大小街道260多条的埠区，人口保持在10万以上"的城市空间。宜昌的外部城市形态逐步趋于完整，内部空间建设形成较为完善的城市体系。

6.1.4 城市转运职能的衰落

近代宜昌城市经济格局的主体是转口贸易，水运条件和转运贸易是宜昌社会经济的主要成分，是支撑宜昌城市发展的杠杆。这种单一的经济成分和结构使宜昌城市经济处于极端脆弱和不稳定状态。宜昌港埠可凭借转口贸易的发展盛极一时，也可因转运条件的丧失而一落千丈。民国18年（公元1929年）以后宜昌港转运贸易每况愈下，宜昌城市经济日趋萧条。

民国年间，川鄂盐商因营业折本停歇者逐年增多。到20世纪30年代初，川盐运宜的费用激增，超过了一般运销商所能承受的程度。营运川盐的商家急剧减少，而宜昌盐税收入到1936年相比1931年减少了约50%。川盐向为转运大宗，川盐运销数量的急剧减少，

对宜昌转运贸易是一个沉重的打击[1]。

同时，随着航运技术的进步，轮船逐步取代帆船。随着外资轮运势力入侵和川江航运条件的改善，宜昌至重庆的航运业跨进了轮船运输时代。《战时宜昌集中农产品近况调查》（国民经济研究所，1938年）指出："民生公司添加大轮船，重庆与沪汉之间可直接来往，川滇黔出口之商品，不复由宜出口"。这样"木船旧业，一坠而不可复"（《海关中外贸易统计年鉴》，1934年），由宜昌充当川鄂间"过载码头"转运枢纽的地理优势也日渐衰弱，转口运输量骤然减少，贸易收入也随之锐减。

由于军阀间战事频繁，宜昌也受到较为严重影响。20世纪30年代初，蒋、桂、冯、阎四大军阀大混战，长江航运为之梗阻，其后国民党军队"围剿"湘鄂西苏区，宜昌及上下各埠华轮多被扣用，川江航业受到极大影响。鉴于此况，经营申渝、汉渝航线的轮船公司，为躲避沿途兵差及苛税，逐渐改为包装直运，直接报关出口，使在宜昌换装转载的货物日见减少，宜昌过载码头的地位"日形衰落，而埠内市况，亦渐萧条"[2]。从1931年起，进出口总值连年递减，转运贸易额呈明显的下降趋势。

尤为重要的是，鸦片贸易的没落使得宜昌的财政收入大为减少。民国16年（公元1927年）南京国民政府成立后提出禁烟，实行"寓禁于征"的政策，撤销税号，对烟土征收重税。由此各轮船公司及外埠的大商号，纷纷抽走资本，转运贸易从此一蹶不振。

宜昌转口贸易的衰落造成宜昌商业失所凭依。《战时宜昌集中农产品近况调查》指出："凡自经济事业，莫不牵连失败，市面一落千丈，各地到此经商谋生者，亦多转往他方"。民国20年后，"全市人口渐少几半，只余十一万之谱"。再加上其后的若干变故：对日抗战后，宜昌的土产外销急剧减少，居民的购买力削弱；政府的金融紧缩政策；战争对人们的心理影响等因素，宜昌的商业开始逐步没落。抗战爆发前，宜昌市全年贸易总额由20世纪初居长江十二大商埠的第四位，跌落至最末一位。昔日的"黄金时代"，如水逝去。

6.2 1937—1949年城市空间营造

6.2.1 "宜昌大撤退"对城市空间的影响

抗日战争爆发后，日本在出兵华北之后，即封锁沿海，侵占华南、华北，直入长江。1937年上海失守，国民党中央政府被迫迁都重庆，山城重庆成为当时中国的政治、经济、文化、外交中心。各类民族实业也随之西迁入川，"川鄂咽喉"的宜昌成为西迁人员和物资的重要中转基地，战略地位日渐凸显。据不完全统计，从1937年11月至1940年6月，光民生公司一家运送部队、伤兵、难民等各类人员总计150余万人，物资100余万吨，其中包括大量军事物资和器材[3]。宜昌成为中国军队的后勤交通枢纽和陪都重庆乃至西南大后方的门户。

① 徐凯希. 近代宜昌转运贸易的兴衰[J]. 江汉论坛，1986（1）：67-72.
② 林智伯等纂修. 宜昌县志初稿（民国25年版）[Z]. 宜昌市县地方志编纂委员会等整理重刊，1986.
③ 张忠民主编. 宜昌历史述要[M]. 武汉：湖北人民出版社，2005.

　　而发生在这一时期的"宜昌大撤退"对宜昌的城市功能也造成了较大影响。宜昌的以港口为基础的沿江一带由于外来人口的大量集中而成为城市较为繁华的地段。虽然战事临近，城市建设趋于停顿，但为了解决转运能力不足的需求，宜昌的港口在这一时期得到了一定发展。招商局于1938年8月在下铁路坝形成了宜昌第一个设备完善的码头[①]。负责转运的民生公司从1938年6月起在宜昌五龙增设码头，设立堆栈，建立仓库，在大公桥至九码头一带的岸边修滑坡，安置运输设备。

　　而到1940年，由于民国政府下令各机关、银行、运输公司均需退出宜昌，在宜昌大撤退中宜昌的部分城市设施也逐步转运到以重庆为中心的内地区域，对宜昌的城市发展形成较大影响。据《宜昌大撤退》和《宜昌港史》中的记载，宜昌电报局、宜昌航空站、宜昌主要的供电公司宜昌永耀电灯厂、宜昌华英中学、宜昌哀欧拿女子中学等机构纷纷内迁。同时，宜昌的航运设施在这一期间也遭到日军的破坏，宜昌的城市建设基础在宜昌沦陷前后已经受到严重削弱。

6.2.2　宜昌沦陷与空间破坏

1. 军事轰炸对宜昌城市空间的破坏

　　由于宜昌的战略地位，引起了日军的重视。他们把宜昌作为轰炸重庆的"中继基地"，用来切断重庆和武汉周围与中原及长江南北的交通，日本天皇裕仁下达了"确保宜昌"的旨意。其重要的战略地位导致日军对宜昌实施了疯狂的轰炸（表6-1）。

1938—1940年日军轰炸城市空间破坏一览表　　　　　　　　表6-1

时间		描述
1938年	1月24日	轰炸铁路坝机场
	6月21日	大公路、力行四街一带房屋几乎全烧
	6月24日	五龙码头轮船被轰击
	8月24日	桃花岭一带被轰炸，炸毁民房7栋
	11月17日	轰炸五龙桥、民生堆栈、下铁路坝、招商局栈房
	11月18日	九码头附近的法国天主教堂中弹
	11月20日	港口附近大火
	12月	学院街小学等处遭袭击
1939年	1月7日	投弹10余枚
	1月18日	轰炸宜昌，县政府迁至郊区
	2月21日	大东门正街、县府路大批房屋及万寿宫、晴川书院被毁
	3月8—9日	大北门、东正街、璞宝街、二架牌坊、学院街、环城南路、通惠路、中山路等一带大片房屋被炸毁，毁房200余间
	4月28日	民权路、中山路、珍珠岭、宜汉汽车站一带遭炸
	9月21日	投下重型炸弹，东门、北门正街、新街等一带大片房屋炸毁
	11月9日	轰炸赵家棚，炸毁房屋10余栋

---

　　① 乔铎. 宜昌港史 [M]. 武汉：武汉出版社，1990.

时间		描述
1940年	4月15日	炸毁西坝黄陵庙一带，房屋毁损严重
	6月11日	日军出动上百架次日夜轰炸宜昌

来源：朱复胜. 宜昌大撤退图文志 [M]. 贵阳：贵州人民出版社，2005. 根据《宜昌大撤退》相关章节整理。

1938 年 1—6 月，即国民政府部分机关在武汉停留后西迁重庆至武汉会战前夕，为第一次轰炸高潮。《民国大事日志》记载民国 27 年（公元 1938 年）1 月 24 日："敌军二十四架初袭宜昌"，对此，1938 年 1 月 25 日的《大公报》做了报道："敌机十二架二十四日早十时二十分首次侵袭宜昌，江中落弹数枚，泊于江内船只仅受波动，其他无恙，敌机于郊外监狱附近投弹十余枚，死贫民四十余人，震倒房屋数栋。"《宜昌市文史资料》也记载这天上午 10 时，九架日机第一次飞临上空，直飞机场，投弹数十枚，炸毁国民党军队在铁路坝的飞机 6 架，炸死炸伤飞机场的民工 200 余人。尤其是 6 月 21 日，日机投下大批硫黄弹，除将大公桥和四道巷子完全烧毁外，还焚掉邻近江边几十条船，200 余人丧命。

1939 年 1 月—5 月，为第二次轰炸高潮。1939 年 2 月 21 日清晨，9 架日机轰炸宜昌，环城东路至新街，献福路至北正街一带民房全被炸毁。3 月 8 日、3 月 9 日 63 架日机轰炸宜昌。其中 3 月 8 日 36 架日机 4 次轮番轰炸，大北门、东正街、璞宝街、二架牌坊、学院街、环城南路、通惠路（现解放路）、中山路等一带大片房屋被炸毁死伤，死伤市民无数。这阶段日机轰炸宜昌达 13 次之多。

1940 年 6 月日军进攻宜昌，为第三次轰炸宜昌高潮。1940 年 6 月 9 日"投弹多枚，我建筑物及平民死伤颇巨"。1940 年 6 月 11 日日机轮番轰炸宜昌的二架牌坊（现新民街）、教军场（现得胜街）及郊区的杨岔路等 10 余处，街道及建筑物横遭摧毁。

据统计，抗战以来，日机空袭宜昌达 95 次，投弹 2301 枚，炸死居民 1863 人，炸伤 19637 人，炸毁房屋 2870 栋[①]。宜昌遭到空前的浩劫，城市空间破坏严重。

2. 宜昌沦陷下的空间破坏

1940 年 4 月 30 日发动了"宜昌作战"（亦称"枣宜会战"），到 1940 年 6 月初，数万日军抢渡襄河，敌军第十三师团、第三十九师团向宜昌猛攻。与此同时，日军飞机连续数日昼夜轰炸宜昌，致使宜昌沦陷达 5 年之久。

日军占领宜昌后，将城中仓库、商店和居民的财物抢劫一空。随后，便在宜昌城中焚烧房屋五天五夜。6 月 12 日焚烧怀远路、和光里，并延烧至园觉庵一带；13 日焚烧滨江路、招商局及二马路和通惠路部分地区；14 日焚烧环城东路、环城南路、大东门外正街、大北门正街及一马路江边一带；15 日焚烧福绥路、东门及东门外一带；16 日焚烧大东门及一马路上段[②]。"熊熊巨火，达三星期始息"。"仅这五天，日寇就烧毁大小房屋六七千栋"，"街道房屋除划为难民区的天官牌坊、南正街、白衣庵、二架牌坊等房屋尚保存较多外，环

---

① 政协宜昌市委员会文史资料研究委员会. 宜昌抗战纪实 [Z]，1995.
② 同上.

城西路、鼓楼街、璞宝街、南门外正街仅有少数房屋，而其余大街小巷房屋几乎全毁"[1]。

宜昌城市在日军占领前后所遭受的巨大破坏，《民国三十六年度武汉日报年鉴》记载："宜昌在战时城市被破坏十之八九，完整房屋尚不及十分之一，战前有二万一千九百八十九户，十五万零六于二百零八人，全市房屋为九千七百余栋，战后仅存一千四百余栋。光复之初，居民仅二千余人，未及两月，人口急增"。1946年5月，《湖北省临时参议会会议记录》称：宜昌从城市毁灭的程度讲，可谓"破坏之甚，为全国冠"。

3. 城市中心及职能的外迁

日军占领宜昌以后，将市区划分为军事区、难民区和日华区。军事区为通惠路、云集路、二马路和怀远路等地区。驻宜日军大本营设于原海关。在大南门一带至滨江区为日华区，即日人和华人可以在这一地区经商。难民多逃避于天主堂、怡和洋行和太古洋行等外籍人居住的地方。

由于日军实行严密的统治，沦陷后的宜昌，市区人口已经从战前的10余万人减少为1万~2万人。商业陷于停顿，全城只有二三十家小商店开门，主要经营日用百货，但货物来源困难。后由日军经理部运抵部分香烟、盐糖、肥皂、袜子、毛巾等日用品，批给零售商，商店资金都很少，千元以上的仅五家。棉布商店只有阮义记、李仁和两家。商业空间遭到极大破坏。

这一时期，宜昌的城市功能逐步转移到三斗坪和茅坪一带。三斗坪和茅坪濒临长江，为宜昌和秭归接壤之处，本身不过"渔村小镇耳"。宜昌沦陷前后，大量人口开始迁移，少数人到四川定居，由于日军并未进入三峡，大部分人迁到三斗坪、茅坪两地，在三斗坪搭盖临时房屋，开铺设点，经营商业。茅坪紧靠三斗坪，宜昌不少机关、商号也迁移至此，此后又修建了茅坪至白庙子的公路，还修建了三茅大木桥，从此三斗坪和茅坪连成一片，取代宜昌成为鄂西北、豫南、湖南、四川之间的转运枢纽和商业中心。

6.2.3 战后理想空间的破灭

1. 战后城市空间的缓慢恢复

1945年日本投降后，湖北省第六行政督察区专员公署和宜昌县政府迁回城区，难民纷纷归来，大多数逃往三斗坪和茅坪的人员，都逐渐回到宜昌，三斗坪和茅坪随之衰落。而宜昌人口骤增，1946年达到9.1万人，城市开始逐步恢复。

收复时的宜昌城到处是断垣残壁，遍地瓦砾，野草丛生，一片荒凉。回流的人员集中在残存的民主街、新民街，租屋复业，但屋少人多，又向通惠路、二马路，清理废墟，兴建房屋。虽经1945年下半年和1946年的初步恢复，但限于资金匮乏而多为临时修缮或搭建简陋棚屋，到中华人民共和国成立时止，宜昌的房屋尚达不到抗战前房屋的半数。且城市房屋破烂不堪，房地产交易、租赁活动混乱，绝大多数城市贫民居住在条件恶劣的简易棚屋中。据统计，1949年，城市居民住宅建筑面积48.97万 m^2，其中简易棚屋18.37万 m^2，

[1] 政协宜昌市委员会文史资料研究委员会. 宜昌市文史资料（第11辑）[Z]，1990.

占住宅建筑面积的38%[①]。城市面积纵然已达到战前状况甚或有所超过，唯面貌大不如从前。

2. 宜昌理想空间的破灭

战后的国民政府曾经试图将宜昌建设成为一个300万人的现代化国际都市，其缘由出自准备兴建"三峡大水闸"。美国水利专家萨凡奇提出《扬子江三峡计划初步报告》，建议修建能发电装机1000万kW、灌溉农田1000万亩、号称世界第一水利工程的三峡大水闸。"扬子江三峡计划为一杰作，关系中国前途至为重大，将鼓舞华中华西一带工业之长足进步，将有广泛之职业机会，将提高人民之生活标准，将使中国转弱为强。为中国，为全球计，建造扬子江三峡计划实为急要之图也"[②]。

抗战胜利后，为配合三峡水闸工程的建设，就必须有相应的城市为之服务，这样，宜昌设市就成为一个重要的议程。在此过程中，宜昌多次制定计划，逐步完善其城市规划，并制定出了简要的规划图。

根据1947年市工务局绘制的建设规划图，宜昌定位为一个现代化的国际大都市，并在此基础上进行了一定的功能分区。"重工业区定在伍家岗至古老背（猇亭）；轻工业区为上、下铁路坝（上为旧飞机场，下即今胜利一、二、三、四路）；商业区是现西陵区中心地段；教育区划在镇境山脚临江一带和前、后坪；住宅区向东山丘陵坡地延伸；沿江大道上自长江溪口，下抵古老背，许多地段的堤岸，将向外移出，建成平战结合的地下廊道，平时开放经营，战时构成江防工事；市内纵向主干3条大街贯穿其中；机场在土门娅原机场扩建；下五龙建造一座跨江大桥。建成拥有50万人口规模的城市，最终达到300万人口的现代化国际大都市"[③]。

应该来讲，这个规划具有一定的合理性。如果三峡大坝能如期建设，该规划基本能满足工程建设和城市发展的需求。事实上在20世纪葛洲坝工程建设过程中，宜昌市的总体规划也一定程度上沿袭了该规划的一些主要思想（下一章有论述）。但在当时的历史条件下，由于随后全面内战所导致的政治统治及经济的全面崩溃，使南京政府不得不放弃三峡大水闸的建设，于1947年5月宣告"三峡工程暂行停顿"。而为配合三峡工程而设立的宜昌市总体规划也被束之高阁，宜昌的城市建设也趋于停顿，直到中华人民共和国成立前，宜昌仍然是一个百业凋零的破旧城市。

6.3 城市空间营造的特征

6.3.1 城市外部空间扩展

1. 城市扩展的人口特征

这一时期宜昌的人口资料较为分散，各种资料的统计数字亦有部分出入，且统计口径可能也不尽相同，现按时间顺序将各种资料的人口数据罗列如下，见表6-2。

① 贺新民. 宜昌市房地志（1840—1990）[Z]. 1992.
② 袁风华，林宇梅. 扬子江三峡计划初步报告（下）[J]. 民国档案，1991（1）：41-50.
③ 江权三. 三峡水闸与战后宜昌筹备建市的回忆[J]. 湖北文史资料，1997（S1）：31-35.

1921—1949年宜昌人口统计表　　　表6-2

纪年	时间	人口	资料来源
民国10年	1921年	55000	《海关调查报告》
民国16年	1927年	112309	《宜昌小志》
民国18年	1929年	111309	《最近十年各埠海关报告》
民国19年	1930年	111861	《宜昌小志》
民国20年	1931年	107940	《最近十年各埠海关报告》
民国24年	1935年	105293	《宜昌县志初稿》
民国24年	1935年12月	105132	《湖北省统计年鉴》第一回
民国25年	1936年	105618	《宜昌县志初稿》
	1936年12月	105625	《湖北省统计年鉴》第一回
	1939—1940年	156208	《宜昌市志》
（沦陷后）	1940年6月	21400	《宜昌市志》
（沦陷时期）	1940年	11207	《宜昌县警察局户口统计报告表（贸易汇编）》
	1941年	21787	《宜昌县警察局户口统计报告表（贸易汇编）》
	1945年8月	2000	《宜昌市志》
抗战胜利后	1946年	100499	《宜昌县警察局户口统计报告表（贸易汇编）》
	1946年	71396	《宜昌市志》
	1947年	78026	《宜昌县警察局户口统计报告表（贸易汇编）》
	1948年	97761	《宜昌县警察局户口统计报告表（贸易汇编）》
（中华人民共和国成立前）	1949年	86326	《宜昌县警察局户口统计报告表（贸易汇编）》
	1949年9月	65641	《宜昌市志初稿（1959年）》

从表6-2分析，纵观其人口变化，宜昌在1921—1949年间人口变化呈现阶段性特征：

（1）1921—1927年间，宜昌人口呈高速增长态势，是宜昌人口变化的一个高潮期，人口增加1倍以上。究其原因，彭质均在《宜昌小志》（载南京中国方志学会编方志月刊，1935年第45期合刊）中分析为："其所以剧增者，盖自（民国）十一年以后，鸦片开禁，将本市变为一集散鸦片重要之区也。"

（2）1929—1931年间，宜昌人口总体平稳但呈逐渐减少态势。《最近十年各埠海关报告（1922—1931）》记载："盖以长江上下游货物，现多直接往来运输，不复经由本埠转船，码头工人多告失业，遂致星散，实其主因。"

（3）1939—1940年间，宜昌人口大幅剧增，其主因是国民政府的西迁带来大量难民和转运人员的聚集。

（4）1940—1945年间，由于战争导致其人口波动幅度较大。

（5）1946—1949年间，战后外迁人口大量回流，中华人民共和国成立前后因战争原因有所波动。人口变动总体平稳，其人口规模未恢复到战前水平。

2. 城市扩展的空间特征

1）1920—1928年的空间扩展

这一时期空间扩张较为缓慢。在扩展方向上，从民国13年（公元1924年）绘制的宜昌城区图来分析，除沿江有所延伸外，其城市的架构至少在1924年已经开始向通惠路以东扩张。以桃花岭为中心的飞地开始扩大，和城市联系开始紧密。城市空间呈现纵深扩展的趋势但规模较小。

同时这一时期，虽遭兵变，但鸦片贸易带来人口的迅猛增加，城市建设趋于内敛，近代高大建筑多有出现，用地使用强度增加。

2）1929—1937年的空间扩展

以民国17年（公元1928年）4月宜昌建设委员会成立为标志，城市空间继续向南和向东扩张。其主要方向是沿东面逐步向铁路坝方向扩展。铁路坝和老城区东门之间的区域在这一阶段发展较为迅速。以康庄路的修建为标志，桃花岭和主城区之间逐步形成一体，飞地特征消失。

南面向大公桥一带扩展，但幅度并不大。延伸至天官桥一带，并还有向下的态势。由于受到地形的限制，老城区北部基本无大的扩张，呈现自然蔓延的特征。

建筑高度和建筑密度在这一时期得到一定发展。对比宜昌1924年和1935年的地图来分析，城市空间在20世纪20年代初已经扩张到较大的范围，但城市内空地较多，使用强度并不高。这一时期在城市向外扩张的同时，城市内部空间的垂直发展较为迅速，城市用地的使用强度逐步增加，用地更为紧凑。

3）1938—1949年的空间扩展

城市空间外向扩张已经基本停止。由于日军对宜昌城市空间的破坏，城市内部出现大量空地。战后随着大量原有居民的回迁，城市空间的建设逐步转向恢复和重建。建筑高度及城市用地使用强度较战前出现较大降低。

3. 城市空间扩展的总体特征

综合分析，1859—1949年宜昌城市空间扩展具有以下特征：

（1）城市空间的扩展以长江为主轴呈现带状扩展，主导方向沿南门向下游延伸。城市的扩张主轴在整个发展时期一直没有偏移。商埠局成立后出现纵深发展的趋势。

（2）城市的扩张呈现明显的周期性变化。城市空间的两次迅速扩张其主因是城市职能和城市政策的变化相交互的结果，但均被战事打断。

（3）城市用地使用强度的扩展受到城市发展的周期性变化的影响。当宜昌大规模发展时，城市空间扩展以水平方向的地域蔓延为主，城市用地较分散，紧凑程度低；当空间稳定或缓慢发展时，城市形态空间扩展转为垂直方向的空间增厚，城市用地以内部填充为主，紧凑程度高。

（4）城市空间的扩展基本遵循了1914年《拟修宜昌商埠缩图原理》，城市边界显示无序和自然蔓延特性。

6.3.2 城市内部空间形态

1. 城市内部空间结构

虽然城市空间扩展迅速，其城市空间结构并未发生大的变化，是前期双核、三片、多中心的开放结构的完善和延续。

（1）虽然仍是双核，但其核心主体已移动至古城外近代商埠区，城市的政治及经济管理职能逐步向新区过渡，古城区成为次核，成为以居住为主体的生活片区的趋势更为明显。

（2）多中心分散有内聚现象。中心之间的联系随着城墙的拆除，原桃花岭、古城、沿江商埠之间联系更为紧密，古城内外的空间结构由原来的独立发展走向融合。

2. 城市空间的粗暴拼贴

到这一时期的1937年，城市的近代扩张遵循其1914年的规划而趋于结束，最终形成了古城区与商埠区传统和近代、单一和多元、封闭与开放的鲜明对比，同时各种冲突要素在城市内部共生并达到一定的平衡，从而形成了以"拼贴和糅杂"为主要特征的空间形态。仔细分析近代宜昌城市空间形态特色，"粗暴拼贴"应该是其最好的总结。

从1935年的《宜昌市区形势略图》（图6-2）分析，其城市用地割裂现象严重，拼贴粗暴。在用地上，具有明显的拼贴边界，其用地呈现方圆拼贴，带状延伸的特点。由于拼贴的尺度过大，事实上这种拼贴亦可以称为板块碰撞的强行拼贴。这种方式造成了如下的问题：

（1）老城区和新城区的空间割裂。用地形态的拼贴并未考虑老城区的发展与新城区的平衡发展，老城区和新城区空间形态分异严重。老城区的传统城市空间和新城区的空间类型并无交融，从而形成较为明显的空间分异现象。同时，老城区和新城区功能割裂。老城区内城市功能和商埠区功能并无合理规划，老城区内水电设施尤其是排水设施落后，卫生条件差，建筑质量不高。同时，也造成其交通体系不畅，道路形态混乱（图6-3）。

（2）拼贴交接地形态混乱。由于建设的阶段性，其主要功能区呈现中心扩散的特征。而在主要板块的交接之地无明确规划和控制。在古城南门至二马路之间的地区，这一地区是商埠区和古城相交之地。从形态来分析，其用地分割大小不一，街巷空间混

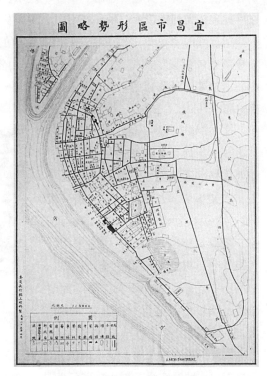

图6-2　宜昌市区形势略图
资料来源：宜昌市地方志办公室

图6-3　宜昌20世纪30年代鸟瞰图
来源：宜昌市地方志办公室

乱。另如民权路至环城东路相交地块亦如此。

这种粗暴拼贴虽然在拆除城墙后有所修正，但总的来讲，其空间结构较为混乱。

3. 城市中心的变迁

随着城市经济、社会活动的发展，城市功能日趋多样化、复杂化，而现代城市往往需要有政治、经济、文化、金融、商业、娱乐、体育和交通等各种活动中心。城市在1927年以后逐步扩大到桃花岭一带，城市中心逐步发生变化，以街道为核心形成若干综合体。

到抗战前，黄金时代所带来的城市商业的繁荣，宜昌的城市中心以商业、金融业、服务业形成较为繁华的街道。以招商局街（大公路）、南门外正街、通惠路、二马路、鼓楼街、二架牌坊最为繁荣。北门外正街、东门外正街、陶朱路、环城西路、环城南路、献福路也相应活跃。

这一时期，这些商业中心各有分工。绸缎布匹、土布集中于鼓楼街、二架牌坊、通惠路；百货集中于北正街、二架牌坊、二马路、通惠路一带（图6-4）；杂货海味集中于大南门正街、招商局路、北门外正街、东门外正街等处；银行钱庄集中于通惠路、二马路；轮船业集中于滨江路。此时鸦片、娼妓公开盛行，土膏店集中在大南门正街、奎星楼、招商局街等

图6-4　20世纪30年代的通惠路
来源：宜昌市地方志办公室

处。妓院集中在陶朱路、老三条街（富裕街一带）、新三条街（力行一、二、三街）[1]。由此可以看出，此时宜昌的城市功能已然是一个典型的商业城市了。

中华人民共和国成立前，由于战争的影响，城市的商业中心虽然仍然延续了战前的格局，但繁荣程度大不如前。其商业区以四维街（即民主路）、通惠路（即解放路）、二马路一带较为繁荣，鼓楼街、县府路（即献福路）、大公路、大南门外正街、招商局街（即滨江路）、环城西路等街道次之[2]。但总的来讲，其商业中心建筑破烂，商业规模大大缩小。

4. 城市交通体系

1）城市的对外交通体系

（1）公路及航空线路发展

宜昌的陆路交通在这一时期有所进步。汉宜公路（简称汉宜路）的形成使宜昌对外交通开始进入汽车时代。汉宜路起于武汉舵落口，经东山头、应城、皂市、易家岭、沙洋、十里铺，向西经当阳、土门垭、于家坳进入宜昌市，全长363.58km，是鄂西地区的交通枢纽。1934年，宜昌在原来川汉铁路废基上修建汉宜公路宜昌段，是年11月竣工通车。抗日战争爆发后，民国27年（1938年），南京国民政府及湖北省政府西迁，为阻止日军西进，

①　政协宜昌市委员会文史资料研究委员会. 宜昌市文史资料（第1辑）[Z], 1982.
②　湖北省方志纂修委员会. 宜昌市志（1959年初稿本）[Z]. 宜昌市地方志办公室整理翻印, 2007.

对汉宜公路有所破坏。日军占领期间，曾强征民工抢修，日军投降前又进行了破坏。抗战胜利后虽然勉强通车，但终因战争与灾荒频仍，路面长期失修，行车极为困难。1949年上半年，国民党政府军在溃败前又对汉宜公路进行破坏，造成全线交通中断[①]。宜昌对外的车行交通并不顺畅。

宜昌这一时期也曾经尝试修建铁路和开辟航空线路，但并不成功。如前文所述，宜昌虽然在清宣统二年（公元1910年）已经形成一段铁路，但川汉铁路工程在民国3年（公元1914年）的破产使得宜昌的铁路最终成为废墟。宜昌民用航空事业始于民国20年（公元1931年），由中国航空公司在宜昌设立"宜昌航空事务所"，开办武汉—宜昌—重庆航空邮运业务。当时在美孚油库江面设置水上飞机，抗战以前被撤销。后曾经在铁路坝修建陆上飞机场，跑道1000余米，但在抗日战争期间屡遭破坏，并未形成成规模的民用航线。

（2）水路交通发展

这一时期，宜昌的轮运线路得到很大发展，航运仍然是宜昌对外交通的主要形式。据《宜昌市志》记载，至抗日战争前，先后有招商、鸿安、三北、民生等华轮公司和英太古、怡和、日本日清、法国聚福、美国捷江等外轮公司行驶在宜汉、宜渝线上。民国20年（1931年），民生公司轮船开通宜昌—青滩—万县—重庆线分段转运。民国34年（1945年），民生公司经宜驶往上海，成为战后行驶渝申线的第一艘客货轮。此外，长江干线还有宜昌—沙市、宜昌—津市、宜昌—巴东、宜昌—三斗坪、宜昌—白洋5条短途航线，主要由湖北省航运局和民生公司负责。下表整理了该时期主要的轮运航线（表6-3）。这些轮运航线的开通表明，宜昌的对外航道在近代逐步走向通畅并逐步迈入机器时代，形成远近结合的水路交通体系。

1919—1949年宜昌主要轮运航线一览表　　　　　　　　表6-3

航线名称		长度（km）	备注
宜汉线	宜昌至汉口	706	干线。1878年开通。1945年恢复
宜渝线	宜昌至重庆	648	干线。1909年开通。战后复航
渝申线	重庆至上海	1831	干线。1932年开通。1945年复航
沙宜线	沙市至宜昌	167	短途航线
宜津线	宜昌至津市	240	短途航线
宜巴线	宜昌至巴东	110	短途航线
宜三线	宜昌至三斗坪	57	短途航线
宜白线	宜昌至白洋	43	短途航线
长宜线	长沙至宜昌	—	统称宜湘航线，抗战初期开通，宜昌沦陷后中断。战后复航
	长德至宜昌	—	
常宜线	三斗坪至巴东	68	宜昌沦陷后，于三斗坪开通
	三斗坪至重庆	—	
	水陆联运线	—	

来源：宜昌市交通志编纂委员会. 宜昌市交通志[Z], 1992.

[①] 宜昌市交通志编纂委员会. 宜昌市交通志[Z]. 1992.

（3）对外主要交通设施

这一时期，码头的建设较为频繁，并形成了完备的港口体系。据交通部统计，1928年，宜昌共有码头11座，总延长1747.45m。其中，本国轮船公司码头四座，外国轮船公司码头3座，外国工厂码头1座，公务机关码头2座，海关码头1座。到1931年，宜昌码头又有所发展（表6-4）。

1931年宜昌轮船码头情况表 　　　　　　　表6-4

码头名称	所属公司	岸上工程
日清码头	日清公司	石砌坡岸
医院码头	蜀平公司	石砌坡岸
三北码头	三北公司	石砌坡岸
太古码头	太古公司	石砌坡岸
定远码头	中兴公司	石砌坡岸
怡和码头	怡和公司	石砌坡岸
永庆码头	永庆公司	沙岸
捷江码头	捷江公司	沙岸
聚福码头	聚福公司	石砌坡岸
川江码头	川江公司	石砌坡岸
招商局一码头	招商局	石砌坡岸
招商局二码头	招商局	石砌坡岸
招商局新码头	招商局	沙岸
香溪码头	皮脱谦公司	石砌坡岸

来源：宜昌市地方志办公室。

从码头的归属来分析，宜昌近代具有很强的殖民特征。以外来洋行为主的殖民者占据了主要的码头空间。《据宜昌港史》记载，到20世纪30年代，从老招商局往下到美孚、亚细亚的油栈长达5km的江岸，被帝国主义霸占的码头已达10余处，从奎星楼以下，仅有少数几个为中国码头，其他都为外商码头。至于白沙脑及对岸等处码头，亦为外国轮船公司占据。

到抗战前夕，宜昌港码头的占有情况又有了很大的变化（表6-5），五龙上溪3座码头，五龙下溪3座码头，大公桥码头，下铁路坝码头全部为中国航业所有，长度一般为100~120m[①]。

---

① 乔铎. 宜昌港史 [M]. 武汉：武汉出版社，1990.

中华人民共和国成立前宜昌码头概况表（从上游向下排列）　　　　表6-5

码头名称	岸上结构	用途	史迹
紫云宫	沙岸	洪水泊木船起卸柴、煤、石灰等	岸上有紫云宫，原为挑水码头
伍水镇	沙岸	洪水泊木船起卸柴、煤、石灰等	原是三江的一个挑水巷子
赵家巷	沙岸	洪水泊木船起卸柴、煤、石灰等	原是三江的一个挑水巷子
社堂口	沙岸	洪水泊木船起卸柴、煤、石灰等	过去在此处处决犯人
鄢家巷	沙岸	洪水泊木船起卸柴、煤、石灰等	去三江的一个挑水巷子
张家巷	沙岸	洪水泊木船起卸柴、煤、石灰等	去三江的一个挑水巷子
板桥	条石梯坎	三江渡口。泊船起卸水果、柴、煤、箩筐等	板桥街上有青果行、花生炒坊等
西霞寺	条石梯坎	位于西坝与板桥对峙处，重要渡口	岸上有西霞寺
小北门	条石梯坎	湘帮船泊此起卸陶、瓷、竹、铁器	附近土街系街市
大码头	条石梯坎	川帮船泊此起卸川盐、川糖、毛烟、榨菜等	大江码头水位是三江水涨落的标志
镇川门码头	条石梯坎	连接长江两岸的重要渡口，川东、鄂西物资运此集散	原为官埠码头，1859年砌石为磴
杨泗庙码头	条石梯坎	起卸大米、杂粮	岸上有镇江阁，俗称"杨泗庙"，从明代以来是宜昌河道粮食交易所
西卡义渡码头	条石梯坎	渡口。运菜、运粪	古为划夫当差，渡运押解过江犯人
中水门	条石梯坎	渡口。川江木船泊此起卸货物	明洪武年间，建夷陵州署于此
拐角头	条石梯坎	挑水。木船泊此起卸竹子和竹器	原系挑水窄巷子
小南门	条石梯坎	木船泊此起卸。开埠后轮船停泊界限	岸有学院街"文庙"，原为官埠码头
大南门	条石梯坎	原泊木船起卸，开埠后成为轮船驳岸上岸下船的码头	城门上有"关圣庙"，船民进庙祈平安。门外原为驿传码头
奎星楼码头	条石梯坎	木船泊此起卸，开埠后轮船驳岸在此上岸下船	原是挑水巷子
招商局	条石梯坎	轮船停泊江心，木船多靠此接送客货上船起坡	1877年建，后下移故称此为"老招商局"码头
大阪	水泥建筑物，下用条石砌成码头	日本大阪公司轮停泊江心，在此揽运客货	日本日清公司建于1922年，原名日清码头
邮局	条石梯坎	停靠邮划、油轮	1914年宜昌邮局租于英商隆茂洋行
捷江	沙岸	美国捷江公司轮船码头	后改名华中码头
医院	条石梯坎	蜀平公司在此处江心停靠轮船	系海关指定，无租金
海关	不祥	宜昌海关停泊中外趸船	1929年泊中外趸船9只
太古	条石梯坎	英国太古公司在此处江心泊轮船，招揽客货运	1898年在宜昌首建
定远	条石梯坎	中心公司用于轮运	
怡和	丁字形条石梯坎	英国怡和公司用于轮船客、货运输	约于1911年建
永庆	沙岸	不详	海关指定，无租金
川江	条石梯坎	川江轮船公司用于轮船客、货运输	川江购价1万元

码头名称	岸上结构	用途	史迹
民生	条石梯坎	民生公司用于轮船客、货运输	川江公司卖给民生公司
聚福	条石梯坎	中法合资的聚福公司用于轮运	租于天主堂
强华	条石梯坎	强华公司用于轮运	1935年聚福公司退还法方资本，改名强华公司
一马路	不详	架有跳板。木划子靠此接送轮船客货	附近有一个灌油岸点，后为油脂公司油脂码头
招商局二、三号码头	二号为水泥砌成三号为条石梯坎	招商局用于轮船客、货运输	朱家巷称老招商局码头，迁入大公路称招商局
三北	不详	三北轮埠公司轮运	系租用美孚洋行
美孚	条石梯坎	美国美孚洋行用于起卸煤油处，终年可靠轮船	约建于1913年左右
五龙	沙岸	渡口。开埠后停靠轮船起卸货物	系公用，位于江南
亚细亚	条石梯坎	英国亚细亚煤油公司所有	位于杨岔路，民国初年来宜昌设支店

来源：宜昌市交通志编纂委员会. 宜昌市交通志 [Z], 1992.

2）城市的内部交通体系

（1）城市道路体系特征

旧城区的道路在1930年前基本无变化，城内外交通主要依靠城门。1930年拆除城墙后，形成环城路，其环城东路逐步成为城市的干道。商埠区的道路网在1914年和1930年开始的两个大规模建设高潮后，逐步形成较为完备的道路格局。延续上一时期的分级明确和网格状布局的特点。

1930年以前，古城内外的交通孤立，联系较少。随着城墙的拆除，环城路的修建使城市的主干道开始沿长江向北延伸。城市道路逐步形成新的纵横体系，城市各区域间的交通走向顺畅。

这一时期，在沿江方向上形成两条主要的交通干道，一为北门外正街—环城东路—通惠路；一为北门外正街—环城北路—环城西路—滨江路。在纵向上形成三条干道，一为镇川门—东门—东门外正街；一为环城南路—中山路—宜汉汽车路；一为云集路。

另外，由于城市呈现线形扩张，城市腹地浅，延伸长，因此在纵向上还形成一些次级道路。从北到南依次有县府路、学院街、二马路、一马路等。

（2）城市道路体系的不足

但从道路体系来分析，由于受到多方面因素的影响，实际形成的道路路网体系亦存在较为明显的问题，其中最为突出的问题即在于城市交通整体性差，新区和旧城自成体系而并不协调，以及规划和建设的脱节。

A．两次规划目标不清晰，对老城区和新城区的关系定位在建设中出现偏差。1914年的规划其主旨在于如何营造新区，未充分考虑到如何处理城墙对城市交通的阻碍，从而形成老城区和新城区的道路体系脱节，这就使得1930年拆除城墙后，虽然交通相比原来更为顺畅，但从整体来讲，城市交通空间杂乱。

B．由于城市发展过程中的飞地现象，宜昌桃花岭片区成为外国人的生活空间，其相对独立的交通形态并未和城市交通融为一体。这也造成了在纵向上没有形成等级较高且通畅的道路，以通惠路为界，城市交通明显分割。

C．从1922年宜昌市新城区布置图（规划）（图6-5）和1935年宜昌市形势图（建成）来分析，规划的落实也有所走样。对于交通来讲，影响最大的是云集路的打通。作为城市交通架构的一部分，云集路是新区纵向上最为重要的干道。东段原拟通到铁路坝，因东有德国领事馆（以后为日本领事馆）而妨碍路线伸直，西段本留有一条路，稍加扩展，就可直抵达江边，又因天主堂的一所女校修建围墙，将路堵死而无法延续。该路一直到中华人民共和国成立后才打通。这也造成在相当长的时间内宜昌在纵向上缺乏主要干道。

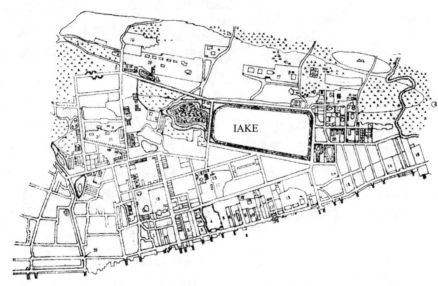

图 6-5　1922 年宜昌新城区布置图
来源：宜昌市地方志办公室

6.3.3　城市功能要素营造

1．城市功能要素的构成

这一时期，受到近代化所带来的深刻影响，其城市内部功能要素逐步完善。据《宜昌市志》《宜昌工商行政管理志》和《宜昌县志初稿》中的资料，各种近代城市功能要素走向深入而形成完备的近代城市体系。延续上一阶段的发展，包括行政、金融、商业、医院、新式学堂、新闻出版、工业企业等在内的多个方面其体系和层次都更为复杂，同时，近代以公园、戏院、球场为代表的公共空间也开始出现。而对宜昌城市空间影响较大的，仍然主要集中在洋行和西方宗教的影响、近代教育用地、近代工业用地以及城市公共空间的出现等几个方面。

2．洋行的大规模涌入

这一时期，随着贸易转运的深入，大量的外来洋行蜂拥而入，据不完全统计，以英国、美国、日本、法国、德国等国家的大小洋行多达30多家。外国洋行在这一时期逐步加大控制的力度，并形成了又一波建设高潮（表6-6）。

近代宜昌主要洋行一览表　　　　　　　　　　表6-6

国别	公司名称
英国	太古公司、怡和公司、亚细亚煤油公司、英美烟公司（后改组为颐中烟公司）、隆茂公司、安利洋行、皮托谦洋行、立德乐洋行
日本	大阪洋行（后改名日清公司），大正元、斋藤、稻田、光华、瀛华、水田、武林、贸名等洋行、公司
美国	美孚煤油公司、德士古煤油公司、其来洋行、捷江公司、施美洋行、义瑞洋行
法国	聚孚公司（后华商收购改名为强化公司）、古利洋行、义华洋行、联华公司
德国	美最时洋行、瑞计洋行、大德颜料公司

来源：根据冯锦卿《旧中国的宜昌洋行》整理。[①]

其中日本公司在这一时期最为活跃，一战以后，日本占据了德国在宜昌的领事馆，并开始迅速占领宜昌市场。日本的日清公司在进入宜昌以后，先在滨江路建有西式楼房1栋，作为公司办公地点，后又在附近建设有二层和三层的仓库各1栋，面积1820m²，在江边修建大阪轮船码头，在宜昌开展航运、仓储、保险业务。

同时，日本还在宜昌开办了大量的百货、餐馆、照相等店铺。先后有伊藤百货店、增田百货店、丸三百货店、东屋点心店、三游旅菜馆、福田旅菜馆、远东照相馆、济生、回生、同仁三家医院，还设有一家牙科所，一家理发厅；此外还设置有烟馆、赌场、跳舞厅，以及日娼寮然亭、高丽娼寮新玉亭等。这些公司，或租或建，在宜昌占据了相当的空间。

3. 西方宗教的影响

这一时期，中国传统的宗教形态虽有发展，但在建筑实体上基本延续了以往的空间形式。其主要的建设活动是在民国15年（公元1926年）新建肖家巷清真寺。由于在民国初年，时局动荡，经常宵禁，古城的城门关闭早，这对家住城外的回民的宗教活动带来不便，并由此在民国10年至民国15年间筹建肖家巷清真寺并落成。民国29年（公元1940年）被日军炸毁。

而这一时期，西方宗教发展更为迅速。宜昌天主教在此期间地位逐步提高，民国13年（公元1924年）12月，鄂西南教区更名为宜昌教区，其主教府也由荆州迁往宜昌。抗日战争期间，日军为回避国际舆论，并未对教会加以干预。到战后，罗马教区于民国35年（公元1946年）在中国实行"圣统制"，施南教区正式独立，而宜昌教区则为升格教区之一。

在这一过程中，宜昌的天主教堂也逐步扩张。民国19年（公元1930年），宜昌正式建立女修院。民国22年（公元1933年），因教徒日增，宜昌天主堂圣方济各堂扩建，改建为具有罗马风格的钢筋水泥结构大堂。圣堂占地面积1030.14m²，堂内分为大小两厅，建

[①] 政协宜昌市委员会文史资料研究委员会. 宜昌市文史资料（第1辑）[Z]. 1982.

筑面积为 2681.01m^2。该堂系主教座堂，是宜昌教区的中心所在地，也是湖北省最大的教堂之一。

基督教也得到一定的发展。长老会（英国苏格兰差会）在民国 19 年（公元 1930 年）在南门后街修建灵生堂，可容纳千余人，并共设置有 4 所传教堂，这也是该教会最为兴盛的时期。行道会（瑞典差会）在民国 21 年（公元 1932 年），在北门外正街购一榨房，改建为福音讲堂及中国牧师住宅。福音道路德会（美国差会）于 1920 年初进入宜昌，真耶稣教会（湖北支会宜昌分会）于民国 22 年（公元 1933 年）进入宜昌，基督复临安息日会（美国差会）于抗日战争期间进入宜昌。这些教会购地建教堂，修住宅，成为城市中较为重要的建筑景观。

此外，这些教会还大量开办学校等教会事业。除了在上一时期已经建成的教会事业继续有所发展外，还新设有多所学校（表 6-7）。

1919—1949年宜昌天主教及基督教教会事业一览表　　　　　表6-7

性质	名称	年代	描述	所属
学校	益世小学	1927	设男女二部，男子部在二马路天主堂，女子部在滨江路圣母堂	天主教
	文都中学	1938	将修院部分教室和住房辟为学校	天主教
	益世女中	1948	设怀远路，后停办	天主教
	务本小学	1920	北门外青龙巷	行道会（瑞典差会）
	路德小学	1947	与中山路开办	福音道路德会（美国差会）

来源：湖北省方志纂修委员会. 宜昌市志（1959 年初稿本）[Z]，宜昌市地方志办公室整理翻印，2007.

包括洋行、领事馆、教堂、学校、医院等外来建筑，在宜昌的城市空间中占据了重要的位置。大量建筑采用西式风格，建筑层数高，占地大（表 6-8），数量多。从选址来看，相当多的建筑占据了城市重要位置和主要节点，是宜昌近代历史的生动写照。

宜昌市外国房地产占有情况一览表　　　　　表6-8

	合计			其中								
	房屋		占地面积（m²）	教会			领事馆			外商		
	栋数	建筑面积（m²）		栋数	建筑面积（m²）	占地面积（m²）	栋数	建筑面积（m²）	占地面积（m²）	栋数	建筑面积（m²）	占地面积（m²）
合计	192	82754.8	149769.73	137	51391.65	37554.28	16	7410.85	28066.01	39	23961.3	84149.44
英国	81	36954.72	80977.87	46	15877.92	10716.48	9	5386.29	26835.81	26	15690.51	43425.58
美国	30	12840.37	41679.2	21	9339.90	6648.42				9	3500.47	35030.78
日本	11	6785.88	6923.28				7	2015.56	1230.20	4	4770.32	5693.08
比利时	65	24341.79	18955.07	65	24341.79	18955.07						
瑞典	5	1932.04	1234.31	5	1832.04	1234.31						

来源：贺新民. 宜昌市房地志（1840—1990）[Z]，1992.

4. 教育用地迅速发展

随着民国教育体制的变化，以及民国时期的教育改革，宜昌的教育用地出现了迅猛的发展。民国 12 年后（公元 1923 年），宜昌新办一批县立高、初级小学校。到民国 18 年（公元 1929 年），湖北省教育厅定宜昌为义务教育实验区，并在城区和郊区增设省立初小 8 所，民国 22 年（公元 1933 年），宜昌城又定为短期义务教育实验区，并增设省立短期小学 6 所。民国 24 年（公元 1935 年），颁布《实施义务教育暂行办法大纲》，宜昌新增县立短小 7 所，隶属于湖北省义务教育委员会。至民国 26 年（公元 1937 年），宜昌城有公立小学 33 所（其中省立 17 所）；公私立中学 6 所。宜昌城区的中学校教育居全省各县之首（表 6-9）。

1936年宜昌主要学校一览表　　　　　　　　　　　　　　表6-9

名称	建设时间	地址
湖北省立宜昌中学	民国 16 年 4 月	东正街就旧县学宫、文昌宫、武圣宫、节烈祠次第改建，第二部设星街，就旧墨池书院改建
湖北省立宜昌乡村师范学校	民国 20 年 10 月	旧六一书院改建
湖北省宜昌小学	民国 18 年 7 月	怀远路就旧商埠局址改建
县立中心小学	民国 20 年 10 月	本部就小北门内报恩寺、武庙址合并改建，第二部设环城西路尔雅书院旧址。后俱迁。
县立县府路小学	民国 21 年	县府路，旧府城隍庙改建
县立学院街小学	民国 21 年	惠南路，旧府学宫改建
县立西坝小学	民国 21 年	古城镇西坝
县立葛洲坝小学	民国 29 年	古城镇葛洲坝
县立东岳庙初级小学	民国 21 年	东岳庙街
县立天官桥初级小学	民国 21 年	大公路天官桥
县立大北门初级小学	民国 21 年	大北门正街
县立鼓楼街初级小学	民国 23 年	鼓楼街关帝庙
县立古城镇联保小学	民国 27 年	西坝
私立华英初级中学	光绪二十七年	桃花岭（英国长老会）
私立宜昌鄂西女子中学校	民国 15 年	民权路租盐业工会会址改建
私立宜昌鄂西女子中学附设小学	—	仁济路（英吉利苏格兰教会）
私利宜昌哀欧拿女子中学附属小学	—	—
私立旅宜四川初级中学校	民国 19 年	民权路就四川同乡会会址改建
私立旅宜四川中学附设小学	—	培心路
私立宜昌九同平民小学	民国 12 年	环城东路
私立宜昌乐群小学	民国 16 年	乐善堂街
私立宜昌益世小学	民国 16 年	本部设乐善堂街天主堂，第二部设滨江路
私立浙江旅宜小学	民国 17 年	浙江会馆街
私立宜昌豫章小学	民国 18 年	东正街
私立广东旅宜小学	民国 24 年	通惠路
私立宜昌文水小学	民国 25 年	南正街
区立职业中学	民国 25 年	环城东路
县立职业小学	民国 25 年	环城东路

来源：林智伯等纂修. 宜昌县志初稿（民国 25 年版）[Z].宜昌市县地方志编纂委员会等整理重刊，1986.

私立中小学也得到进一步发展，继四川旅宜同乡会创建诚勤小学和四川中学（民国20年）之后，浙江、广东、湖南等地同乡会先后设立会馆小学多所。英国、美国等教会设立路德小学及其他初级小学8所。

各小学附设幼稚园增多。除设置有民众教育馆及小学附设民众学校外，民国25年（公元1936年）宜昌还单设有民众学校3所。此外，民国22年（公元1933年），宜昌救济院附设盲童学校1所，为宜昌城有正规的特殊教育之始。

战后，战前西迁或在大后方新办的中学复员，并还有所发展，民国38年（公元1949年）春，城区有公立学校4所（含师范），41班；私立学校4所（其中教会学校3所），29班。公立小学12所，83班；私立小学14所（含会馆学校8所），81班。各级学校中私立学校20所。另有幼稚园3班。

从这一发展可以看出，1923—1937年是宜昌教育用地的扩张时期，由于人口大量增加，以及民国政府对教育体制的变革，再加上宜昌素来就有尊师好文的传统，其用地在宜昌的城市空间中占据了相当空间。

从教育用地的选择来分析，首先，大部分仍然沿袭了清代学宫的建筑实体，并利用旧有祠堂、神庙等宗教设施改建成学校，神祀空间逐步被世俗化的城市功能取代。其次，由于旧城区内人口密度大，因此大部分学校仍然位处古城内，而教会学校多设在新区。

5. 工业用地发展缓慢

宜昌的民族工业在这一时期逐步得到发展。城区先后有一批小型近代工业出现，但规模仍然不大（表6-10）。

1919—1949年宜昌主要工业一览表 　　　　　　　　　表6-10

类型	描述
机械工业	1940宜昌机器翻砂业户约有20家，抗战后迁回10家
火力发电	1921—1931先后有益丰米厂、祥大米厂、天后宫米长、乾隆泰米厂、鸿昌机器厂、美华番菜馆、麦司洋行、转运公司、轮船公司等8家单位各自兼营电灯业务，1931年被取缔
	1932年宜昌永耀电灯厂成立，位于四新路，1935年扩建，并于一马路与怀远路（红星路）交汇处建新厂
纺织工业	兵变损失惨重，1922—1935年棉纺织工业生产恢复，棉织业出现一批较大的机纺；1936年纺织行业106户。战时大量外迁
民用火工	中华人民共和国成立前有少数个体经营者生产黑色火药
化学工业	1920年成立宜昌第一家化工企业——森茂日用化工厂。到中华人民共和国成立初有森茂、长江化工厂、红星化工厂、华华肥皂厂、利民肥皂厂、新昌肥皂厂、回民肥皂厂、康城肥皂厂等8家，主要产品为肥皂和冰碱，私人油漆店26家。抗战前有电池制造厂6家
建筑材料工业	1925年德国商人建德式18门窑炉，将机械制砖、轮窑烧砖的近代技术引进宜昌，战时自行关闭。战后宜昌西坝砖瓦厂成立
交通工业	1926年成立"鸿昌"船厂。1932年湖北宜昌巡江事务署设立修船厂。1935年成立"鸿发"等两家船舶修理厂，另有作坊式修船厂3家。1946年成立"高汉章"铁匠铺兼营汽车小修

来源：根据《宜昌市志》《宜昌市工商行政管理志》《宜昌县志初稿》整理。

宜昌在 1920 年以后，工业有了一定的发展。其主要集中在手工业和食品工业两类。据《宜昌县志初稿》记载，到 1936 年，宜昌机器工业仅仅"工厂有五，规模较大者为鸿昌"。但手工业较为发达，"经营手工业者，共有数百家"。而到了 1948 年，宜昌共计有工商户 3332 户[①]，其中大部分是商业和手工业店铺。

究其原因，第一，在于宜昌区域狭小，不适合大规模工业用地的开发；第二，周边土地贫瘠，物产并不丰富；第三，往来的货物，仅仅属于过载之性质，无改装加工之必要；第四，本地所需货物，多为食用品等生活用品，少工业所需之原料。因此，作为转运港口的宜昌，其工业基础并不牢固。

从其用地来分析，这些工厂规模较小者大多采用家庭式作坊的方式，占地较小。一些用地较大的部分，由于古城区内用地狭小，一般设置于古城区外交通便利之地。如宜昌最早的机器厂"李正顺机器厂"，规模扩大后，迁到大公路一带设厂房。龙发昌机器厂，先在城内学院街租 200m² 的房子做厂房，后先搬迁至大南门，抗战后迁至西坝。但总的来讲，工业用地布局较为零乱，并无章法。

6. 近代公共空间出现

开埠通商不仅导致了宜昌城市规模的扩张、城市空间结构的变迁和商业中心的转移，也给城市公共空间带来了巨大的变化。明清时期，中国传统的公共空间对应着传统生活及活动需要。如街市是市民进行交易和各类活动的场所。各种庙宇、寺祠也是人们常去的活动场所，除了求神拜佛之外，定期的庙会也为人们带来了休闲娱乐、聚会、购物的好时机。各类会馆则是外省商人常聚会的公共空间，在传统节日还请戏帮子唱堂会。而 1876 年开埠以后，随着近代技术的发展及外国文化的侵入，带来了新的生产、生活、娱乐及社会交往方式，这导致新类型的公共活动空间应运而生，以满足它们的需求。

1）运动场

从清末民初，随着外来文化的大量传播，足球、网球就已经开始在宜昌流行。民初，在宜昌"美华书院"内有较大的场地，可开展各种近代的体育活动。后在 1918 年，美华书院购得桃花岭唐家地皮，新建校址，在桑林下修建了足球场。美华中学内还设置有篮球场，其他私立中学也相继开展篮球活动。此外，一些外来机构设置有若干网球场，如在海关后院税务司公馆、海关俱乐部、外侨协会各设置有一个网球场。

虽然这些设施一般不对外，但这些新型的公共空间很快就被中国人所接受与喜爱，并开始利用这些设施举行一些体育活动。如经常有一些社会青年自发组织足球队，在铁路坝广场踢球，或者在周末去学校的球场踢球。后由宜昌航业界多人捐资在云集路上成立球会，建设有网球场、围棋室、弹子房等体育空间。

这类型的公共活动空间为宜昌以后的公共活动空间建设提供了范例，1936 年宜昌在建设东山公园时就开始设有专门的运动场地。

2）公园绿地空间及公共花园

开埠通商后，中外经济文化交流日益频繁，西方新型公共空间的观念也逐渐传入到宜

---

① 宜昌市工商行政管理局. 宜昌市工商行政管理志（1840—1988）[Z]. 1992：47.

昌。由此，民国以后宜昌就出现了新的城市绿地空间形态——城市公园。宜昌在中华人民共和国成立前，先后建成了3所公园，另外还有7座私家花园。

民国25年（公元1936年）1月，国民政府军事委员会委员长宜昌行辕拟于城郊辟一大规模的公园，遂将东郊东山寺及昭忠祠一代划为公园区域，定名为中山公园，公园以东山寺和昭忠祠所在两山峰为中心，以其四周山麓为范围，总面积1000亩。

东山公园开辟后，园内建有茶灶、水榭、茅亭等小品，还设置有篮球场、网球场、儿童运动场等近代的体育运动场，初具规模，是市民休息游乐的好场所。民国29年（公元1940年），宜昌沦陷后被毁。

此外，在宜昌城区通惠门外，还设置有宜昌公园，规模虽小，但亭、台、阁、桥及花草、树木布置尚觉适当。园东还设置有戏园，为一水阁，游人在此游园观戏。

在宜昌市区中山路，还设置有中山公园，面积6660m²。园中部为凹地，自然成湖，建有亭、桥，种有花草树木，设有茶社。公园位居市区，市民赏花、游乐、休息十分方便。民国23年（公元1934年），由宜昌行政督查专员公署民众教育馆接受。

除了公园，宜昌还设置有7座私家花园。分别为童家花园、养园、王家花园、何氏花园、东麓草堂、屈鼎记包席馆、王氏宅院。这些花园，并不能算作真正近代意义的公共绿地。有的是更像苗圃园，如童家花园，除自己观赏外，园中各种花卉均对外租用。但也有一部分和商业形态捆绑，如东麓草堂，草堂内设有茶馆、餐馆、花园；再如屈鼎记包席馆，为园林式餐馆，环境幽雅。这些花园，客观上成为宜昌的商业公共空间的组成部分。

3）公共建筑

从清末民初兴起的一些近代的文化娱乐活动，使宜昌出现了一批戏院、影剧院等各式新型娱乐场所，这适应了当时城市生活及公共活动的需要，构成了民国时期宜昌最主要的公共空间。

清末民初，宜昌尚无专营的演出场所。艺人或票友应邀赶"堂会"或参加"庙会"演唱。商界"十三帮"会馆多数建有戏台。比较著名的有镇江阁、川主宫、晴川阁、天后宫、万寿宫等。民国初年，位于致祥路与通惠路之间的西园，位于陶珠路的东园，均在园内建有戏剧舞台，可供戏曲演出。20世纪20年代末到30年代初，宜昌开始设置有"长乐"舞台、"台记"舞台、"新新"舞台等。宜昌沦陷前，宜昌城先后有8家戏院开业。沿江一带的茶园，还经常有民间艺人演出皮影戏。在宜昌一马路边的南湖湖面，曾设置有一座竹木结构的亭子"清风亭"，亭内面积宽敞，常年有唱小曲的班子，也曾经有过大型提线木偶戏的演出活动，夏日晚上茶客盈门，成为品茶听戏的好去处。此外，在20世纪20年代开始兴起的书场，也是艺人清唱京剧的场所。

电影也在民国初年传入宜昌，约在民国8年（公元1919）年始有法商在宜昌开设专营的电影院（一说在1932年）。最早见于记载的是位于福绥路与怀远路的"寰球""新新""寰星"电影院。

抗日战争前期，在抗日救亡运动的高潮中，宜昌的文化空间空前膨胀，各种文化团体利用文化设施举行各种公众活动。到民国29年（公元1940年），宜昌城区已经有戏院6座，戏剧团体4个，电影院2座。抗战结束后，宜昌城区陆续有5座戏院、3家电影院开业。

除了这些民间团体所形成的公共空间外，近代宜昌也第一次有了政府举办的文化公共建筑。民国 19 年（公元 1930 年），宜昌在学院街文星阁成立宜昌县民众教育馆，民国 23 年（公元 1934 年），奉湖北九区行政督查专员公署令，接受前商埠局之中山公园为馆址，内设图书馆、儿童图书馆、民众茶园、阅报室、儿童游艺室、讲演所、民众师资班等，还组织过话剧组，举办各类展览。

除了宜昌县民众教育馆，民国 18 年（公元 1929 年），根据湖北省政府教育厅教育行政计划，在宜昌设立二等教育馆 1 所。省立通俗教育馆遂设置于宜昌城区。后于民国 21 年（公元 1932 年）奉命停办，翌年复设馆，与宜昌东门街晴川阁称为湖北省立民众教育馆，开办各种文化活动，还设置有乒乓室、弈棋室、运动场、音乐室等。

这些公共活动场所，构成了宜昌近代的公共空间体系。既有室外的广场、体育及其休憩空间，也有室内的商业、文化活动空间，城市居民在这一体系中感受和传统庙会截然不同的体验。总之，自这一时期起，戏园、影剧院、公园、广场以及各类商业、文化建筑所组成的新的城市公共空间，成为走向近代化的重要标志。

7. 建筑风格开始分异

这一时期，宜昌的建筑技术开始有了较大的发展。宜昌传统建筑的住宅、庙宇，多为砖瓦、石、木、竹、土结构，均由手工匠人建造。建筑力量也很薄弱，无统一组织，为临时组合的作业队伍，建造技术落后。宜昌开埠后，随着英、日、德等国家先后在宜昌修建领事馆、航运公司、堆栈、公寓、教堂、办公楼，开始出现钢筋混凝土结构的建筑，尤以 1890 年以后为甚，宜昌的建筑业开始有了一定的发展。

而清末川汉铁路的建设带来了宜昌建造工艺技术的提高，虽然铁路并未建成，但一些近代的施工技术开始进入宜昌。同时，民国初年（公元 1911 年），从上海、武汉等地部分建筑技术人员和泥、木工人流入宜昌，开始出现有正式组织的私营营造厂，使宜昌建筑技术的发展也进入到兴盛时期。据统计，仅营造厂就有升泰记、巫兴记、夏顺记、刘兴记、公昌等字号。到民国 10 年（公元 1921 年）前后，宜昌建筑营造厂达 10 余家，建筑工人 1000 余人，泥工作坊发展到 22 家。

建筑工业和建筑技术的进步，带来了宜昌近代建筑发展的新时期。特别是商埠局成立以后，大量以近代砖房为特点的建筑拔地而起，城市的建造工艺和建筑质量有了大幅提升，到 1937 年以前，宜昌的城市空间营造随着大量新型建筑的出现而空前繁荣。

1）民居的构成及分异

居住分异现象逐步显著。随着城市规模的扩大和贫富差距的增大，宜昌的民居形式逐步出现两极分化。其中，贫民的民居大多以传统的木、竹为材料建造住房，这一批房屋数量极多。日军入侵宜昌后，大部分房屋被毁，抗战胜利后返乡的居民大多在废墟上结茅为房，敷席为屋。这些房屋主要集中打大公路、复兴路、环城东路、环城西路、镇川门、南湖周边等街道。草舍结构多为板壁杉皮草顶，吊楼多为木穿架。

江边的住宅有两类，一般多为吊脚楼（图 6-6、图 6-7）。这些建筑形式事实上受到干栏式建筑的影响而具有浓郁的宜昌地方特色。这种建筑由于沿江而且规模庞大，而给人留下深刻的印象。20 世纪 30 年代的一名外国人曾经有过这样的描述："宜昌看起来有两个城

图 6-6　吊脚楼 1
来源：贺新民. 宜昌市房地志（1840—1990）[Z]. 1992.

图 6-7　吊脚楼 2
来源：宜昌市地方志办公室

市，一个是在堤坝之上用砖瓦建造的，另一个则是用竹子和茅草在土坡岸边建造的。后者是枯水季节的城市"。在洪水季节，"所有用竹子建造起来的房屋都会被洪流卷走，但是一旦水位降低之后，这些奇怪的小屋又再次建造起来。人们一定会对这些小屋是如何稳固的感到好奇。他们的背面倚靠在坡岸上，而前面的部分用一些细长的竹竿支撑。它们好像是一个支撑着一个，假如其中的一个倒塌了，其余的也会随之倒下"[①]。

　　另外，在长江沿线，船屋也是较为明显的一道景观。这些船舶多为木质构造，船民以船为家，被褥苇席多置于舱内，形成极具特色的船屋，连绵一片。

　　另一方面，宜昌城内的民居形式随着经济的发展，明清时期开始出现的明清硬山式风格的建筑也大量分布。其特征为封火墙、天井屋、石库门、翘角檐，门面窄、内进深，以家庭富有程度分为二至五进不等。其中多数为一层平房。其中较为有代表性的建筑如黄大顺四厅堂建筑（图6-8）。其古城内的街道也多为明清硬山式风格建筑围合。

　　2）建筑风格呈现多元化共生

　　随着1914年开始的宜昌商埠区的建设，城市建筑的风格开始由原来的传统形式为主体转变为多元形态的交融。西方人带来了完全不同于地方传统建筑风格的外来建筑形式，修建了教堂、教会医院、教会学校、洋行、领事馆（图6-9）。在建设上，随着近代城

图 6-8　民居
来源：贺新民. 宜昌市房地志
（1840—1990）[Z]. 1992.

①　杭侃. 三峡老照片[J]. 文物天地（三峡文物大抢救－湖北篇），2003（6）：399.

图6-9 领事馆建筑
（左为日本领事馆，右为英国领事馆）

市功能的发展、新建筑类型的出现，新技术、新材料的应用，各种风格的建筑纷呈异彩，整体上呈现出明显的半殖民地半封建的近代城市风貌。

西式建筑主要集中于领事馆和教堂，其中比较有代表性的如宜昌日本领事馆、英国领事馆。日本领事馆采用矩形平面，西式四坡屋面，在台基上采用沉重而重叠的柱廊，同时在二楼四周设置外廊联系。

而西式的教堂在城市空间中占据的地位更为突出。如乐善堂，大门正对乐善堂街，侧门对着二马路，门窗采用拱券，并建有两个塔楼，高耸的塔尖上建有白色十字架，哥特式建筑风格使它在中国民居中显得鹤立鸡群，一直是宜昌的最高建筑物。始建于1876年的宜昌市基督教堂，内外装饰精美。哥特式堂体巍峨，是湖北最大的教堂之一（图6-10）。

也有一些建筑受到东西方文化的影响而呈现出不同的特征。如宜昌海关（图6-11），以西式四坡顶为主要特色，一层架高以防潮湿。在建筑风格上受到外来影响，但其大门的设计却是典型的中国传统建筑形式。

同时，独特的自然地理环境及一脉相承的中国传统封建城市的营建模式，宜昌的城市空间特征在近代保持完好（图6-12）。开埠以后，宜昌跳开古城集中建设商埠区，由于古城

图6-10 教堂建筑（左为20世纪30年代宜昌乐善堂、右为宜昌基督教堂）
来源：宜昌市地方志办公室。

图 6-11 宜昌海关
来源：宜昌市税务局志办公室、宜昌海关简志编. 宜昌海关简志（1877—1949）[M]. 宜昌市税务局志办公室、《宜
昌海关简志》编纂组，1988.

图 6-12 20 世纪 30 年代宜昌全景图

内建设不多，传统风貌基本保持，新区则因为独自成为一体，且其空间尺度变化并不大，仍以 2～4 层为主，所以，尽管城市整体空间格局出现了古城区与商埠区的分异，城市形态特色上呈现出"拼贴"与"中西杂糅"的风貌特征，但其融合较为和谐，城市的空间形态特色基本得到了完整保护。

第 7 章　1949—1979 年宜昌城市空间营造

7.1　计划经济时期城市性质的转换

1949 年宜昌解放，城市发展进入社会主义新时期。在生产资料社会主义公有制、社会主义计划经济及宜昌交通地位、政治地位的变化等一系列新的因素的作用下，宜昌的城市性质发生了根本性的变化。其区域政治中心的地位依然牢固，在经济层面，逐步由原来的依托转运而形成的商业城市转变为一个以工业尤其是重工业为主导的工业城市。在这一过程中，其经济得到长足发展，在区域中的城市地位也逐步发生变化。城市性质的变化，对宜昌城市空间的扩张和内部空间形态的演变产生了极为重大的影响。

7.1.1　城市工业的迅速发展

中华人民共和国成立以后，宜昌遵循"工业城市"的原则，逐步扩大城市工业用地，工业基础借助政权的力量开设逐步发展。1949 年 10 月到 1952 年底的国民经济恢复时期和"一五"计划期间，采取"分枝移苗"的办法稳步发展工业，在完成对资本主义工商业的社会主义改造的同时，一方面组织部分商业企业转为工业企业，另一方面组织成立工业合作社，成立一批中小工厂。为加强对企业厂矿的领导和管理，宜昌市委在 1953 年成立企业公司，在 1955 年根据宜昌工业的发展，企业、行业的扩大，不断加强管理职能[①]。到 1953 年，宜昌市中心城区有 109 家私人小企业，因为转制、加上合并变为 38 家国有企业[②]。从时间上分析，这一阶段的发展开始于 1950 年，结束于社会主义改造完成的 1957 年。

此后，以政府为主体强力推动工业的发展。20 世纪 50 年代中后期，宜昌以化学工业为发展对象，先后恢复和兴建了以民康制药厂、宏兴化工厂、宏伟化工厂、利民化工厂、立新耐酸陶瓷厂为主体的 10 个化学（医药）企业。此外，造船、机械、纺织、粮油、食品等工业也得到相应发展。宜昌船厂、新华机械厂、鄂西织布厂、市电机厂、市棉纺厂、峡江造纸厂等一批地方国营骨干企业建成投产。这些厂矿，占地广，规模大，逐步脱离原商埠区分散开发的弊端，成为宜昌工业经济起飞的起点。在 1958 年开始的"大跃进"运动中，"以钢为纲、带动全面工作大跃进"的思想促使宜昌产生了一大批钢铁企业。全市投入 2.5 万人大炼钢铁，各行业共办 20 余家钢铁厂。当年完成基础建设投资 1074 万元，其中工业投资占总投资的 95.41%，到 1958 年末，全市有 84 个工业企业，职工人数达 16227 人。到 1960 年，全市工业总产值达到 7507 万元，是 1949 年的 20 倍，平均递增 31.16%[③]。宜昌

①　湖北省方志纂修委员会. 宜昌市志（1959 年初稿本）[Z]. 宜昌市地方志办公室整理翻印，2007.
②　林永仁，徐春浩. 宜昌五十春秋 [M]. 武汉：湖北人民出版社，2005.
③　湖北省宜昌市地方志编纂委员会编纂. 宜昌市志 [M]. 合肥：黄山书社，1999.

的工业格局初步建立。

到 20 世纪 60 年代，宜昌的工业格局进入到调整时期。"大跃进"运动所造成的工业生产困难的影响逐步在 20 世纪 60 年代初显露出来。1961 年，中共宜昌市委贯彻中央关于国民经济实行"调整、巩固、充实、提高"的方针，开始精简人员，停办不符合要求的工厂。经过调整，全市工业生产形势逐步好转，到 1965 年，全市共有工业企业 122 个，职工 1.22 万人。随着"三五"计划的实施，宜昌市贯彻"以农业为基础，以工业为主导"的方针，工业布局逐步向市郊发展，发展了一批农业机械制造企业，并配套兴建了一批中小型企业。湖北钢球厂、湖北轴承厂、柴油机厂、机床工业公司、半导体厂、电子管厂等一批骨干企业都在这个时期动工兴建[1]，初步奠定了宜昌市机电工业的基础，并在城市经济中逐步发挥作用。

此后，宜昌的城市发展进入到一个新的时期。随着宜昌被国家列为"三线"建设地区，先后建成一批"三线"军工企业。这个时期国家投资 1 亿多元，为宜昌市兴建了一批钢铁、橡胶、电子、造纸、水泥等工业企业。至此，全市工业的基本骨架初步形成。"三五"时期，宜昌市产值年均递增 17.81%。到 20 世纪 70 年代随着葛洲坝水利枢纽工程的动工兴建，宜昌市工业发生巨大变化，宜昌市丰富的水电资源开始得到大规模开发。同时，国家陆续迁建了一批部、省属大中型工厂，地方工业也逐步发挥效益。这个时期，宜昌工业骨架壮大，工业门类增多，工业结构发生变化。从 1971 年到 1978 年，工业产值平均递增 22.92%[2]。宜昌逐步成为全国和湖北省一个重要的工业中心。

7.1.2 产业结构的重工业化趋向

在这一过程中，宜昌解放前所形成的商业、贸易占据经济的主导地位的格局逐步被打破，从而形成了以工业为基础的城市经济形态格局。

中华人民共和国成立初期，宜昌当年的国民生产总值约 875 万元，其中第一产业 150 万元，占国民生产总值的 17.2%，第二产业 169 万元，占 19.3%，第三产业 556 万元，占 63.5%。第一、二产业的比重小，原因是农业的规模小，并且生产手段十分落后。工业也只有几家作坊式的小厂，建筑业几乎是空白。而第三产业的比重大，主要是宜昌在中华人民共和国成立初期，延续以往发展态势，转运港口的地位依然牢固，使得其交通和商业比较兴旺而有所发展。

第一个五年计划时期，宜昌的一、二产业得到迅速发展，农业总产值的年平均增长率达到 17.8%，工业总产值年平均增长率高达 31.8%；到 1957 年，宜昌国民生产总值达到 2050 万元，其中第一产业 224 万元，占 10.9%，第二产业 876 万元，占 42.7%，第三产业 950 万元，占 46.3%。这一年第二产业的比重虽然比 1952 年提高了 23.4%，但其绝对值仍比第三产业少 74 万元。到 1962 年，第二产业在宜昌国民生产总值中所占比重首次超过第三产业达到 1264 万元，其比重上升为 43.5%，而第三产业却下降到 42.1%。这一阶段，宜

---

① 湖北省宜昌市地方志编纂委员会编纂. 宜昌市志 [M]. 合肥：黄山书社，1999.
② 同上.

昌的产业结构开始受到"重物质生产、轻非物质生产"的指导思想的影响而开始出现变化。

到 20 世纪 70 年代初期，宜昌的产业结构出现了质的变化。1970 年，宜昌市第二产业的比重上升到了 53%，占据了产业主导地位，第三产业的比重继续下降，只有 40.4%。出现这种变化的原因在于从 20 世纪 60 年代开始迁建到宜昌的大中型企业开始发挥作用，使工业特别是重工业急剧发展；同时，随着葛洲坝水利枢纽工程的兴建，宜昌建筑业所占比重陡然增加。到 1978 年，宜昌国民生产总值达到 32830 万元，其中第一产业 895 万元，占 2.7%，第二产业 25605 万元，占 78%，第三产业 6330 万元，占 19.3%。到这一时期后期，在工业行业中，电力、机械、纺织、化学工业成为宜昌工业产业的四大支柱，其产业轻轻工业偏重工业的态势逐步得到加强。

固定资产投资在各行业部门的分布，是产业结构改变的直接原因，对产业结构产生直接影响。在这一过程中，宜昌的投资结构发生变化，总体上呈现第二产业逐步加重的态势。"一五"时期，宜昌的投资重点在第三产业，占 72.7%，其中邮电运输业的投资占第三产业投资的 50%，而同时期的第二产业的投资比重仅为 27.3%。"一五"时期，投资重点转向第二产业，其中，"二五"时期第二产业的投资比重为 73%，"三五"期间为 73.4%。"四五"时期为 97.4%，"五五"时期为 95.2%。这种势头直到"六五"期间才有所扭转。这种投资结构表明：从"二五"时期到"六五"时期这二十多年里，属于第一产业的农业由于投资极少，长期以来只能维持简单再生产；第三产业的交通、流通不畅，文教、卫生事业发展较慢，城市公用事业也未得到充分发展，产业之间发展极不平衡。

7.1.3 城市的区位优势相对减弱

城市的大小与盛衰往往与其腹地范围的大小及富庶程度成正比，城市的发展和其周边地域的经济区位关系有着不可分割的联系。这一时期，虽然宜昌的城市经济得到迅猛发展，但在整个区域经济体系中，其依托转运的商业中心地位被严重削弱，逐步成为国家工业化中城市体系的一部分。其区位优势相对减弱。

宜昌因为开埠较早，交通便利，占有较大的腹地，城市经济依托长江可辐射四川、湖北。由于西南地区长江中下游之间的交通主要依靠水运，西南各省的农副产品经宜昌转销长江中下游；长江中下游的商品经宜昌转销西南各省。同时，宜昌作为区域农副产品运销地，是宜昌周边地区重要的商业集散地。宜昌作为长江转运的重要港口，其转运贸易规模尤其较大，年最高达 1700 余万海关两。虽然其商贸的绝对值相比近代并不高，但其城市的中心地位较为牢固，成为一个地区的转运和商贸中心，这也使得城市的发展主要依托港口和集市形成数次扩张。

随着时代变迁，宜昌与它腹地的关系被我国的城市化进程深刻地改变着。1949—1979 年间，虽然宜昌的交通方式发生革命性变化：港口设施得到建设、鸦官铁路形成，同时航空有所发展，通向省内外的公路网也逐步形成体系，但运输不畅的困难仍然突出。而长江航道的畅通、西南交通方式的多样化，在宜昌停泊和转口都不再是最主要的流通方式。宜昌的转运数量虽有提升，但依托港口的转运经济在城市中所占的比重却逐年下降，城市的区位优势相对逐步降低。这使得宜昌作为转口城市的商贸特性也逐步弱化。

　　同时，宜昌作为地区的商业中心地位也逐步发生改变。商品供应范围，依供应体制的
改变而变化。中华人民共和国成立初期的 1949—1957 年，宜昌市作为鄂西、川东的商业中
心，商业二级站供应的范围是宜昌地区（现宜昌市域）、恩施地区、四川东部的几个县、河
南的镇平县、湖南龙山县等，其辐射范围相对较大。1958 年，商品按照行政区划供应，宜
昌商业二级站供应的范围是宜昌地区所属的秭归、当阳、远安六县及川东的奉节、巫山、
巫溪三县。宜昌的商业中心地位有所降低。同时，1949 年以后，由于实行计划经济，国有
商品流通以计划调拨为主。宜昌的日用品来自上海、武汉、南京、天津、广州等地。直到
20 世纪 70 年代开始，宜昌地方工业发展以后，调入量才相对减少，有的商品从调入变为
调出。在这一过程中，宜昌的商业区位特征也有所降低。

　　随着城市化进程的加快，在宜昌周边逐步形成多个工业中心。尤其是三线地区工业建
设的发展，使得湖北整体产业及经济结构开始完善。以三线建设为重点的"三五""四五"
时期的建设，湖北逐步建立了许多新的工业门类，而且形成了新的城市体系格局。除武汉
外，形成有以十堰、襄樊为中心的汽车工业基地；沿长江以武汉、沙市、宜昌为中心的船
舶生产基地和电工、仪器仪表、机床生产基地；以武汉、宜昌、荆州、黄冈、孝感、咸宁
为中心的农业机械和通用机械生产基地；依托沙市、宜昌、襄樊、黄石和武汉等新老纺织
基地，形成了一批以大中型企业为骨干的纺织工业网络[①]。在这一过程中，宜昌的工业城市
地位虽然有所增强，但在整个经济体系中逐步成为湖北乃至全国工业体系中的一部分，相
对优势甚至有所降低。

7.2　城市空间营造的阶段性动力

　　在 1949—1979 年间，宜昌的城市空间演变和其他大多数城市一样，总体上受计划经
济时期国家政治、经济方针政策的影响而形成以工业为城市空间主体的营造特征。而其中
对宜昌个案来讲，对城市外部的空间扩张、城市内部空间形态影响最大的因素来自宜昌
1960 年制定的城市总体规划、1965 年以后国家在宜昌的"三线"建设以及 1970 年开始在
宜昌兴建的葛洲坝水利枢纽工程等。这三者对宜昌的空间形态演变起到了革命性的作用，
对宜昌现代城市空间的形成和发展产生了深远影响，并构成了这一时期宜昌城市空间发展
的阶段性动力。

7.2.1　城市空间发展构想的提出

　　中华人民共和国成立后宜昌城市性质的转换也带来了城市发展模式的思考。1956 年
3 月国家建设委员会在北京召开会议，部署全国城市建设工作。根据全国会议精神，宜昌市
制定了新中国第一部《城市建设初步规划》，决心要"变消费城市为生产城市"的格局，布
置了西坝和伍家岗两个工业区。为适应城市工业布局的思路，宜昌完成了多个城市规划，
并逐步在规划中确立了以工业发展为主导的城市性质，确立了城市空间布局的原则。

---

① 徐凯希. 湖北三线建设的回顾与启示 [J]. 湖北社会科学，2003（10）：23-24.

1. 1956 年的城市总体规划

1956 年初夏,苏联专家沙拉托夫为宜昌做规划草图。该规划以 1/5000 地形图为基础,初步确立宜昌的发展骨架(图 7-1)。其范围西起西坝,东到今东山大道,南至万寿桥,北到镇镜山。这个规划明显反映了苏联时期的规划思想和规划手法。草图规划出基本道路骨架,其中,西坝和葛洲坝为工业基地,葛洲坝和旧城区之间规划 159m 宽防护林带,铁路坝的广场和现儿童公园为西陵公园,东门外规划面积达 2 万 m² 的人民广场,还规划了滨江绿化带和沿江港埠区。

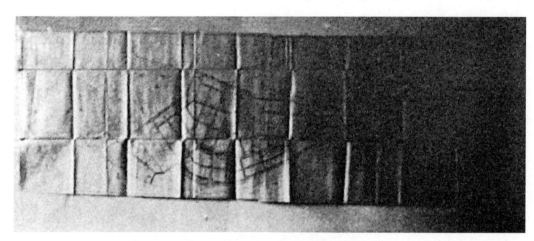

图 7-1　宜昌 1956 年总体规划草图
来源:宜昌市规划办公室. 宜昌市规划志(1840—1990 年)[Z]. 1995.

这个规划虽然带有草图性质,在以后的建设中也并未完全按照此规划设施,主要依据该规划进行了西陵公园和道路港口码头的建设。但该规划基本确立了宜昌的工业布局态势。西坝和葛洲坝作为工业基地,面积较大,适合开办以造船和修理为主导行业的工业企业。事实上,以后宜昌的一些工业用地也大量安排在西坝发展。

2. 1960 年的城市总体规划

1958—1959 年,宜昌再次进行了总体规划的编制。经过多家单位的多轮修改和完善,到 1960 年,初步确定了宜昌的城市性质、用地范围和功能分区,确定了城市道路骨架和道路红线。该规划粗略预测宜昌工业发展"近期以化工、轻工、机械制造、建材工业为主,远期则以电冶金、电化工为主,并积极发展机械制造工业,相应发展轻工业、手工业"的发展趋势。

此次规划确定宜昌的城市性质是"一个具有工业交通枢纽,基本建设基地和风景游览的多种工业的城市,同时还将成为水利、电力、地质、矿产等科学研究的中心,接待国际国内参观游览的贵宾也将成为城市的一项经常性工作。本市还是鄂西的政治和经济中心"。规划预计 1967 年城市人口为 25 万人,远期达到 40 万 ~ 45 万人。

根据工业门类、建厂条件、环境卫生状况,规划将宜昌市的工业划分为 8 个区(表 7-1)。

1959年宜昌市总体规划工业分区布局一览表　　　　　　表7-1

名称	用地	发展方向
伍家岗工业区	158.6hm^2	主要发展冶金、建材、造纸、制革等高能耗多污染的工业
乌石铺工业区	64hm^2	硫酸、塑料、合成橡胶、化肥、野生纤维的化工基地
宝塔河工业区	266.5hm^2	工业、仓储和运输混合区，保留电厂、第二化工厂、农药厂等
樵湖岭工业区	146.8hm^2	主要发展机械、电机修配、制造业，北部规划为水电施工场地及附属企业用地
西坝工业区	—	远期考虑为医药食品工业区
小溪塔工业区	—	规划为建材工业区
旧城区及其他地段	—	轻工业、手工业区
土门垭工业区	—	远期规划为钛镁铝金属电冶炼工业备用地

来源：宜昌市规划办公室. 宜昌市规划志（1840—1990年）[Z], 1995.

在居住用地上，该规划通过对宜昌不同地貌特征的用地进行规划控制，在规划结构上采取了以旧城为中心的分区组团规划布局，组团间以山丘小溪进行绿化。对旧城改造提出"全面规划、充分利用、逐步进行、彻底改造"的方针，同时提出旧城改造的政策措施，其原则在于采取国家和群众结合的方法，适当利用旧料，拆平房建楼房，但城市内的空地必须保留。此外，对交通、仓储、市政工程、园林绿化等内容方面都做了具体规划。

该规划是宜昌1949年以后较为详细和影响力较大的一个规划，虽然也存在一些问题，如在居住区的布局上，每区都布置有一些工业，显然不利于居住环境质量。同时，在伍家岗工业区的工业类型上后期也并未完全按照规划实施，但该规划对宜昌城市建设和管理起到了很好的指导作用，基本确立了宜昌城市发展的脉络。

3. 城市主副组团式扩张格局的确立

这两轮的宜昌市总体规划，在城市性质上确立了工业在城市空间格局中的地位，同时也基本确立了宜昌市主副结合的组团式发展格局。

这一发展方向的确立，事实上是民国时期为筹建三峡大水库而制作的宜昌市总体规划的延续，或者说该轮规划受到民国时期规划的影响。在1947年宜昌市工务局绘制的建设规划图中，重工业区定在伍家岗至古老背；轻工业区为上、下铁路坝，商业区是现西陵区中心地段（参见上一章）。而1960年总体规划方案虽然对伍家岗工业区的性质改为以轻工业为主，但其对城市结构的规划一脉相承，较为类似。该规划确立了宜昌城市扩展的方向，城市建设发展用地安排在距旧城10km以外的伍家岗一带建设。确立了三峡附坝（葛洲坝）的坝轴线及大坝工程所需的场地。这为后来葛洲坝工程的顺利建设，奠定了良好的外部环境，节省了国家大量投资，同时也为宜昌市拓宽城市骨架奠定了基础。

事实上，在1959年，对宜昌的城市空间格局发展存在一定争论。1958年，周恩来视察了三峡，踏勘了三峡的两个坝区，之后便确定了长江的近期治理和远景规划，并进行葛洲坝的前期准备工作。作为葛洲坝所在地的宜昌，如何规划葛洲坝和宜昌城市空间的关系成为一个重要的课题。据《宜昌五十春秋》记载，如何处理葛洲坝和宜昌老城区之间5km^{2}的区域，曾提出过两个方案：一个方案是"安排轻纺工业用地，这一片区域靠近旧城，地势平坦，布置污染较小的轻纺工业，可以依托旧城，节省投资，从地方经济发展分析，无疑为上策"；另一个方案是，"将这一片土地预留给三峡工程和葛洲坝工程作施工基地，而将轻纺工业安排到远离旧城12km以外的伍家岗工业区。这样，地方工业建设虽然难度大，但国家重点工程兴建时，拆迁少，上马快，布局合理"。

这两者之间的争论，对宜昌的城市空间发展格局有重大影响，在方案一中，宜昌的城市空间发展将依托主城的团状蔓延，而方案二中，宜昌城市的空间扩张将呈现跳跃发展的格局。时任宜昌市第一书记田英做出了"地方工业建设的需要，应当服从国家重点建设的需要，靠近葛洲坝工程这片土地，应当保留作为大坝施工基地，不仅地方工业不要占据，其他单位也不要占用"[①]的决策。

而在1960年的宜昌城市总体规划中，以此为指导思想，根据葛洲坝工程的需要，在城建布局上预留出靠坝址的约4km²的土地作为施工基地，而将重点发展的轻纺工业安置在伍家岗形成一个新的工业区。宜昌城市的发展逐步形成以伍家岗和西坝为主体的工业组团。城市的扩张主轴并未向上游扩张，而是沿江而下，形成主副结合的组团式跳跃扩张思想。这个规划对宜昌的城市建设产生了较大影响，事实上，在1970年以前，虽然国家对葛洲坝建设的时间和建设的方式尚未明确，但宜昌一直按照此规划控制其用地，城市的扩展方向基本按照该规划向下游延伸。从1973年编制的《宜昌市城市建设总体规划图》（图7-2）可以看出，这个指导思想一直延续了下来。

图7-2 1973年宜昌市城市建设总体规划图

7.2.2 三线建设与城市空间的变革

1960年的城市总体规划为宜昌的发展提供了一个理想的范本，而其规划本身也是工业城市建城思路的集中体现，但从1958年开始的"大跃进"所形成的后果在1960年以后开始逐步显露。城市建设的动力受到较为严重的削弱，城市的发展一度停滞。1966年以后的"文革"以及"除四旧"使城区部分传统建筑如天然塔、古佛寺、镇江阁等名胜古迹遭到不同程度的损坏。而到20世纪60年代中期，由于国际形势和国家战略思维的转变给宜昌的城市空间发展提供了一个新的契机，以"三线"建设为主体的工业建设模式使宜昌的发展开始提速。

---

①　林永仁，徐春浩. 宜昌五十春秋 [M]. 武汉：湖北人民出版社，2005.

1. 宜昌的三线建设概况

1964 年 5 月，中共中央基于对当时国际形势的估计，做出了围绕准备战争早打、大打的部署，决定在"三五"计划时期把国防建设放在第一位。在建立战略大后方的思想指导下，开展了以三线建设为重点的大规模工业化建设。1965 年，在安排 1966 年国民经济计划和"三五"规划时，宜昌的战略地位得到确认，迅速被列入三线建设行列。国家大量投资建厂和部分其他地区的工厂内迁、转移落户宜昌后，工业发展停滞不前的状况开始彻底改观。

到 20 世纪 60 年代中期，中央各部门陆续来到宜昌地区进行选厂和厂址勘查工作。傅长德在《三线建设在宜昌》中提到，这些部门中有国防工办、海军、空军、一机部、二机部、三机部、四机部、五机部、六机部、八机部、化工部、冶金部、纺织部、国家物资储备局等，共有 30 多个部门和单位，72 个工作组，选址是以宜昌长江两岸一定范围内为主并覆盖部分其他县区。

三线建设大大促进了宜昌工业的发展，1965 年全市（均指地市合并前的宜昌市建制，下同）工业企业虽有 122 个，但都是小型工厂，规模小，产值低。三线建设带来了大批大型的工业企业，迅速提高了宜昌的工业档次。同时，三线建设不仅使宜昌工业城市的城市性质更为牢固，而且对宜昌的城市空间形成较大的影响。在这一过程中，1960 年宜昌城市总体规划的效力开始逐步体现，其布局基本按照规划构想实施。相比中华人民共和国成立初期，城市的空间扩展和空间结构形成亦发生重大变化，逐步形成多个工业区，城市也历史上首次开始向江南扩展，城市的规模迅速扩张。

2. 伍家岗工业区形成

依据 1960 年总体规划，伍家岗主要发展冶金、建材、造纸、制革等高能耗多污染的工业。随着三线建设的展开，其发展基本贯彻了工业集中发展的思路，但其性质有所改变，主要以棉纺织业为主（表 7-2）。

伍家岗工业区主要工业项目一览表 　　　　　　　　表7-2

厂矿名称	基本建设情况	备注
宜昌棉纺织厂	1967 年 4 月动工	国家纺织工业部下属
宜昌旭光棉纺厂	1974 年动工兴建，次年建成投产	
宜昌纺织机械厂	1966 年 9 月经国家纺织工业部批准，将沈阳纺机、天津纺机和上海一机厂和七机厂生产纺织机械的部分设备内迁宜昌市，兴建宜昌纺织机械厂，1971 年建成投产	部属大型纺织机械企业
湖北开关厂	1966 年 10 月，武汉综合电机厂开关车间迁至宜昌，选址伍家岗艾家嘴	

来源：根据傅长德回忆文章——《三线建设在宜昌》一文整理。

3. 铁路坝工业区形成

铁路坝在中华人民共和国成立以前作为夷陵城的市郊，未得到发展，1960 年以前虽有少量工厂开始在此建设，但规模小，数量少，并未形成城市发展的重要节点。而随着湖北钢球厂在 1967 年 3 月经国家计委和机械工业部批准在石板溪一带破土动工，带动了大批重要的工业企业集中布局，宜昌市电线厂、宜昌轮胎厂、宜昌电子管厂、宜昌硬质合金厂、宜昌制药厂等企业先后建成，开始形成新的发展中心。由于该中心距离宜昌市老城区距离较近，其工业区的配套设施主要依托老城区。

4. 城市空间开始向江南渗透

宜昌自古以来只在江北扩展，江南仅有部分小集镇，且和市区的联系并不紧密。随着三线建设的展开，江南片区由于地形复杂，具有一定的隐蔽性，符合当时备战的要求，因此在 20 世纪 60 年代中期，部分工矿企业开始在此建成。1966 年 10 月，交通部长航局红光港机厂在宜昌市江南五龙筹建；1967 年 8 月，经国家计委、建委、一机部批准，由上海电缆厂和一机部上海电缆研究所设计并于同年筹备成立的鄂西电缆厂筹备处，在江南谭家河动工建厂，于 1968 年 2 月命名为红旗电缆厂。

虽然数量不多，但毗邻的两厂建成投产后迅速发展，成为宜昌重要的工业项目。随着两座工厂的建立，长江南北的联系开始加强。虽然在当时的历史条件下，江南片区尚不是宜昌扩展的重要方向，但这些工业项目带来了大量的工业基础和人员，为以后江南片区的发展打下了基础。

5. 中南路片区逐步发展

中南一路位处宜昌市主城区和伍家岗片区之间，交通较为便利，且距离港口较近。从用地来看，其北面为大量丘陵，沿江一带为滩地，对于三线建设亦符合当时选址要求。在 20 世纪 60 年代中后期，以中南橡胶厂为主的一批工业项目开始在此地建设。中南橡胶厂占地面积 46.3 万 m^2，建筑面积 20 万 m^2，是宜昌较大的工业企业。随着中南橡胶厂的建立，开始在此地兴建配套设施，并逐步形成宜昌一个新的节点。

7.2.3 葛洲坝建设与城市扩张

1965 年开始的三线建设带来了宜昌空间形态的突变，而作为近现代宜昌城市形态演变的最大动力，1970 年开始的葛洲坝工程的建设更成为一个里程碑式的事件。葛洲坝工程于 1970 年 12 月 30 日开工，1988 年全部竣工，它的兴建在我国现代化建设和新中国水电建设史上占有重要地位。葛洲坝工程是在我国第一大河——长江上兴建的第一座大型水利枢纽工程，是当时我国在建设规模、发电、通航、泄洪等方面，从工程总量到开挖、浇筑、安装等各项施工强度和技术难度都雄居第一的伟大工程。作为中国近现代史上的重大的水利工程，其建设直接带来了宜昌城市空间的飞跃。

1. 带动了宜昌的城市建设

为保证葛洲坝的建设，国家在宜昌成立了若干大型的建设企业，使宜昌工业结构中的重工业比重迅速上升。尤其是葛洲坝工程局和葛洲坝电厂成为宜昌乃至全国最为重要的企业之一，其规模巨大，并使得电力成为宜昌最为重要的工业形态。同时，葛洲坝工程建设之初，由于工程建设和职工生活的需要，当时的三三零指挥部成立了与工程相配套的建材、机械、修理、制造、金属结构加工等附属企业，为职工生活服务的农副业、养殖业、饮料、服装加工业等轻工企业以及商业和餐饮业等第三产业。这些企业后来在宜昌的经济机构中起到了重要的作用。此外，葛洲坝的建设也带动了宜昌市其他相关行业的发展。

为保证葛洲坝建设的顺利进行，宜昌在此期间进行了大量的基础设施建设，尤其是道路建设最为明显。1970年，作为连接宜昌两端的葛洲坝和伍家岗的最为重要的城市主干道，东山路在停工若干年后复建并随之完工，此后，宜昌的道路建设陡然加速，城市路网逐步完善，并随着葛洲坝水利枢纽工程的完工而形成和江南的联系道路。其他基础设施亦如此，得到迅速发展。

2. 城市规模的迅速扩大

城市规模大幅增加。葛洲坝工程是在特殊历史时期动工兴建的，以长江葛洲坝工程局为主，十数万水电工人、水电工程兵及地方民工来到葛洲坝工地，带来了城市人口的急剧扩张。据统计，随着三线工程和葛洲坝的建设，在1970年、1971年、1972年每年分别迁入宜昌的人口为3.5万人、4.8万人和1.6万人，三年平均每年机械增加3.3万人，而这其中参与葛洲坝建设的人口占据多数。

同时，随着葛洲坝的建设，城区面积也急剧扩张。葛洲坝建设开始后，从镇镜山到铁路坝之间约8.4km^{2}的土地在较短的时间内被开发为工厂和居住用地，城市建设用地面积迅速由1970年的5.52km^{2}增加到13.55km^2，城市建城区面积由1970年的7.60km^{2}增加到1978年的23.80km^2。这其中，因葛洲坝建设被征用的用地占据绝大部分。城市的人口和用地规模急剧扩大。

随着三线建设和葛洲坝工程的建设，宜昌迅速由一个小城市过渡到中等城市。

3. 形成新的城市副中心

由于大量建设者及其家属云集宜昌，在宜昌葛洲坝工地片区迅速形成城市的副中心。随着工程的进展，作为葛洲坝水利枢纽主要建设者的葛洲坝工程局对葛洲坝基地展开大规模建设，形成了一座功能齐全的"水电城"。该局所属分局、工厂以及为工程服务的其他行业都相继建立，房屋建设加快，工区道路成形，形成了以工厂、居住、商贸、文化、体育等一应俱全的城市功能体系，并迅速成为宜昌城市的副中心。

到20世纪80年代初，宜昌的葛洲坝城区已经基本成形。据《葛洲坝工程局年鉴1994》统计，到1994年，葛洲坝基地占地面积8.4km^2，其中桥梁两座，主要交通道路13条，总长约40km，均为混凝土路面。配备完整的市政设施，供水、供电设施：供水设施于1970年修建，形成了西坝水厂和黄柏河水厂两大供水系统，水泵站8个、供水干管近70km；排水沟总长为26500m，其中排水管涵2950m，排水箱涵23550m，形成了右岸、西坝、左岸三大排水系统。房屋1565栋，建筑面积243万m^2[①]。绿化体系完备。

形成了完善的教育、医疗卫生、文化娱乐设施和基地管理机构。设置有中小学、中专、技校、职工大学、电视大学、党校，形成了从基础教育到成人教育的完整体系。建立有医院、疗养所等医疗机构；职工俱乐部、青少年宫、图书馆等文化机构。

葛洲坝基地后来被称为葛洲坝城区。由于我国计划经济时代的单位体制，葛洲坝城区

---

① 葛洲坝工程局年鉴编纂委员会. 葛洲坝工程局年鉴（1994）[M]. 武汉：湖北科学技术出版社，1994.

在管理体制呈现葛洲坝工程局和宜昌市政府的二元管理特征。这种管理体制对葛洲坝城区的发展也形成了一定影响。

7.3 城市空间营造的特征

7.3.1 城市外部空间扩展

从1949年中华人民共和国成立至1978年改革开放，中国处于社会主义计划经济时期。在计划经济体制下，宜昌城市空间结构很明显地带有计划性和行政性的特征，虽然从总体上也表现出地域的分异，如老城区和工业区的分异，但是这种分异结构不是聚集效益和地租调节的结果，而是在当时独特的政治、经济环境下，城市规划对城市空间结构强制调整的产物。由于城市空间结构具有强烈的历史继承性和稳定性，这种空间结构对城市以后的用地布局产生了巨大的影响。

总的来看，本时期的空间扩展过程是跃进发展和填空补实交替的特征，从空间扩展方向上来看，由于受到地形限制和葛洲坝工程选址的影响，宜昌城市空间扩展呈现沿江轴向扩展的特征。

1. 城市空间扩展的人口特征

宜昌在这一时期，其人口变动经历了以下阶段：

（1）1949—1958年为第一次人口增长高峰期，平均年增长率为6.86%，这一时期高峰的形成主要是高出生率作用的结果，年平均出生率达3.95%，最高年份的1954年出生率高达5.43%。

（2）1959—1969年为第一次人口增长低峰期，主要原因是受到政策因素的影响，迁出人口累计达3.7万人，这一时期的年平均增加人数几乎为零。

（3）1970—1979年为第二次人口增长高峰期，主要是受到机械增长因素的影响。这一时期，由于三线建设迁入了一大批大、中型企业，特别是葛洲坝工程的兴建，在1970年、1971年、1972年每年分别迁入宜昌的人口为3.5万人、4.8万人和1.6万人，三年平均每年机械增加3.3万人。大批建设者的涌入，使宜昌市的人口结构发生了很大的变化。

2. 城市扩展的空间特征

1）中华人民共和国成立初期（1949—1965年）城市空间扩展：沿江蔓延与中心扩展

中华人民共和国成立前宜昌是消费性城市，中华人民共和国成立后在中央政府"变消费性城市为工业城市"的号召下，宜昌市加强基础设施的建设，恢复生产，优先发展工业。这期间宜昌市依托旧城，填空补缺，注重城市土地结构的调整和置换，大力发展工业，城市建设和工业建设同步扩散。总体上呈现中心扩散和沿江蔓延两个特征。

由于底子薄，资金严重不足，在中华人民共和国成立初期，发展速度缓慢，城市建设主要集中在内部的市政改造和工厂改制，城市空间并未得到大的扩张。从1952年到1958年，由于大量新建工厂，工业开始从市区向边缘缓慢移动。随着1956年宜昌船厂的建立，城市空间开始向西坝扩散，西坝得到开发。发展方向主要依托老城区呈现中心扩散态势。

同时，在这一时期，宜昌的城市空间由于港口的发展而逐步沿江向下游延伸。1956年苏联专家为宜昌作总体规划，规划了新的港口区。从1953年起，宜昌港口作业区逐步下移。到后期，新的港口作业中心，从10号码头至宝塔河呈线形延伸。同时部分工业依托港口形成。城市呈典型的带状延伸，但带有一定的自发特性。

这一时期，城市空间的边界较为散乱，由于受到地形的限制，在城市中心外围尚散落着部分小的企业和村落，和城市中心联系较弱。

从城市空间的扩展规模分析，这一时期，城市建城区面积逐步上升。1949年宜昌建城区面积约2km²，到1963年扩展到7.6km²。虽然面积的绝对值增加较快，但总体上呈现缓慢发展的态势。

这一时期，宜昌的城市空间增长幅度超出其人口增长幅度，其用地强度亦呈现降低趋势。

2）1965—1970年城市空间扩展：沿江蔓延与跳跃发展

随着三线建设的开始，宜昌的城市扩展开始脱离主城而跳跃发展，在空间地域上呈现沿江伸展的延续和跳跃发展两大方向。

由于三线建设的选址基本遵循了1960年总体规划的要求，在城市空间上以伍家岗区为城市的南界，先后形成了数个大型工厂，奠定了其工业区的雏形。在北界由于受到葛洲坝选址预留地的限制，城市空间以上铁路坝为界，界线较为清晰。同时西坝亦有所发展。在城市的东界以东山为天然界线。但由于三线建设的要求，在东山以外也形成了一些飞地，规模大，但和城区的联系较弱。

在这一时期，沿江蔓延态势依旧。随着中南路一带的发展，从宜昌港口区到杨岔路、宝塔河一带逐步形成带状空间，并逐步和伍家岗片区连为一体。由于受到地形的限制，在杨岔路到伍家岗片区之间其腹地浅，扩展主要依托道路两侧而呈线形扩张。

这一时期，从铁路坝至伍家岗，城市的空间格局逐步成形，城市架构逐步形成，但填充速度较慢。城市边界受到三线建设"工厂进沟、住宅上坡"的要求，分布着一些大型工厂并出现散落分布、界限不清等特征。

3）1970—1979年城市空间扩展：跳跃发展与填空补实

这一时期，由于葛洲坝的建设和三线企业的逐步稳定，宜昌的城市空间以下铁路坝为界，在北向和南向呈现两种不同特征。

北向以葛洲坝片区为主迅速扩张，并在较短的时间内形成宜昌的副中心。随着建设的深入，其扩张既有跃进发展特征，也随着大量外来人员的涌入，以及为其提供的生活服务设施的完善而具有填空补实特征。

南向由于在1965年以后，城市空间架构基本形成，这一时期主要体现为填空补实。随着大量工厂逐步完工交付使用，这一区域的人口随着工人的到来而大量增加，生活服务设施逐步完善，用地使用强度逐步提高。

这一时期，由于葛洲坝和三线建设工程建设的迅速发展，城市规模大幅提升，到1978年城市的建城区已达到23.80km²。城市人口增长迅速。随着建筑技术的进步，20世纪70年代中期，七八层楼的居民住宅在伍家岗、镇境山、东山和汉宜公路（今夷陵大道）两侧大量涌现。

7.3.2 城市内部空间形态

1. 城市空间结构的阶段特征

这一时期宜昌的城市空间结构也发生了根本性的变化。近代形成的双核结构逐步由近代工业城市的新的功能布局所替代，在时序上呈现由中华人民共和国成立初期的单中心到后期的多中心带状格局演化特征。

1）中华人民共和国成立初期：双核到单核的改造

近代宜昌开商埠以后，城市中心布局结构逐步由清代的"单核"结构逐步外延，从而形成以古城和商埠并置的"双核"结构。虽然其核心的主次关系随着商埠区的日益完善而出现了下移，但其格局基本保持了内外中心的分离。

中华人民共和国成立以后，这一格局虽继续延续，但受"生产性城市"的发展方针和计划经济影响，在中华人民共和国成立初期出现较大变化。一方面，随着社会主义改造政策的实施，原有的建筑使用性质发生变化，商埠区内的商贸中心出现一定萎缩，其原有的银行、金融、贸易、批发、办公等被改造为各类机关、商店、学校用地；另一方面，在古城内，新建了一些大型国营、集体商店和文化设施。这使得"双核"的结构出现了一些功能上的变化，即商埠区的商贸中心功能和古城区的居住功能逐步融合。

同时，随着社会主义的国营商业的发展和对私有经济的社会主义改造的实施，城市的经济主导逐步由个人转向国营。以国家投资为主体的商业、工业等发展占据了城市经济的主要部分，原来的古城和商埠的功能分异和多元化的功能要素逐步转化为同质和单一。这也从某种程度上降低了原来城市空间的分离程度。

由于在中华人民共和国成立后宜昌加大市政设施建设力度，使原商埠区联系更为通畅。同时，对城市原有道路翻修，在城内外新建道路。据《宜昌市志初稿》统计，中华人民共和国成立后除了普遍进行维护外，新建和翻修的主要街道达36条，长达15168m，其中新修马路5条。这些措施，使原来古城内外较为闭塞的交通情况走向通畅。

由于以上的原因，虽然中华人民共和国成立初期宜昌的古城区和原商埠区仍然存在一定差别，但总体已经由原来的"双核"转变为"单核"，古城内外的分异现象大大缓解，从而形成一个较为完善的整体。

2）1965—1979年：单中心到多中心

随着三线建设和葛洲坝工程的深入发展，宜昌城市空间迅速扩张，原来的商埠和老城区在城市用地上所占比重大幅降低，从而形成了和以往截然不同的城市内部空间结构，逐步由中华人民共和国成立初期的单核结构转变为多中心，到1979年，随着葛洲坝城区的初步成形，宜昌形成了"主副中心结合的松散组团结构"的空间布局。

城市范围内城镇建设用地包括从上游到下游形成葛洲坝城区、老城区以及伍家岗三大组团，同时在西坝，由于长江天然的割裂特性，交通不便，从而形成相对集中的工业组团。受到地形限制，沿江呈分散组团式布局。城市人口、主要职能和建设用地集中在葛洲坝城区和老城区，外围组团规模相对较小。

所谓主副结合，市级中心位于老城区。宜昌以老城区为城市的主中心，西陵组团是城市的政治、经济和文化中心，集中了全市最主要的商贸金融、文化体育、医疗卫生、教育科研等服务设施。但值得注意的是，由于"文革"期间对商业、服务业等形态的破坏，其主要作为政治中心而存在；同时，由于在城区扩大后，城市的文化、教育事业并未形成市级中心，公共建筑少而破，老城区的中心地位更多是依靠区位优势而非其功能优势。

副中心指在葛洲坝城区和伍家岗组团形成两个副中心。但这两个中心由于其建设方式不同，其中心地位也有所区别。葛洲坝片区由于规模大，用地广，且在管理和市政配套上受到葛洲坝工程局的支持，作为一个副中心其职能远比伍家岗组团丰富。葛洲坝工程局在建城之初，就开始进行大规模市政建设和职工生活配套建设。由于其资金来源有保障，且其在市政建设上依据工厂社会化管理模式，配套设施也有一定建设，且用地更为紧凑。同时，其和老城区联系相对紧密，在用地上并无大的分隔而连成一片。

伍家岗片区规模较小，由于受到地形的限制，伍家岗片区在1979年以前主要由宜昌纺织机械厂、宜昌棉纺厂等几家大的工厂组成。在管理上，受计划经济时代的工厂社会化管理模式的限制，各自为政，其组团内部联系分散，商业、文化、教育设施并未完全配套，而是以单位为基本组织方式，形成独立体系。同时，伍家岗片区形成后，由于交通不便，其和主城区的联系较弱。

在江南也初步形成了一些以单位为特征的零散用地，由于用地分散、规模较小，且无桥梁连通两岸，其独立性较强，和城市的联系较弱。

综合以上分析可以看出，宜昌的城市空间结构形态总体呈现主副中心结合的沿江松散组团的空间布局。但由于受计划经济体制下的单位制的影响，城市功能割裂。由于受到地形限制，城市空间过长，而内部交通不畅，总体上各个组团间呈分散状态。

2. 城市肌理的重构：多元到一元

进入到这一时期，由于受到现代城市性质的影响，城市的空间肌理特征逐步发生变化，总体上在旧城区和新区有所分异。但由于宜昌在20世纪60年代以后对旧城进行了更新，其分异特性并不突出。

1）旧城城市空间形态的缓慢变化

1949—1979年，受社会经济发展水平及计划经济的制约，宜昌城市形态演变以外延式扩展为主，同时在老城区内更新改造亦较多，古城的风貌特征逐步发生改变。

由于宜昌在抗日战争时期破坏严重，其城市贫民大多居住条件简陋。且宜昌的民居主要以竹、木等不耐久建筑材料所形成，数量多，在中华人民共和国成立后曾大量重建。尤其是在20世纪60年代，宜昌曾在古城区进行了较大规模的旧城改造，其建筑形式和建筑风格逐步发生变化。同时"文革"时期的"破四旧"所导致的文物建筑破坏等均对宜昌古城特有的城市空间形态造成了一定的损害，城市建筑形态逐步受到现代以功能为主导的建筑设计思想的影响，和古城区外的新区的建筑形式相似，其建筑风格虽有分异但亦有所趋同。

此外，由于旧城内存在相当数量建筑质量较好的建筑，在其后的发展中并未受到严重破坏。同时受到经济条件的限制，本着勤俭建国的思想，旧城改造主要以翻建维修为主，由于技术和经济的原因，多为低层建筑，其高度大多不高。在改造过程中，城市道路结构、道路宽度及线形并未发生大的变化。因此，旧城区的城市肌理并没有发生根本性的改变，基本保留了民国时期小网格路网的形态特征。

2）新区城市风貌趋同

新城区的建设是和国家的政治经济政策紧密相关的。由于宜昌的城市扩张在这一时期特别是在 1965 年以后集中形成，其规划格局、建筑形式等都带有典型的趋同性特征。

1966 年以后，一批三线建设工程在宜昌定点建设，其厂区规划都由所在部委设计单位设计。这些规划受到以工业生产为主体考虑的功能需求而较为忽略其内部空间和建筑风格多元化的营造，工厂、居住建筑模式单一。这种以功能为主要考虑的设计和管理方式使得新区的城市风貌趋同。同时由于其功能类型虽然有所增加，但工业和居住以外的商业并不发达，而商业建筑正是城市建筑多样化的重要组成部分。这些因素都造成新区的城市肌理较为简单。

另一方面，中华人民共和国成立以后出于政治观念和物质生产的需要，城市规划建设的指导思想缺乏历史文化传承的相应观念，因此对于城市中富于历史特色和文化信息的建筑、街道只是以是否有居住等使用价值作为标准。尤其是在"文革"时期的"破四旧"，导致其城市空间为数不多的历史建筑受到较大冲击，城市空间特色有所减弱。

总的来讲，这一时期，宜昌城市空间的肌理特征由于受到功能优先原则的影响而出现了城市整体风貌趋同的特征。虽然古城和新区有所分异，但由于古城规模小，在城市扩大以后对城市的影响力减弱，因此其分异的表象并不突出。城市肌理特征逐步由民国时期的多元化转变为一元特性，原来形成的异质空间逐步转变为同质形态。

3. 空间组织的割裂和城市中心的缺失

工业化建设的指导思想忽略了城市在组织生产、组织生活中的重要作用。企业社会形态成为典型模式。这些企业由于规模大，均形成相对封闭独立的邻里形态，"五脏俱全"，其单位大院的模式特征造成了城市空间的割裂。

由于在这一特殊的历史时期，国家依据"全国一盘棋"原则，统筹经济发展计划，并通过大型建设项目带动国家经济建设的发展。这些企业规模大，人口多，而在管理上又分属于各部委直属，这就造成了小范围内基础设施和社会设施的过剩，而大范围内和城市体系脱节；强调生产与生活相结合，独立配套，形成以国有大中型企业为核心的地域组团。到 20 世纪 70 年代后期，宜昌的主要结构正是由这些大型的工厂组成其城市结构的基本单元，葛洲坝城区是宜昌最为巨大的工业组团，伍家岗工业组团的构成则较为简单。大型工厂事实上代替了城市的结构职能。

这些工业组团的内部要素组织在形成过程中一般以单位为中心，形成封闭的工作—生活社区，用地普遍较大。另外，即使在同一区域，其资源配备亦各自为政。这种模式使得工厂承担了大量的社会职能，构成城市工业、居住等形态的主要组成部分从而形成主要由单位组织的自我封闭式社区构成的城市空间结构体系。宜昌亦是由这样一些相对独立的"城中城"组成的，具有明显的"城市单元区"特征。

同时，这些组团由于工厂的管理体制和城市管理模式的不同步从而变得较为割裂。如葛洲坝城区在相当长的时间内受到葛洲坝工程局和宜昌市的二元管理，但宜昌市的管理体系并未在葛洲坝城区建设中占据主导，葛洲坝工程局内部有相应的城市管理部门，其管理主要受工厂管理模式的限制，在业务上、人事管理上都和宜昌市脱钩，这种管理模式造成了城市空间之间并未完全协调而各自为政。

由于工业化建设的指导思想忽略了城市在组织生产、组织生活中的重要作用，城市的管理职能有所削弱。同时，城市的一体化建设也并未完全形成体系，第三产业的交通、流通不畅，文教、卫生事业发展较慢，城市公用事业也未得到充分发展。由于宜昌呈典型的带状城市特性，城市上下游之间距离较远，其市内的交通方式将直接影响到各个片区之间的联系。而宜昌市的交通体系在这一阶段虽然建立了较为完善的道路体系，但城市交通仍然不便，如城市南端的伍家岗片区，距离市中心约12km，其服务设施差，公共交通到20世纪80年代初期仍然仅有1路公共汽车，乘客拥挤不堪。这都严重影响到城市各功能片区之间的联系。

4. 城市交通体系

1）城市的对外交通体系

（1）宜昌的对外交通线路

这一时期，宜昌的交通体系得到了迅速发展。对外交通港口水运的现代化改造形成了宜昌传统主导交通方式的飞跃。同时，以公路、铁路、航空为代表的现代交通方式也有了飞速发展。

中华人民共和国成立初期，宜昌市以政府为主要组织机构，逐步恢复水陆运输。从1953年开始，国家根据经济建设的布局和国防建设的需要，进行有计划的交通运输建设。20世纪50—60年代中期，宜昌仍然处于以水运为主、陆运（公路）为辅的运输布局。在"文化大革命"期间，宜昌的交通受到严重破坏，但其生产运输并未中断。自20世纪70年代初期，公路建设的发展、鸦官铁路的修建、民用航空的形成，使宜昌进入现代交通运输的新时期。

公路：宜昌的对外交通体系随着多条公路的建设而改变了1949年以前的落后局面。在1949—1979年这一段时间，尤其是在1971年以后，宜昌对汉宜公路宜昌境内的多段路面进行整修，并铺设水泥或沥青路面。

宜保线也在1965年全线通车。路线起于宜昌市，由南向北，途经宜昌县小溪塔、远安县、保康县，全长204.22km。此后多次修葺，成为宜昌市伸向北部山区的一条高级水泥道路。

宜周线于1964年全线通车。该线路是为宜昌至周富口公路，为318国道辖段。318国道其自上海、途经南京、合肥、武汉、成都、拉萨至聂拉木，全程5476km，是我国东西向公路主干线。宜周线的建成，成为宜昌市西南至长阳，接汉渔线（汉口至恩施渔泉口），汉川线（今重庆万州、涪陵）的重要通道。

宜莲路于1973年通车。该线路为宜昌市西北通往宜昌县莲沱、邓村、大老岭林区的县级公路。起于宜昌夜明珠，经南津关、三游洞、天柱山，通过全省最高等级的干钩子大桥至莲沱，全长32.3km。该线路原系专用公路，1980年交由地方管理。宜莲线对国防建设、山区经济开发起到重要作用，同时也是通往三峡风景区的旅游公路。

除了以上干线，宜昌在此期间，还修建了大量区乡公路：武家乡公路，是宜昌市的东南门户和交通要道。窑湾乡公路位于宜昌市区东北部，是宜昌市的东北门户和交通要道。在长江南岸修建了点军乡公路，是宜昌市西南门户的交通要道。联棚乡公路位于长江南岸，1984年并入市郊。

这一些干道和区乡公路的建设，改变了1949年以前宜昌封闭的陆路交通格局。并使宜昌和周边区乡的联系更为紧密。宜昌自古以来交通闭塞的区位特征得到显著改善。

水路：宜昌至各地的轮船运输航线从1949年8月到1950年得到全面恢复。宜昌作为长江航道的重要港口，往返渝汉、渝申线船舶，均在宜昌港停靠。随着长航宜昌港务局的组建和私营轮船企业的社会主义改造，长航轮船进出宜昌港，形成远近结合，层次丰富的航运体系（表7-3）。

1949—1979年宜昌轮船运输线路一览表　　　　　　　　表7-3

航线名称	长度（km）	备注
宜昌—沙市线	—	1949年开通
宜昌—汉口线	—	1949年恢复
宜昌—秭归线	85	1949年恢复
宜昌—重庆线	—	1949年恢复
宜昌—巴东线	110	
宜昌—太平溪	48	1958年首航
宜昌—白洋	41	1960年首开

来源：宜昌市交通志编纂委员会. 宜昌市交通志 [Z], 1992.

航空：如前文所述，1949年以前，宜昌曾数次建设飞机场，但均毁于战火。土门垭，地处宜昌市东南郊外，距市中心25km。民国30年（1941年），侵华日军强征中国民工在土门垭历时一年建成土门飞机场，1945年日军投降，机场关闭。1953年中央军事委员会民航局恢复启用。1960年，国家困难时期曾一度关闭，1963年9月复航。

宜昌民航站，自1954年正式开航，1954年开通宜昌至武汉航线，航程280km，采用安二、运五型飞机，航线飞行历时1小时，在1980年以前，为不定期航班。班机有时也改飞恩施—宜昌—武汉航线或"汉宜渝"航班。并承担不定期的（航线航班）包机任务。总的来说，这一时期，宜昌的航空虽有发展，但规模小。

铁路：宜昌在中华人民共和国成立前虽然有过铁路建设的尝试，但一直未能成功。中华人民共和国成立后，国家从备战布局和建设需要出发，南北钢铁运输大动脉——焦柳铁路于20世纪60年代末全面动工。北段焦枝线的宜昌工段，于1969年开始施工，1973年完工通车，长74.96km。南段枝（城）柳线的宜昌工段，于1970年开始施工，1973年完成通车，长51.4km。

宜昌同时也为三线建设和葛洲坝工程兴建了大量基础设施。尤其为确保葛洲坝水利工程施工中的设备、材料的巨大运量，能直接通往葛洲坝工程的鸦官铁路在20世纪70年代中期也投入使用。

此外，随着枝城大桥于1966年动工兴建，1971年正式建成通车，焦柳铁路逐步开通。这成为宜昌有铁路的开始，宜昌的对外货运和客运进入到一个新的时代。

（2）港口区的下迁

这一时期，虽然现代的交通方式逐步改变了宜昌的交通格局，但作为一个港口城市，其港口的发展仍然是这一时期的重要内容。作为对外交通的主要通道，宜昌港区码头在这一时期进行了现代化改造。并在城区新修了若干现代码头。宜昌的码头设施逐步完善，成为交通体系中对宜昌城市空间形态影响较大的因素。

1949年以前，宜昌的码头集中在原古城以南至大公桥区域，分布较为集中。且宜昌港码头布局混乱，港埠设施落后。随着长江航运的日益发展，以及城市工业的迅速提升，宜昌港口逐步下迁形成新的港口格局。

宜昌港在中华人民共和国成立以后原有14座码头，1~8号码头，在枯水季节距离坡岸太远，河坎坡度过大，不宜于装卸。而洪水季节水流湍急，不利于船只停靠。而原11、12、13号码头比较适用。苏联专家沙拉托夫在1956年的城市总体规划中，认为10号码头以下的水位及地形适合港口装卸作业，而规划了新的港口区。

从1953年起，宜昌港口作业区逐步下移。新的作业中心，从10号码头至宝塔河，全长约2.65km，面积约1.264km²。到1954年，多数轮艇已全部在8号码头以下装卸。后为方便旅客，在10号码头由港务局和民生公司合资兴建了候船室（即现在的老候船室）。此后，各航运机关也随之下迁。港务局由大公路下迁至13号码头大院内（美孚旧址）。到1954年，在13号码头大院兴建港务大楼。

经过数年的建设，逐步形成了宜昌现代港口的区位特征。而在20世纪50年代中期以后，宜昌港随着工业的发展逐步由中转港向始发港转变。这也标志着宜昌由单纯转运港口性质逐步走向为转运和始发相结合的现代港口。经过数年的建设，到1958年，宜昌市运输公司调查码头共计48座。其中，20座为宜昌市兴办工厂所建码头。三线建设和葛洲坝工程开工，宜昌港口一时货满人拥，为解决运量大于运力的矛盾，新修改建了若干码头。

这一时期，宜昌形成了新的码头格局，传统码头逐步向现代码头过渡。码头分布逐步由集中走向分散，在从老城区到伍家岗，码头沿岸分布主要形成两大片区：老城码头区和大公桥至万寿桥片区。此外，依托工厂也形成若干分散的工区码头。

2）城市内部交通

（1）城市道路体系

宜昌的内部交通体系在中华人民共和国成立后逐步得到发展。1949年以后，由驻宜部队率先修整道路，接通下水道，排除淤泥。此后，以政府为主导，开始大量翻修马路，对旧城道路进行降坡、拓宽、取直等工作。此后，逐步将泥结路面改为三合土、油渣路面。

到1956年，宜昌新修胜利一路，此为宜昌第一条水泥混凝土路面。1958年，动工修建东山大道。1959年修通东山大道一段及周围部分道路，环城东路、解放路、中山路、云集路（中段）、二马路、红星路、一马路等相继铺装水泥路面或沥青路面。此后，城市道路建设不断发展，特别是葛洲坝水利枢纽的兴建，城区道路发生了重大变化。到1979年，宜昌市道路总长86.7km，总面积113.52万m²。城市的道路骨架形成。

城市路网由于受到带形城市的影响，逐步形成了三横多纵的城市道路格局。

所谓三横，即沿长江形成东山大道、沿江大道、夷陵路三条主要道路，从西折向东南，纵贯全市。其中，东山大道最为重要。其傍东山呈弧形走向，长约 12.2km，路面宽 30～50m，其中车行道 18m。东山大道是纵贯宜昌市区的主干道之一，也是宜昌沟通南北交通的主要过境干道。

夷陵路位于宜昌市区中部，是在汉宜公路的基础上扩建起来的。该路北起东湖一路，经葛洲坝、西陵、云集路、万寿桥，到达伍家岗，并在伍家岗的白马山与东山大道汇合并与汉宜公路相连。该路长约 10.3km，路面宽度不一。夷陵路是纵贯宜昌市区的又一条主干道，处于东山大道与沿江大道之间，沿途工厂密布，库店间设，为宜昌一条生产性主干道。

沿江大道北起三江船闸，沿三江下航道向南延伸，至于宜昌港 10 码头。长约 7.3km，宽 36～54m，车行道宽 18m。该道路傍滨江，道路平直宽敞，绿树成荫，成为宜昌沿江重要的特色道路。

所谓多纵，在纵向上形成多条次干道和支路，并和三条横向干道联系。其中从北向南依次有西陵一路、西陵二路、云集路、胜利四路、胜利三路，此外还有港窑路、中南路、桔城路等。

由于受到地形的限制，其网格状布局主要集中在从葛洲坝到胜利三路区域内。从胜利三路到伍家岗，由于地形狭窄，腹地浅，东山大道和夷陵路还多次相会。

（2）城市交通方式

这一时期，虽然宜昌的城市道路有了飞速发展，但其城市内部交通并不通畅。中华人民共和国成立初期，市内交通工具只有 314 辆人力车，在 20 世纪 50 年代后期出现三轮车。这些交通工具主要依靠人力，虽然此后的三轮车有所发展，曾在 1958 年购买了部分机动三轮车，但由于宜昌的城市带形特点，这些车辆仅仅能在老城区一带活动而不适合远行。

随着交通方式的变化，在 1959 年 4 月宜昌市公共汽车通车，行驶路线为从北门口往返伍家岗。从此市内交通逐步机动化，人力车逐步退出。但机动车较少，到 1971 年，整个宜昌市也只有 26 辆公共汽车[①]。到 1978 年，宜昌的公共汽车 81 辆，公共汽车线路 6 条[②]，远远不能适应市内交通的需要。特别是早晚高峰和节假日，十分拥挤。

公共汽车公司曾对各企业事业单位办理月票，但由于客流量大且乘车时间集中，职工上下班时乘车难，同时，月票价格偏低对公共汽车公司也形成了一定影响，到 1979 年停办月票。为了解决职工上下班的问题，在 1979 年以后，地处伍家岗的八一钢厂、宜昌棉纺织厂、旭光棉纺厂等单位率先自办交通车，才使市民乘车难的问题稍有缓解。

总的来分析，宜昌在这一时期，市内公共交通长期落后，而这种落后对宜昌的城市空间造成了较大的影响。不仅直接影响到城市公共服务设施的服务半径，同时在深层次上加剧了城市空间的割裂，对城市空间的各个层面都有不可忽视的负面作用。

---

① 宜昌市交通志编纂委员会. 宜昌市交通志 [Z]. 1992.
② 宜昌市革命委员会基本建设委员会. 关于宜昌市总体规划与近期建设问题的汇报提纲（1978 年），宜昌市城建档案馆提供.

7.3.3 城市功能要素营造

1. 城市功能要素的构成

这一时期，由于受到国家经济政策和城市发展思路的影响，城市的功能要素构成发生了相当大的变化。由于科技的进步和社会制度的变革，一些新的城市功能要素逐步出现，如以工人新村为代表的新的居住形式，以公众服务为对象的公共建筑空间体系，以社会主义城市管理为目的的城市行政管理体系，在这一时期开始出现并得到迅速发展。同时，一些城市功能要素逐步具备现代化特征，由传统的功能构成转向现代功能体系，商业、金融、教育、医疗、城市公园等形态逐步走向科学化，城市的功能要素构成逐步现代化。

另外，由于受到工业城市和单位体制的局限，城市的发展重心转向工业建设，功能要素的构成受到社会主义体制的影响，尤其是以国有化为特征的社会主义改造，城市的功能要素也有简单化趋向。一些传统的功能要素逐步消失，如在中华人民共和国成立前在宜昌大量存在的钱庄都被现代的银行体系所替代，商业、服务业等多元化构成逐步由单一国营单位体制取代。在1949年以前在城市空间中影响极大的宗教建筑逐步被改作他用，宗教影响也逐步削弱。

尤其在1966—1976年"文化大革命"时期，市场被看作"两个阶级、两条道路、两条路线斗争的阵地"，集市贸易被视为"滋生资本主义的土壤"，个体经济是"资本主义尾巴"。在这种左的思想指导下的"砍、割、伐、斗"，使得集贸市场衰败零落，个体经济收缩殆尽。这一过程中，作为城市功能要素多元化最重要的组成部分个体经济消失，使得城市的功能要素逐步走向简单。其构成由中华人民共和国成立前的多元态势逐步走向单一。

在这一过程中，由现代城市体制所带来的城市功能逐步集中在管理、工业、居住和为城市居民服务的公共空间等几种种主要功能形态上。尤其后工业和居住形态占地广、规模大，且和居民的工作、生活有着不可分割的联系，构成计划经济时代城市功能要素的主体。

2. 工业用地营造特征

现代宜昌的发展，是以大规模工业建设为主导的，工业用地的发展规模和布局定位对城市空间结构的影响十分突出。工业用地在宜昌计划经济时代占有了大量的空间，是宜昌最为主要的空间形式。其发展经历了中华人民共和国成立初期的初创、1965年开始的三线建设以及1970年开始的葛洲坝工程建设三个主要阶段。前文已有论述。

宜昌的工业用地发展受到了现代城市规划的深刻影响。早期的城市工业的发展，主要依托旧城区，建立了一批小型的工业企业，其用地较小，用地特征上也较为杂乱。为了能更好地为葛洲坝工程服务，在1959年宜昌市总体规划中，根据企业性质、建厂条件、环境卫生及现状分布，规划有8个工业区：伍家岗工业区、乌石铺工业区、宝塔河工业区、樵湖岭工业区、西坝工业区、小溪塔工业区、旧城区和土门垭工业区。这一个规划基本奠定了宜昌城市工业发展的方向。在其后的建设中，基本按照此思路进行，到1975年基本形成骨架，并在随后几年里随着大批企业投产，逐步形成了宜昌现代城市工业的基础。从宜昌分区特征和用地特征来分析，其具有在计划经济时代工业城市的特有优缺点。

1）组团特性明显，形成相对集聚的工业用地

依照总体规划的实施，到1975年，宜昌市已经形成工业企业221个，职工46250人，

用地 434hm²[1]，已经形成了若干个较为集中的分区，基本贯彻了 1959 年宜昌总体规划的思路。

旧城区由于没有良好的规划而主要在中华人民共和国成立初期形成一些小型的工业企业。到 1975 年工业企业共 67 个，职工 12276 人，用地约 42hm²。其工厂大多是小型的加工业，利用大厂边角废料，与大厂配套合作生产，或为社会填空补齐生产缺门产品的小型企业或街道工业。

到 1974 年，宜昌逐步形成了多个新兴的工业区，包括宝塔河工业区、伍家岗工业区、铁路坝（包括樵湖岭）工业区、西坝工业区、东山工业区和江南工业点，共分布 154 个工厂，职工 22974 人，占全市工业职工人数的 75.45%，工业用地 392hm²，占宜昌市工业用地 434hm² 的 90.32%，中央、省、市主要工业企业都分布在这些工业区内。

宝塔河工业区：是市属综合性工业区。建设有电厂、纸厂、麻纺厂、水泥厂、开关厂、瓷器厂、电焊条材料厂、微型电机厂、轴承厂、制氧厂、中南橡胶厂、锅炉厂、肉类联合加工厂等，职工 5941 人，已用工业用地 66hm²。该区部分工厂沿河紧靠，仅汉宜公路西侧有少量空地可供扩建。

铁路坝（包括樵湖岭）工业区：是以市属机械、制药、电子为主的中小型工厂组成的工业区。建设有柴油机厂、电池厂、一机械厂、起重机械厂、地区农机厂、钢球厂、轮胎厂、电线厂、制药厂、电子管厂、硬质合金厂、力车配件厂、陶器厂、农药厂、玻璃厂、玻璃纤维厂等，职工 5675 人，已用工业用地 27.42hm²。

伍家岗工业区：是以纺织、纺机、钢铁为主的工业区。建设有棉纺厂、纺织机械厂、染整厂、旭光棉纺厂、内衣厂、县船厂、钢厂、砖瓦厂、水泥制品厂、红卫化工厂、树脂厂、省二建加工厂等，职工 9396 人，用地 71.18hm²。

东山工业区：已建 403 厂、515 厂、中南冶金机修等以机械为主的中央大中型工业企业，工厂 7 个，职工 3593 人，工业用地 127.96hm²。各厂大都采取工厂进沟、住宅上坡、自成一体的分散布局。

江南工业点：建有红旗电缆厂、红光港机厂等，职工 2000 人，工业用地 29.7hm²。

西坝工业区：建有长航宜昌船厂、磷肥厂、峡江造纸厂、利民烤胶厂、三峡制药厂、民康制药厂，职工 2846 人，工业用地 33.61 人。

乌石铺工业区：位于长江下游伍家岗工业区斜对岸，靠山近水，具有良好的建港水域条件。建设有宜昌县化肥厂[2]。

在工业布局上，1965 年以后形成的工业区，多有规划指导，职能分工较明确，配置有数量不等的生活服务设施，且具有明显沿交通轴向发展的特征，性质上以重工业为主；而老城区由于多是自发形成，缺乏规划引导，因而显现"散乱"的特征，性质上以轻工业为主。

---

[1] 湖北省宜昌市革命委员会城市规划领导小组. 1975 年宜昌市城市总体规划说明书（初稿），宜昌市城建档案馆提供。
[2] 同上.

2）用地特性：混杂和飞地。

从其用地来看，由于宜昌特有的地形特征和三线建设对用地的要求，其用地特征呈现"混杂"和飞地特性。

所谓混杂，由于宜昌在工业建设中以工业的门类集中为原则，形成相对集中的功能区，其不可避免地带来功能分区之间的居住用地和工业用地的混杂。由1979年城市建设现状图中我们可以看出，在铁路线以南区域，工业用地和居住用地在老城区虽有混杂，但由于其工业规模小，居住用地仍然占据主导地位，而其他片区都是居住和工业用地犬牙交错而形成混乱的状态。

另外，由于在宜昌几个较为集中的工业区，其工业用地规模巨大，其内部再次形成大院制的居住和工厂混杂模式，这种混杂更为彻底。

所谓飞地，主要集中在城市铁路线以北和长江以南，由于受到三线建设的要求，这些地段山高林深，交通极不通畅，其用地以"企业办社会"为组织方式，自成一体，形成相对独立的空间形态，和城市基本没有联系，呈现零散的散乱布局特征。

这种布局形态造成了城市空间发展的巨大阻碍。混杂的布局特性使得城市居住环境较为低劣。如大量工厂分布在人口稠密的旧市区，工厂与居住区混杂，用地十分拥挤，同时部分工业对环境保护、防火安全、城市建设、交通组织等都带来一定危害，如宜昌市染整厂、毛巾厂、棉维织布厂、峡江造纸厂、仪表厂、烤胶厂、机场电器厂、木器厂、油漆化工厂、棉絮厂、陶器厂、农药厂等。同时，由于旧城区建筑密集，人口密度大，部分工业对居民生活造成了较大影响。如电池厂、棉织厂、床单厂、袜厂、钢锹厂、制线厂、制革厂、二机械厂等。甚至还有部分工厂如电池厂还有"三废"的车间。

西坝工业区的用地也产生了较为严重的问题。如烤胶厂、纸厂、药厂、粉厂因居于城市上游地段，排放废液污染水源，又因三江航道开挖，以及葛洲坝工程施工，都对居民生活造成了一定程度的干扰。

这种混杂的城市形态所造成的问题虽然在1975年的城市规划中亦有所认识，并对旧城区和西坝工业区提出了迁建的具体措施，但由于受到工业化思想的深刻影响，其规划的指导思想仍然是营造一个以工业为主导的具有工业便利的城市结构体系，其城市居住环境并无大的改善。

3. 居住用地营造特征

居住区是指城市中住房集中，并设有一定数量及相应规模的公共服务设施和公用设施的地区，是一个在一定地域范围内为居民提供居住、游憩和日常生活服务的社区[①]。居住分异是指不同收入住户选择住房趋于同类相聚，空间地域分布趋于相对独立、相对分化的现象[②]。

在计划经济体制下，宜昌城市住房普遍实行的是以国家和单位为建设主体，居民可以由所在单位根据相应的条件配给住房，其个人的选择余地较小。城市功能定位、城市社会

---

① 赵蔚，赵民. 从居住区规划到社区规划 [J]. 城市规划汇刊，2006（6）：68-71.
② 叶迎君. 面向新世纪的居住区规划趋势分析 [J]. 城市研究，2000（4）：57-60.

经济发展水平以及城市规划的控制等因素决定了居住区建设的方式及建设等级；而单位的性质、位置、级别、规模、分房制度等因素决定了居民住房的面积、位置的分配。总的来讲，居住建筑受到计划时期的重大影响而具有强烈的时代特征。

1）宜昌居住空间建设的阶段分期

从阶段来分析，宜昌的居住空间经历三个主要阶段。1953—1966年以工人新村的建设为主体；1966年开始进行旧城改建；1972年以后由于三线建设和葛洲坝工程的展开，以集资统建为主要方式的大规模住宅区建设。其阶段特征明显，并逐步形成了以国家和企业建设为融资主体，以企、事业单位为基本单元的建设特征。

（1）1953—1966年的工人新村建设

在这一时期，工业化的指导思想带来了城市人口的大量增加，宜昌的城市建设中除了工业企业的建设，住宅建设也成为城市空间发展的一个重要内容。1951年，宜昌成立"宜昌市工人宿舍建筑委员会"。1953年至1966年，宜昌市区共建成港务新村等10个工人新村住宅（表7-4），房屋建筑面积达77942m²，安排居民2472户，8489人。

由于受到资金的限制，工人新村的建设在20世纪50年代主要以砖木结构平房为主，多为一层。到20世纪60年代开始采用砖混结构瓦屋顶建筑形式，2~3层居多。

（2）1966年开始的旧城改造

中华人民共和国成立初期，宜昌城区居民住房条件虽然较中华人民共和国成立前有所提高，但居住质量仍然很差（图7-3）。到1964年，还有各类简易结构房屋6306栋，面积

1953—1966年工人新村建设情况一览表　　　　　　　　　　　　　　　表7-4

名称	位置	建成时间	所属
港务新村	宜昌市区港窑路与建设新村之间	1953年	长航港务局职工宿舍区
	计有房屋25栋，建筑面积共12060m²，住有居民390户1365人		
建设新村	宜昌市区航运新村于港务新村之间	1953年	长航宜昌港务局职工住宅区
	计有房屋19栋，建筑面积共9301m²，住有居民257户899人。		
航运新村	宜昌市区宜昌地区医院（今宜昌市中心医院）与建设新村之间	1954年	宜昌港务局职工住宅区
	计有房屋24栋，建筑面积共10471m²，住有居民710户2486人		
邮电新村	宜昌市区河运新村与宜昌医专（今三峡大学医学院）之间	1954年	宜昌市邮政局职工宿舍
	建成于1954年，平房1栋，建筑面积306m²，1988年拆除原平房，重建五层楼房1栋，建筑面积1693m²，住有居民30户102人		
长航新村	宜昌市区西坝中部偏南，西坝三路、西坝四路、建设路与西坝路之间	1956年	长航宜昌船厂职工宿舍
	计有房屋7栋，建筑面积共5426m²，住有居民109户370人		
河运新村	宜昌市区张家店新村与邮电新村之间	1956年	长航宜昌港务局职工宿舍区
	计有房屋13栋，建筑面积共8209m²，住有居民270户945人		

续表

名称	位置	建成时间	所属
联合新村	宜昌市区西坝南部，向家牌坊与市第九中学之间	1957 年	民康制药厂、利民化工厂、下降造纸厂等单位联合修建
	计有房屋 2 栋，建筑面积共 1796m²，住有居民 58 户 170 人		
工人新村	宜昌市区胜利三路东北段西北侧	1966 年	宜昌地区建筑总公司职工住宅区
	又称"建筑新村"，内有"上建筑新村"与"下建筑新村"之分。上建筑新村：系宜昌地区建筑总公司职工住宅区，1966 年建成住宅 6 栋，建筑面积 3528m²，20 世纪 80 年代新增住宅楼 1 栋，建筑面积 1672m²，1990 年底计有房屋 7 栋，建筑面积共 5200m²，住有居民 107 户 372 人。下建筑新村：系宜昌市建筑工程公司职工住宅区，1958 年建成砖木结构二层楼房 2 栋，平方 1 栋，建筑面积 2324m²，住有居民 72 户 252 人，1990 年新增住宅楼 4 栋，建筑面积 12420m²，住有居民 194 户 776 人。截至 1990 年底，下建筑新村有建筑 7 栋，建筑面积 14744m²，住有居民 266 户，1028 人		
宜大新村	宜昌市区西坝南部、新兴街北段两侧	20 世纪 50 年代	原宜大砖瓦厂职工宿舍
	计有大小房屋 31 栋，建筑面积共 2349m²，住有居民 49 户，172 人。		

来源：贺新民. 宜昌市房地志（1840—1990 年）[Z]，1992.

图 7-3 20 世纪 60 年代的宜昌老城区
来源：宜昌市地方志办公室

27.91 万 m²，居民 9774 户，3.99 万人[①]。从 1966 年开始，由地方财政拨款，对宜昌的旧城区进行了大规模改造。

1960 年的宜昌总体规划中曾经提出了"全面规划、充分利用、逐步进行、彻底改造"的方针，同时提出了旧城改造的四条政策措施："拆平房建楼房；旧城空地必须保留，不准建房；适当集中利用旧料；采取国家和群众相结合的方法"。虽然此后几年旧城改造因为种种原因并未大规模展开，但时隔六年后的 1966 年开始的旧城改造基本遵循了该次规划中所确定的方针和方法。在发动群众，自己动手；政府和人民相结合，对少数居民经费和物质上确有困难的住户，由政府给予一定必要资助的组织体系下，采用多种方式进行改造。

A. 将草顶、杉皮顶，改为瓦顶，将席墙、木板墙改为砖墙或土砖墙；对于和工厂（合作社）企业、学校、仓库、公共娱乐场所在 15～20m 以上的易燃易爆建筑结构房屋按照"搬

---

① 贺新民. 宜昌市房地志（1840—1990）[Z]. 1992.

迁、拆除、改造、限制"的方针，有计划的分批逐步解决；

B．对于一些较大的以竹、木、草、席成片的棚户区，本着先易后难、先重点后一般的原则，逐步缩小木屋密集区的范围，首先将木屋密集区的居民有计划的动员搬迁，对不能搬迁的房屋，改变其原结构，以改善防火条件，确实有困难的，采取按段、片适当开辟防火间距或建筑防火隔墙（对 20 栋以上成片的棚户区）

C．对新建、扩建、改建的房屋，必须严格控制，不论任何单位和个人在市区范围内均不得乱搭盖[1]。

同时，在资金上地方财政提供了必要资助。1966—1979 年从地方财政拨款给市房地产局 610.38 万元，用于危旧房屋的翻改建（表 7-5）。

1966—1979年地方财政拨款情况一栏表（单位：万元）　　　　表7-5

年份	金额	年份	金额	年份	金额
1966 年	48.74	1971 年	30.00	1976 年	5.00
1967 年	41.12	1972 年	55.00	1977 年	11.00
1968 年	45.64	1973 年	76.19	1978 年	5.00
1969 年	39.60	1974 年	99.02	1979 年	76.37
1970 年	39.00	1975 年	38.70		
小计	214.1	小计	298.91	小计	97.37
				合计：610.38	

来源：贺新民. 宜昌市房地志（1840—1990 年）[Z]. 1992.

本次旧城改造自 1966 年开始，成果显著，住房质量大幅提高。按照对新建、翻建及改建房屋的建筑面积（表 7-6）来看，其新建的建筑面积总体呈大幅上升势头。

1966—1979年宜昌市房地产局历年新、翻、改建房屋一览表　　　表7-6

年份	房屋建筑面积（m²）	其中			年份	房屋建筑面积（m²）	其中		
		新建（m²）	翻建（m²）	改建（m²）			新建（m²）	翻建（m²）	改建（m²）
1966 年	8855	2306	6549	—	1971 年	6060	1363	3612	1085
1967 年	10852	3387	6445	1020	1972 年	13734	3917	8848	969
1968 年	6886	5086	1321	479	1973 年	18605	17959	646	—
1969 年	12493	6254	4749	1490	1974 年	4131	4131	—	—
1970 年	5617	2765	2708	144	1975 年	10175	10175	—	—
小计	44703	19798	21772	3133	小计	52705	37545	13106	2054

[1] 贺新民. 宜昌市房地志（1840—1990 年）[Z]. 1992.

续表

年份	房屋建筑面积（m²）	其中			年份	房屋建筑面积（m²）	其中		
		新建（m²）	翻建（m²）	改建（m²）			新建（m²）	翻建（m²）	改建（m²）
1976 年	9243	9121	—	122					
1977 年	19869	17884	1985						
1978 年	46438	34056	8416	3966					
1979 年	14730	—	8984	5746					
小计	90280	61061	19385	9834	合计	187688	118404	54263	15021

来源：贺新民. 宜昌市房地志（1840—1990 年）[Z]，1992.

（3）1972 年开始的集资统建

到 20 世纪 70 年代初，随着三线建设的展开和葛洲坝水利枢纽工程的兴建，宜昌的人口急剧增长，群众住房紧张。为缓解住房矛盾，宜昌开始在全国最早推行"六统"集资建房模式。并提出"住宅建设要与社会投资相结合，要与工厂建设相结合"，"住宅建设一定要推行六统一"，从此宜昌开始"六统"集资建房。截至 1976 年，近五年的时间参加"六统"的单位达 27 家，集资总额达 214.69 万元，其中住宅 366 套，1.49 万 m²，商店和办公用房 0.72 万 m²。

1978 年在中共中央《关于城市建设工作的意见》和国务院《关于加快城市住宅建设的报告》下达后，宜昌的"六统"集资建房又有了新的发展，资金渠道除企事业单位集资外，还增加了地方财政投资、国家补助投资和城市道路拆迁安置集资。凡通过宜昌市计委批准的住宅建设项目，都纳入到"六统"建房的范畴。截至 1983 年，7 年新参加"六统"的单位有 141 个，共集资 5160.04 万元，建成房屋 37.17 万 m²。其中住宅 35.03 万 m²，6414 套，商店和办公用房 2.13m²。

"六统一"实施以后，1973—1983 年参加六统的单位计有 168 个，共集资 5374.63 万元，竣工房屋 139 栋，建筑面积 39.38 万 m²，其中统建统管 48 栋，17.23 万 m²；自建统管 24 栋，4.7 万 m²，自建自管 67 栋，17.45 万 m²[①]。

集资统建作为宜昌居住开发的新模式，在提高居住水平方面发挥了重要作用。由于其标准相对较高，建筑质量相对较好，其居住环境和原来的以棚户为主的旧城区不可同日而语。

2）单位大院体制下的居住空间封闭和割裂

从 1949 年到改革开放前，我国城市居民住房以"国家配给制"为主要特征。城镇居民个人无权自由选择或者购买住房，房屋产权属于国家所有，由国家统一分配[②]。而且国家配

---

① 贺新民. 宜昌市房地志（1840—1990）[Z]. 1992.
② 张文忠. 城市居民住宅区位选择的因子分析 [J]. 地理科学进展，2001，9（3）：268-275.

给是以单位为基本单元进行分配，单位是我国这一时期城市居民生活的最基本组织，是指给城市居民提供各种就业机会的企事业单位及有关政府和公共机关等。"单位制"居住空间是计划经济体制下城市大规划与单位内小规划的空间表征和组织结果[①]。而这种模式使得居住空间既存在以稳定性为特征的优势，也造成城市整体空间的割裂。

在单位制的居住空间组织模式下，以单位为基本单元，在物质形态上形成较为封闭围合的内部空间，这种居住空间由于具有一定的私密性而较为稳定。一方面，由于单位制居住区内的住户一般同属一个单位，收入水平差距不大，生活方式也具有一定相似性。这种一致性容易形成彼此认同，从而形成和谐的文化氛围和社区文化，比较容易产生一种归属感。另一方面，这种封闭围合的空间将居民引导在一定范围内，其活动空间相对固定，可以增进居民之间的交往，便于提供户外活动场所，符合居住空间需要安全性、安定感和邻里交往的要求。

同时，如前文所述，单位制事实上也造成了社会和空间的割裂。由于在单位制的组织模式下，居住空间由单位来组织，单位内部虽然较为稳定，但由此造成的排外气氛较浓，容易形成以单位为组织的社会团体，而在宜昌这一点尤为突出。葛洲坝城区的居民在相当长的时间内，并不为宜昌市区的居民所认同而具有一定的歧视性。另外，由于单位大院都以围墙作为边界，而作为城市公共空间的公园、广场以及商业空间在这一时期并不发达，这也造成了各单位人员之间的交流较少而形成这一时期固有的社会问题。

3）宜昌居住空间的分异弱化

中华人民共和国成立以前，由于阶级和贫富差距、外来和本土文化的影响，居住空间在平民和权贵、外国人和当地居民之间形成了较为明显的分异特征。而随着中华人民共和国成立以后的社会主义改造，以及外国人的消失，计划经济时期的居住模式具有了截然不同的特点：一是城市居民没有明显的阶级分层和居住特权；二是建设的方式逐步由私人为主体转向国家统建为主体。虽然在宜昌旧城区还存在少量私人住房，但绝大多数都是由国家和单位投资兴建。宜昌居住空间从1949年以前的分异特征明显转变为计划经济时期的分异特征弱化。

如上文所叙，这一时期城市的整体居住空间被分化成以单位为基本居住单元的"单位制"居住空间。尤其在三线建设和葛洲坝建设以后，城市空间大量扩张，城市扩张的主体亦是由新建的企业"单位"所组成。在这种单位制居住空间内，传统城市居住空间的社会阶级结构已经消失。由经济地位或收入悬殊所导致的居住分异现象在单位内部也基本上不存在。分配住房的方式依据社会主义的分配原则而大体均匀，仅按照职务、职称、年龄、工作年限等稍有分异，其等级差异体现在住宅楼的位置、房屋面积、设施、朝向等等，其阶级特征基本消失，而更多的体现其社会差异。

当然，这一时期的居住空间也存在一定的分异，但其主要是由于经济条件和建设年代所形成的自然分异。

（1）不同时代的经济、技术条件所引起的分异。从宜昌的建设来看，由于不同时期的

① 赵蔚，赵民. 从居住区规划到社区规划 [J]. 城市规划汇刊，2006（6）：68-71.

20 世纪 50 年代

20 世纪 60 年代

20 世纪 70 年代

图 7-4 不同时期的居住建筑
来源：贺新民. 宜昌市房地志
（1840—1990 年）[Z]. 1992.

经济水平和技术条件的差异，其居住建筑的方式也存在一定的差异（图 7-4）。如前文所述，在中华人民共和国成立初期，宜昌住宅建设由于经济水平低下，建筑技术条件不足，建设主要采用砖木结构平房为主，多为一层。虽然在当时的历史条件下极大地改善了居民的生活条件，但其建筑在外在条件发生变化以后逐步变成了需要改造的旧街区。到 20 世纪 60 年代由于经济技术的进步，开始采用砖混结构瓦屋顶建筑形式，以 2～3 层居多，到 20 世纪 70 年代后期，以砖混结构为主体的 6～8 层的住宅也多有出现。

（2）住房标准也具备一定的时代特征。在 20 世纪 50 年代甚至 60 年代，宜昌新修的住宅一般都没有客厅和独用厕所，独立厨房也不普遍。当时人们的活动都是在一间或者两间大房中进行，房间既是卧室、客厅，又是进餐、洗浴和文娱、学习的场所。这种单间的布置形式既由当时的经济技术条件所决定，也受到宜昌传统的居住方式的影响。而到 20 世纪 70 年代特别是 20 世纪 70 年代后期，宜昌新建住宅的标准大大提高，开始出现功能区分，有厅、室、独立厨房和厕所的成套住宅大量涌现，住房标准出现明显分异。

（3）单位的资源优势所引起的分异，主要体现在由单位的政治职能和经济水平所引起的分异。其中企业特别是大型企业，受到政策的倾斜获利最大，如葛洲坝城区，由于国家建设的资金投入充足，其建筑高度、建筑形式、居住区内的公共设施的配套均明显好于其他地区。单位的政治职能决定居住区的居住区位和居住条件的优越程度。虽然宜昌居住区整体上差异较小，但是居住空间的质量仍有所差异，其原因在于单位在计划资源分配链上的地位。根据掌握的权力大小和在经济中影响力的大小，部分单位总是处于较好的居住区位和拥有较多的住房供给。尤其到后期集资统建过程中，这种分异更为突出。

（4）由地理位置所带来的分异。由于宜昌城市为带形城市，城市交通的不便也带来了一定的分异。如西陵区，由于一直是城市的地理中心，同时也是城市经济、政治的核心，其市政设施配套以及商业服务配备较为完善，依托主城区的西坝、上铁路坝等片区由于和主城区较近，可以直接利用城市功能要素满足其单位内部居民的生活需求。而伍家岗片区的工业主要是部属企业，虽然企业内部的建筑空间较一般单位有优势，但由于在市政配套上较为落后，同时由于和城区的距离较远，交通不便，不能享受主城区的相关资源而一直处于较为落后的状态，这种状况一直持续到 20 世纪 80 年代中期才有所改善。

总的来讲，基于非阶级的居住空间营造及分配体制依然导致了微观而具体的分化。这种分化一般在宏观布局上难以体现，而在微观空间上较为显著。这种分异的差别并没有根本改变居住空间总体上呈现分异弱化趋向的特征。

4. 商业服务设施及用地

1）中华人民共和国成立以后的商业发展概述

1949 年宜昌解放以后，根据城市化和工业化进程，宜昌市的商业空间的演变大致经历了两个阶段。具体表现为：1949—1957 年，是宜昌国营、合营、集体、私营商业并存时期。中华人民共和国成立初期，为了恢复市场，促进城乡物质交流，宜昌实行鼓励私营正当经营的政策。20 世纪 50 年代初期，贯彻"限制、利用、改造"政策，逐步对私商进行社会主义改造。在这个过程中，大量私商转向工业，其资金和人员逐步向工业转移，使宜昌市在中华人民共和国成立初期由单一的贸易城市逐步走向工业城市。到 1956 年，对私商进行了全面的社会改造，对宜昌的百货等 17 个私营行业，实行了全行业合营。这一阶段，宜昌的城市商业结构变化较快。经济体制由私有制到公有制转变，近代银行、钱庄和商号被改造成各类机关、商店和学校用地。人口较为集中的老城区，因为人口密集，街道纵横，且民国时期的商业街道都集中在这里，商业空间虽有较大变化但基本继承了原来的空间格局。

20 世纪 60 年代至 20 世纪 70 年代末，商业发展处于萎缩阶段，"大跃进"时期，由于大量合并国营商店，撤销合作商店，取缔个体商业网点和集市贸易。同时，国营商业系统由于受到大办工业政策的影响，城市商业网点大幅度下降，城市商业发生萎缩。

到 20 世纪 50 年代后期，国营、集体商业几乎占据了全部市场。从 20 世纪 50 年代末到 1978 年，市场购销渠道主要是国营和集体商业。但在 20 年间，由于"重生产、轻流通"的影响，商业发展与整个城市的发展远远不能适应，商业网点、零售人员占全市人口的比率逐步下降。到 20 世纪 70 年代，由于"三线"工厂的迁入和葛洲坝水利枢纽工程的兴建，宜昌城市人口剧增，商业网点和服务零售人员与城市人口比率失调的现象更为严重。商业的发展收到当时政治经济政策的影响而处于相对落后的状态。

2）20 世纪 70 年代宜昌的商业空间布局

在空间结构上，商业中心区的位置基本没有改变，但零售业更为集中，城市向心内聚特征更为明显。到 20 世纪 70 年代中后期，宜昌的商业形态严重缺乏。此外，这一时期，宜昌的饮食网点、农副产品网点也受到大的削弱。服务行业如旅馆、浴池、照相、理发、洗染都不同程度地缩减。

（1）市级商业中心缺失

1960年以后，城市功能突出表现为生产中心，优先发展工业而排斥服务性行业，城市中心许多黄金地段被机关、居民区、学校等无偿占有。城市中心区的概念也不复存在。"旧城区没有明确的中心区"[①]。在商业布点上，对私营商业社会主义改造完成后，宜昌的百货零售业务主要由宜昌市百货公司所属门市部、公私合营百货零售公司所属商店和宜昌市百货公司商店所属门市部经营。从表7-7可以看出，到20世纪70年代后期，宜昌较有规模的日用品商店屈指可数。

20世纪70年代宜昌主要商店一览表 　　　　　　表7-7

类型	名称	位置	备注
百货店	红卫商店	解放路	后因20世纪80年代扩建云集路而拆迁
	满意楼	二马路	1956年开业
	西陵百货商店	东门口	1968年开业，1988年更名西陵商场
	滨江百货大楼	胜利一路	1982年扩建更名为滨江百货大楼
	劳保商店	—	组建于1963年
纺织品店	海鸥商店	—	中华人民共和国成立初期为宜昌第一家国营百货商店，1975年改为纺织品专业商店
五金	—	—	1954年设立专业公司，1958年增加到4个零售门市部

来源：根据《宜昌市志》《宜昌市商业志》《宜昌市工商行政管理志》整理。

（2）小型网点以街道和工矿企业为单位存在，规模小，分散

葛洲坝工程开工后，宜昌市商业部门专门为三三零工程设立了商业批发机构，在工地上设置了零售网点，还协助各分部和团部办起部分小卖部。但由于工程的开通、人员的增加，在1972年7月组建三三零指挥部综合商店，成为各分部和团部代销店的进货点。此外，政府动员工矿企业办商店。为缓解工厂区商业网点的不足，商业行政部门发动各工厂自己办商店，各工厂陆续办起22个商店，主要为本厂职工和家属服务。为解决供应网点的严重不足，从1970—1971年，西陵、胜利、伍家三个城市人民公社所属的居民委员会，有34个办起了三代店。全市共49个。三代店由商业部门提供资金，由街道提供房屋和设备。

这一些网点，规模小，布局分散，且供应品种少。虽然在一定范围内起到了一定缓解作用，但由于流通渠道单一，商业的发展与整个城市的发展不相适应，群众的购物难并未根本解决。

（3）集贸市场缺失

从中华人民共和国成立以来到1978年底，宜昌市仅有几个简单市场和几个市内菜场。1976年全面关闭，直到1978年省黄石会议以后，于1978年9月25日开始定点开放，当

---

① 湖北省宜昌市革命委员会城市规划领导小组. 1975年宜昌市城市总体规划说明书（初稿），宜昌市城建档案馆提供。

时仅在三三零工地（葛洲坝）、大庆街、镇川门、陶珠路、前进二街、十三码头、伍家岗七处设立集贸点[①]。从地域分布来看，全市商业网点主要集中在解放路、二马路一代，网点少而且集中，仅能适应 13 万人口的供应服务水平，远远不能满足城市人口的日常生活需求。

综上所述，宜昌的商业空间在 20 世纪 70 年代受到了严重削弱。重生产轻消费的指导思想对城市空间的多元性造成了严重损失。中华人民共和国成立以前形成的较为丰富的商业业态逐步消失从而形成单一的商业空间。

---

① 宜昌市工商行政管理局. 宜昌市工商行政管理志（1840—1988）[Z]. 1992.

第8章 1979—2009年宜昌城市空间营造

8.1 1979—1992年城市空间营造

8.1.1 城市发展方向的修订

随着三线建设的逐步完成和葛洲坝的建设的逐步深入，宜昌由小城市过渡到中等城市。到20世纪70年代后期，宜昌的城市规模已经由中华人民共和国成立初期的2km²扩展到1978年的23.8km²，人口也增加到30万人。随着20世纪70年代后期国家城市规划工作逐步走向正轨，如何处理好新时期宜昌的城市发展方向，逐步成为一个重要的课题。

1978年1月6日至9日，时任国家副主席李先念、副总理谷牧以及中央有关各部负责人，在湖北省委陈丕显陪同下，视察了三三零工程（葛洲坝）和宜昌，对宜昌的发展和城市规划，提出"远景是一个很大的工业区"的批示，并要求将宜昌建设成为一个"美丽的城市"。此后1978年3月，国务院召开第三次全国城市工作会议，对城市规划工作提出新的指导思想，全国的城市规划工作也逐步开始进入到一个新的时期。

在这样一个背景下，遵照第三次全国城市工作会议精神，宜昌在1978年再次编制总体规划。该规划对宜昌的城市性质、发展方向和近期建设提出了具体要求，对宜昌此后十余年的发展产生了深刻影响。

1. 1975年总体规划的延续

事实上，随着1970年葛洲坝工程开工，在1973—1975年宜昌曾经做过一轮总体规划修编（参见图7-2），1975年基本完成，并于1976年底完成了图纸资料的修改工作。该规划确定宜昌市城市性质为"长江三峡水利枢纽工程基地和宜昌地区行政经济文化科研中心，是以水电为中心的新型工业城市"。确定城市人口规模为：近期（1980）40万人，其中农业人口8万人，城镇人口32万人，远期（1985年）59万人，其中农业人口12万人，城镇人口47万人。

该规划在结构上基本延续了1959年宜昌总体规划的布局，针对1959年总体规划在实施过程中的缺陷，对老城工业区、宝塔河工业区、铁路坝（含樵湖岭）工业区、伍家岗工业区、东山工业区、西坝工业区提出了迁建和拆迁的具体要求，并新规划花艳工业区和乌石铺工业区（表8-1）。

同时，该规划对旧城区改造、生活居住定额指标、商业网点调整、中心区位置选择、园林绿化与文化体育设施等进行了规划，并对各项市政设施做出了明确安排。

1975年的规划较为切合当时实际，针对在1960—1975年之间宜昌城市建设中出现的用地混乱，尤其是老城区的功能布局中工业居住混杂所带来的弊病进行了修正，对工业区的布局按照工业城市的要求进行调整，但由于时间短，并未得到严格执行。

1975年宜昌市总体规划工业分区布局一览表　　　表8-1

名称	规划规模（至1980年）	发展方向
老城区		采取搬迁和改造方式调整用地
宝塔河工业区	职工8000人，总人口2万人，新增用地47.34hm²	市属综合工业区
铁路坝工业区	职工7000人，总人口1.4万人，新增用地1hm²	市属中小型机械、制药、电子为主
伍家岗工业区	职工1.4万人，总人口3万人，工业备用地40hm²	纺织、纺机、钢铁为主
东山工业区	职工8000人，总人口2万人	不再扩建
西坝工业区	—	葛洲坝施工前沿阵地和生活区，远期为水利工程生活基地
花艳工业区	职工2000人，总人口5000人，工业用地20余hm²	机械制造业
乌石铺工业区	职工2000人，总人口5000人，工业用地15hm²	以化学、人造纤维为主的化工工业区

来源：宜昌市规划办公室．宜昌市规划志（1840—1990）[Z]．1995．

2. 1978年总体规划与发展方向的修订

1978年的总体规划以1975年的规划为基础进行修编。同年12月，经湖北省革委会正式批准实施。这是宜昌市第一个经省政府批准的城市总体规划（图8-1）。其方案要点如下：

城市性质和规模：宜昌市城市性质是以水利枢纽为中心，建设成为社会主义现代化的美丽的工业城市。城市人口规模，近期控制在30万人以内，远期不超过45万人。

在功能分区上，该规划考虑到沿江带形城市的特点，按照城市上下游和风向，安排生产和生活区，并把工业布局和行政区划有机地结合起来。该规划将宜昌市分为四个区：一是以当时三个城市公社辖区为基础，以地市领导机关为中心的全市政治经济文化中心区；二是以大寨路（西陵二路）以北、葛洲坝工业为基础，包括西坝在内的葛洲坝水电工业区；

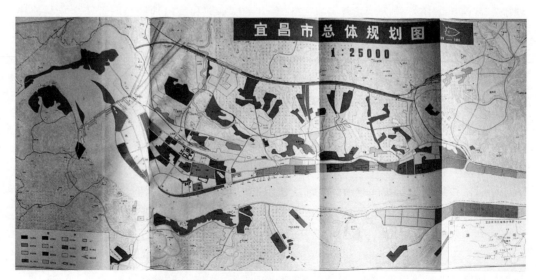

图8-1　宜昌市总体规划（1979—2000年）
来源：宜昌市城建档案馆

三是上起万寿桥，小到临江坪，以化纺为主，兼有钢铁、建材、轻工的伍家岗综合工业区；包括以中南橡胶厂为一片的橡胶工业点，以树脂厂为一片的化工工业点和以宜棉、印染为一片的纺织工业点；四是以造船为主的江南工业区，含五龙、清静庵、乌石铺等工业点。

同时，该规划对工业的发展目标、副食基地的建设、沿江护岸、城市道路、绿化、建筑、给水排水、交通、电力电信、旅游、环保、人防等有所安排，并对近期建设做出明确规划。规划预计力争3年形成雏形，8年初具规模，23年基本建成，做到与葛洲坝水利枢纽工程相适应。

虽然从现在的角度看，该规划由于带有浓郁的时代特点而不可避免地存在一些问题，城市仍然以工业为基础来划分分区，并未从根本上解决工业、居住的混杂所带来的消极影响。但另一方面，该规划具有一些相当理想的要素，在客观上对"工业城市"思想所造成的弊端进行了反思，对宜昌在快速发展中城市空间形态的问题有较为清醒的认识。

（1）该规划在宜昌的功能布局中形成组团观念，从而达到了城市功能的集中和分散的结合。该规划将以前分散的8个工业区合并为3大工业板块，同时以老城区为基础规划政治经济文化中心，这对解决在建设过程中所形成的城市中心区缺失以及弥合城市空间的割裂有较大的修补作用。

（2）该规划认识到城市发展中公共服务设施的严重缺乏所带来的消极影响。在近期建设中规划了影剧院、文化宫、中小学、医院及百货商场，同时规划加强了公共交通和道路网建设。

（3）该规划对宜昌的山水格局有充分利用。对"城市的背景——东山、天然的风景区——前后坪丘陵、城市的对景——磨基山"这一山水体系对城市空间形态的影响有充分认识，并规划植树绿化，形成风景优美的景点。这也是宜昌的重要城市特色。

同时，在此基础上，形成了较为完备的绿化体系。虽然当时并没有"绿地系统规划"这一概念，但该规划对宜昌的公园建设（在"沿江护岸"章节规划建设滨江公园，在"植树绿化"章节规划东山公园、平湖公园、三游洞风景区、峡口风景疗养院和磨基山风景点）、道路绿化（在"城市道路"章节对行道树的种植提出规划要求）、苗圃建设都有涉及，并形成了点线面相结合的绿地系统。

（4）确立了城市的旅游功能。对城市的旅游设施、古迹以及旅游服务配套都有规划。并在近期建设中对三游洞等重要的旅游景点规划修复，新建旅行社，为城市开放创造条件。

8.1.2 趋于内敛的城市建设

随着新时期政治经济条件的变化，宜昌的城市建设逐步走向深入和渐变。政治和行政要素的变化对宜昌的城市空间形成较大影响。1982年宜昌市被定为全国乙类对外开放城市，1985年升格为甲类对外开放城市。1986年12月，经国务院批准，宜昌市设置西陵、伍家岗、点军三个县级行政区。1988年建立宜昌经济技术开发区。这一系列的政治决策也带动了城市的建设开始出现全面加速。

同时，自1978年以后，宜昌的产业结构开始有了调整，国民经济的主要比例关系开始趋于协调。"六五"时期，宜昌的第三产业的年平均增长率达到18.5%（按不变价格计算），

高于同时期第一、二产业的增长速度。到
1988年，宜昌的第一、二、三产业的比率
为3.1%：73.2%：23.7%。其中第三产业的
发展也逐步带动了城市功能要素的多元化。

这一时期，工业仍然是宜昌建筑的主体
而得到大力发展。随着葛洲坝工程的逐步
建设投产，宜昌的工业发展更为迅速。到
1990年末，宜昌工业企业已达323个（其
中轻工企业165个，重工业158个），全市
共有10万名工业职工[①]。在这样一些因素的
影响下，城市建设也随着经济的迅速发展而
加快，建设速度、建设规模、建设方向上出
现新的特征。

图8-2 宜昌市老城区改造规划图
资料来源：宜昌市地方志办公室

最突出的特色在于弥补工业城市建设中所造成的城市功能缺失而加强了对市政设施及
城市配套的规划和建设（图8-2）。在城市道路、商业服务、公共建筑、城市绿化以及居民
住宅方面加大投资和建设力度（表8-2）。大力加大道路建设、市政配套设施建设，加大商
业网点建设，形成了以国营商业为主体，多种经济成分的商业网点布局；城市绿化体系逐
步建立；文化建筑大量建设；居民的居住水平提高，商品房开发进入起步阶段。

主要建设情况一览表   表8-2

项目	建设概况
道路及管线	1983年打通云集路，开始贯穿沿江大道，到1990年，新建和扩建夜明珠路、夷陵路、沿江大道、东山大道、西坝路等10多条干道。煤气工程动工兴建，东山电视发射塔开工
市政配套	建成电信程控大楼、邮政枢纽大楼、宜昌港务客运大楼等设施
商业网点	1978年以后，先后建成宜昌市商场、滨江百货大楼、宜昌市物贸中心、中心百货大楼、陶珠路市场、纺织大厦、葛洲坝商场、五一市场等大型商服设施为主体的6052个商业网点
文化建筑	到1988年先后扩建和新修了西陵剧场、杨岔路影剧院、伍临剧场、葛洲坝工人俱乐部、解放电影院、市体育场等各类文化和体育设施
绿化体系	新建、扩建了滨江公园、儿童公园、烈士陵园、葛洲坝公园、磨基山公园和三游洞、白马洞、桃花村、五一广场等游览景点
住宅建设	1980年城市居民人均住房建筑面积12.50m²，比20世纪60年代末增长16.71%。1981年与全国209个同类城市住宅建设速度相比较，宜昌市名列第14位，省内居第3位。20世纪80年代，按照"统一规划，综合开发，配套建设"的方针，先后建成下菜园、张家店、伍家棉纺、南园等10个商品房小区 *

* 政协宜昌市委文史资料委员会. 宜昌建设履痕（宜昌百年老照片第三辑）[Z]. 政协宜昌市委文史资料委员会，
2007.
来源：根据《宜昌市志》《宜昌市城乡建设志》《宜昌建设履痕》等整理。

① 湖北省宜昌市地方志编纂委员会编纂. 宜昌市志 [M]. 合肥：黄山书社，1999.

8.1.3 东山开发区与城市的东扩

虽然城市发展在这一阶段有了长足进步，但其发展态势主要集中于城市基础设施和城市内部空间的完善。作为宜昌城市的最重要组成部分，葛洲坝工程在20世纪80年代逐步完成和投入使用，国家对其投入也日趋减少。同时，国家的经济政策逐步发生变化，大型国家项目建设逐步向沿海城市转移，宜昌城市发展的外在动力受到较大影响。

在这一时期，宜昌也曾经出现过历史性机遇。在1985—1986年间，国务院为保证三峡工程顺利建成，妥善安排库区移民，加快三峡地区的经济开发，曾对设立三峡省进行论证，其省会定于宜昌。但因各种条件不成熟而于1986年撤销三峡省筹备组，改设三峡地区经济开发办公室。而宜昌的发展随着"三峡省"的撤销而缺少外在引擎动力，没有大型国家建设项目落户宜昌。同时，由于受到地形的限制，主城区位置狭小，用地较为紧张，本地工业的发展受到极大限制。

在实施沿海地区经济发展战略过程中，湖北省人民政府相继下发《关于沙市、鄂州、黄冈三个经济改革开放开发区若干政策的通知》和《关于发挥优势、自费改革、加速长江经济带开放、开发的若干意见》两个文件，宜昌市委市政府由此做出筹建经济技术开发区的决策。1988年9月27日宜昌开发区正式奠基。

宜昌建立经济技术开发区，成为宜昌城市发展中较为重大的事件，对城市空间形态产生了深远影响，成为宜昌城市空间营造的重要阶段性动力。

1989年6月宜昌市规划院编制完成开发区分区规划（图8-3），规划概要如下：

东山经济技术开发区位于东山以东，东邻规划花明路，南接港窑路，北抵运河。面积586hm²（含已建45hm²），是以机械电子为主的技术密集型工业区。工业用地主要安排在北部、南部及东北部；生活居住及大型公建（包括商贸服务、学校医院）和公园集中在西区；东北部安排部分生活居住用地；区内主要道路为港窑路，规划花明路、西陵一路，西陵一路延长横贯全区，连接西陵一路延长段的东山隧道工程近期动工，另于西部生活区新辟内干道东山东路；利用自然地形，对不宜建设用地集中安排绿化。根据现状和基础设施配套情况，规划安排216.4hm²用地为起步区（包括起步区197.4hm²和起步补充区19hm²）。区内开发起步补充区19hm²，工业开发发展区111hm²①。

宜昌开发区作为湖北省第一个自费开发区，自筹投入3.35亿元，引进资金29.19亿元，累计投入31.71亿元，形成了以西陵一路（开发区段）、深圳路为轴心的"六通

图8-3 宜昌市经济技术开发区规划图
来源：宜昌市档案馆

---

① 宜昌市规划办公室. 宜昌市规划志（1840—1990）[Z]. 1995.

一平两有"的 3km² 的中心区。1992 年 6 月，宜昌开发区被正式批准为省级经济技术开发区。1999 年 12 月批准为省级高新技术产业开发区。截至 2004 年，东山园区行政管辖面积 11.2km²，辖 3 个管理区、8 个社区居委会。城市人口急剧扩大。到 2004 年宜昌开发区和猇亭开发区合并，组建成规模更大的新的宜昌开发区。

宜昌东山开发区的建设为宜昌的城市空间提供了重要的发展空间。历史上由于东山的限制，宜昌的发展主体一直沿长江向两侧延伸。虽然在东山一带曾建立部分三线企业，但和城市的联系并不紧密。东山开发区的建立使宜昌的城市空间开始突破地形的限制并形成了东线发展轴。随着 1993 年东山隧道全线贯通，以及此后云集隧道的开通，四条道路对接，开发区逐步成为宜昌城市发展的一个重要节点。

8.2　1992—2008 年宜昌的城市发展

进入到 1992 年以后，随着经济的迅速发展，宜昌的城市规模和城市建设逐步进入到一个新的时期。随着国家战略体系的调整而逐步由封闭的自我发展转变为区域城市体系的一部分。同时，随着宜昌地市合并和撤县并区，宜昌的城市规模不再受到行政管理体制的制约而逐步扩大，获得了极大的发展空间。尤为重要的是，三峡大坝的建设成为宜昌城市发展的强大外在动力。这一时期，宜昌的城市规模急剧扩展，城市形态发生了根本的变化。

8.2.1　行政区划的变更和城市规模的突变

宜昌在 1990 年前后曾经做过一轮城市总体规划的修编，由于宜昌市辖区内可用地已经很少，实施远期目标，扩大飞地，必须突破行政区划限制，这一系列矛盾导致 1990 年的总体规划修编只进行到结构方案就告终止。而在 20 世纪 90 年代以后，为适应改革和发展的需要，宜昌的区划逐步变革，市域范围不断扩大，这给宜昌提供了城市发展的外在条件。

1992 年 3 月，经中央批准，宜昌地市合并，实行市领导县的体制。此时，宜昌市辖 7 县（宜昌县、枝江县、远安县、兴山县、秭归县、长阳土家族自治县、五峰土家族自治县）、2 市（枝城市、当阳市）和 3 区（西陵、伍家岗、点军）。

1994 年 6 月，经湖北省人民政府批准正式将枝江县所属猇亭镇划入宜昌市区，宜昌市城区面积增加到 448km²。

1995 年 3 月 21 日，国务院批准成立宜昌市猇亭区，该区为宜昌市第 4 个市辖县级行政区。1996 年 7 月 30 日，国务院批准枝江县撤县设市。

2001 年 3 月 22 日，国务院批准撤销宜昌县，设立夷陵区。至此，宜昌市辖 5 县 3 市 5 区。宜昌市区面积扩大到 4249km²。宜昌市区人口增加到 119.35 万人。

行政区划的调整为宜昌的城市发展带来新的突破，其城市空间不再受到行政体制的制约而具有了广大的空间，也为城乡一体化建设打下了良好基础。新的城市规划在 1992 年重新修订而逐步具备了区域化特征。

8.2.2　城市性质的区域化特征

随着国家城市发展战略的调整和深化，宜昌的城市性质也逐步发生变化。1992年地市合并，宜昌市于1993年完成了《宜昌市城市总体规划（1992—2010年）》（图8-4），并于1994年经湖北省政府正式批准实施。随着经济社会和城市化的快速发展，该规划又于2004年修编，并在2005年完成《宜昌市城市总体规划（2005—2000年）》（图8-5）的编制，于2006年经湖北省政府正式批准实施。

1.《宜昌市城市总体规划（1992—2010年）》概况

规划分为市域规划、中心地区、城区规划三个层次。

在城镇体系规划中，确定了5个等级的城镇体系架构；将全市分为5个经济区，以宜昌市（城区）为中心城市，枝城（宜都）和当阳两市为副中心城市的城镇分布网络；确定

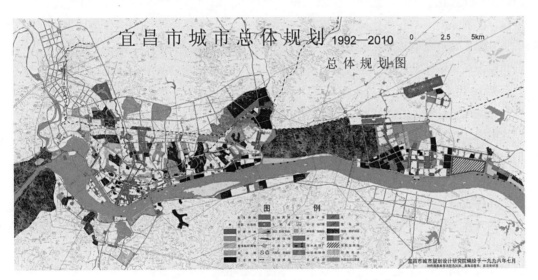

图8-4　宜昌市总体规划图（1992—2010年）
来源：宜昌市建委

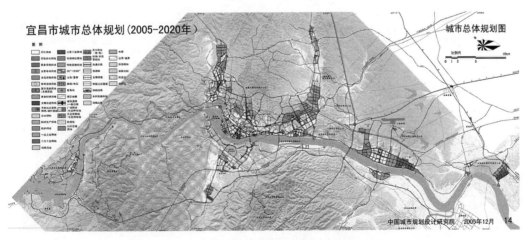

图8-5　宜昌市总体规划图（2005—2020年）
来源：宜昌市城市规划管理局

市域交通布局模式为"一级多中心放射＋环网布局"。

中心地区，即规划范围内的一市八镇，以长江为轴线，沿长江两岸地带逐步发展，形成5个不同规模、各具特色的城市建设区，以宜昌城区为中心，通过"四线、四桥、两港"等基础设施加强各城镇之间的联系，形成沿江组团式城市群结构形态。

城区规划范围为原市区（西陵区、点军区、伍家区）加上枝江县的猇亭镇、宜昌县的小溪塔镇、艾家镇、桥边镇、龙泉镇、三斗坪镇、乐天溪镇以及枝城市（现宜都市）的红花套镇，总面积 1623km²。

确定城市性质为"举世瞩目的水电能源基地和旅游城市，是鄂西南地区的中心城市和长江中上游的重要港口之一"。

采用"沿江双边组团式"规划结构，城市建设以江北为主，分为7个区域。分别为东山以东、伍家岗、土门、点军、艾家、桥边和猇亭。规划区内建设用地以沿江为主，向两岸纵深扩展。

2.《宜昌市城市总体规划（2005—2020 年）》概况

在市域城镇体系规划中，将宜昌市域分为1个特大城市、3个中等城市、2个小城市，其余为10万人以下小城镇。市域城镇体系等级规模结构分为6级，结构优化，突出重点培育中心城市及县城，形成特大、中等、小城市和小城镇协调发展的格局。

市域城镇体系为"一心一带一区多点"的空间发展格局。城区与周边地区的关系呈现出梯级发展的态势，形成较为完善的心、带、区、点的城镇体系，总体上为沿江放射的空间结构。中心城区作为其中的核心，通过功能强化和政策扶持，形成区域经济的增长极核，起到核心带动作用。

城市性质确定为世界著名的水电能源基地和旅游名城，长江中上游区域性中心城市，湖北省域副中心城市。

城市规划区：西陵区、伍家岗区、点军区、猇亭区、小溪塔街办、乐天溪镇、三斗坪镇、太平溪镇、龙泉镇所辖行政区域和三峡坝区为城市规划区，面积 1950.4km²，并将市域内红花套镇、白洋镇部分行政区域视为城市外围工业组团（图8-6）。

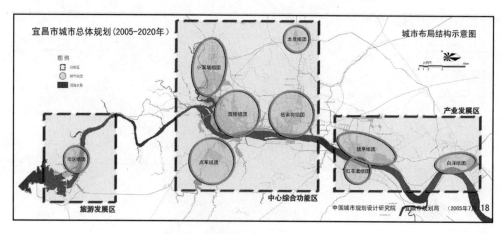

图 8-6　宜昌市城市布局结构示意图
来源：宜昌市城市规划管理局

城市用地布局：在城市用地发展方向和空间结构上，城区主要向长江下游发展，城市建设用地以长江左岸为主；城区为"双中心沿江带形组团式"空间布局。同时，在中心城区规划形成西陵中心区和伍家岗中心区两个市级中心区，以及小溪塔、猇亭和点军三个组团级中心区。

3. 城市性质的区域化特征

从以上规划内容分析可以看出，宜昌从 20 世纪 90 年代以后，城市性质逐步发生了变化。相比 1978 年宜昌城市总体规划所定义"工业城市"的性质，逐步受到区域政治经济环境的影响，而逐步转变为"鄂西南地区的中心城市"，并在后期成为"湖北省域副中心城市"，宜昌的区域化地位逐步上升。

1949—1979 年，宜昌获得了一个稳定的发展环境，但是宜昌的区位优势并没有得到发挥，这是因为当时严格的计划经济限制了区域经济的自由贸易与充分竞争，宜昌作为工业城市其区域的重要性仅仅在于其是地区行署所在地的政治区位。同时，宝成、成昆、成襄、黔渝等铁路相继建成，宜昌作为枢纽地带位置的重要性降低，宜昌传统的区位优势受到极大削弱。另外，濒临长江，廉价的水运也是宜昌的一个区位优势，不过，这一优势也因陆路及航空运输的巨大发展而弱化。

而随着改革开放和国家城市政策的变化，宜昌的城市区域化特征逐步增强。尤其是到了 20 世纪 90 年代以后，宜昌属于中部地区欠发达地区，同时又位于国家开发战略布局的东西向主轴——沿江发展轴上，向东与长三角、向西与西南地区联系密切，在国家发展战略中承担着承东启西的战略任务。从区域层面看，宜昌处于湘鄂渝三省（市）交会处，位于武汉、重庆和长株潭三大都市圈的中间地带。宜昌是中部的武汉、长株潭都市圈与西部的重庆都市圈之间相互联系的一个最重要的节点城市。

区域化中的城市定位对宜昌的城市建设产生了深远影响，而性质的变化导致其城市的空间扩展、城市的内部结构形态都和以往有了截然不同的特征。

8.2.3 城市建设走向多元

地市合并以后，宜昌的城市发展开始加快，自 1995 年起，宜昌城市建设按照"一年一变样，三年大变样，五年建成大城市"的目标，编制了《宜昌市大城市建设实施纲要》，并将建设大城市作为宜昌的发展目标。在这样一个目标下，宜昌城市建设速度陡然加快。20 世纪 90 年代，宜昌城区实际完成城市建设固定资产投资比 20 世纪 80 年代增长 4.13 倍。自 2001 年开始的"十五"期间，宜昌市区城市建设固定资产投资达 25.31 亿元，建设重点项目 50 多个 [①]。2008 年，宜昌共安排 8.19 亿元用于城区基础设施项目建设，投资额度及开工项目数量均居历年之最。

在这一过程中，随着政府投资力度的加大，一批重点工程相继开工和建成。自 1992 年起，宜昌全面开放规划设计、房地产和建设行业，房地产业迅猛发展，成为宜昌经济发展的一个重要支柱产业（表 8-3）。

---

① 宜昌市城乡建设志编纂委员会. 宜昌市城乡建设志（二审稿）[Z], 2008.

1992—2005年主要建设项目一览表　　　　表8-3

年代	项目	建设概况
1992—2000 年	城市交通	宜黄高速公路全线贯通，宜昌三峡机场投入营运；东山和云集两个隧道建成；新建胜利四路延伸段、体育场路、港窑路延伸段、东园路、城东大道、发展大道、平苗路等，扩建和改造了西陵一路、隆康路、桔城路、夜明珠路、珍珠路、东山大道等，初步形成"五纵十横"的城区道路网络
	房地产业	90 年代，全市城市房屋竣工建筑面积 1920.10 万 m²，其中住宅建筑面积 1189.46 万 m²；宜昌市城区房屋竣工建筑面积 945.24 万 m²，其中住宅建筑面积 571.12 万 m²，分别比 80 年代增长 42.15% 和 81.20%。2000 年，宜昌市区城市居民人均居住面积达 11.60m²
2000—2008 年	道路建设	宜昌和夷陵两座长江大桥、发展大道、沿江大道延伸段建成通车；云集路、西陵一路"黑化"综合改造完成。至 2005 年，城区道路总长 875.15km，人均拥有道路面积 14.32m²。宜万铁路宜昌段全线开工，沪渝高速公路宜昌段建成通车
	市政配套	污水处理管网、天然气管网主要设施建设完成，天然气利用工程投入使用；东宜输水工程通水
	房地产业	自 2003 年起，城区全面实行住房货币化分配。到 2005 年末，市区已建成建筑面积 3 万 m² 以上的住宅小区 40 个。全市竣工经济适用房 1.75 万余套，城区人均住房面积达到 27.68m²，比 1978 年的 11.54m² 增长 1.4 倍
	绿化建设	城市绿化形成体系，贯穿城区 3 条道路的主干道（沿江大道、夷陵大道、东山大道）道路绿化及城区 29 个公园、36 个游园、37 块街头绿地，初步形成"城在林中、街在绿中、人在画中"的城市新景观

来源：宜昌市城乡建设志编纂委员会．宜昌市城乡建设志（二审稿）[Z]．2008.

　　而随着城市的区域特征变化，宜昌的城市地位逐步增强，这也对宜昌的城市建设产生了影响。2003 年，湖北将宜昌确定为湖北省域副中心城市，并于 2005 年纳入全省"十一五规划"。2007 年 6 月，明确提出支持宜昌加快发展。"省域副中心"从战略提出到战略研究，再到战略推进，宜昌迎来了发展的第三次机遇。

8.3　城市空间营造的特征

8.3.1　城市外部空间扩展

1. 城市扩展的人口特征

这一阶段的人口有如下特征：

1979—2000 年：城市人口迅速增加，增速平稳。虽然自然增长率呈下降趋势，但城市化水平的迅速提高带来的机械增长使得城市人口增长迅速。

2000—2008 年：城市人口的增加是由于行政区划的调整所造成的。就城区本身增幅分析，较为平稳。

2. 城市扩展的空间特征

1）1980—1992 年城市空间扩展：一带两区

这一时期的扩展有几个主要特征：

北段：20 世纪 70 年代，葛洲坝建设用地虽然占地较广，但相关建设用地集中于沿江一侧。随着 20 世纪 80 年代葛洲坝建设的深入，葛洲坝片区逐步向北扩展，从而形成较为完善的生活区和生活服务中心。望洲岗、秦家湾一带由于地形较为复杂，用地并不规则，主要沿道路两侧形成街道，其内部零散分布建设用地。同时沿夜明珠路逐步向北延伸。1978 年 4 月葛洲坝水电学院创建，其选址位于望洲岗以北，学院占地 31hm²，是该区域较为集中的用地形态。

随着葛洲坝工程合龙而形成通道，宜昌沿江两岸联系加强。在南岸紫阳大道附近由于良好的区位形成桥头的扩张。

葛洲坝电厂成立于 1980 年，隶属于电力工业部。葛洲坝电厂成立以后，逐步在西坝形成新的生活片区。

中段：沿东山大道两侧逐步开发，具体位置为从葛洲坝宾馆至胜利三路一带。该地段呈典型的线状扩展，并在宜昌火车站前云集路口形成当时宜昌最大的百货商场，成为宜昌重要的商业空间。杨岔路一带逐步形成新的生活片区。由于用地狭窄，腹地较浅，其扩张主要依托厂区在马路两侧形成住宅区。

南段：伍家岗逐步形成新的生活区。主要为居住小区：1986 年兴建宜棉小区，住宅楼 27 栋，其中部分楼房归属纺织机械厂。1987 年 4 月建设五一广场，占地面积 2 万 m²。同时还兴建有五一集贸市场。其他主要为居住和生活服务配套。经过扩张，伍家岗组团基本形成规模。

此外，在铁路线以北逐步形成一些散落的居住区，主要沿西陵二路扩展。同时东山开发区开始进入起步阶段。

综合以上可以看出，这一时期的空间扩展，其扩展方向主要为沿夜明珠路、东山大道、伍临路两侧线性扩张，同时以葛洲坝城区和伍家岗片区向外沿道路发散。此外，在南北向以西陵一路为轴线向东移动。

这一时期，城市规模扩张并不明显，扩张速度较慢。由于城市内部在 20 世纪 80 年代初尚有大量空地或低密度区域，填空补实是城市建设的一个重要特征。建筑高度由 1 ~ 4 层居多而逐步出现 6 ~ 7 层的大面积居住区，用地强度增加。

2）1992—2001 年：伍家岗、点军、东山开发区逐步扩张

在扩展方向上，由于受到地形的限制，主城区的扩展主要集中于东山经济开发区。随着东山隧道的开通，城市发展开始突破东山的限制而迅速扩张。在发展方向上以西陵一路、港窑路为主体纵向扩展。随着东山开发区建设的深入，部分重要的公共建筑如宜昌市体育馆于 20 世纪 90 年代中期建成，1996 年宜昌海关迁入，东山开发区逐步成为城市重要的功能组成部分。

伍家岗片区发展迅速，沿桔城路及伍临路向周边扩散。其建设用地主要为居住用地。其中规模较大的有桔城小区，1999 年建成，用地 50 余亩。花艳站和宜黄高速出入口附近为主要的物流和仓储企业所在地。同时沿伍临路有所扩展。

长江以南呈现组团式扩展态势。点军组团开始形成，但规模较小。包括朱市街办、桥边镇、艾家镇、联棚乡以及紫阳片区等，布局比较分散，属于城市郊区，主要城市建设用地集中在沿江一带。目前分布有电子、机械、化工、电解铝等工业，农家乐和民俗、宗教

旅游比较发达，自然风景优美。宜万铁路南站选址于桥边镇黄家棚，目前在建。

猇亭组团随着区划的变化有所发展，是城市主要工业区之一，以化工、机械等工业为主。兼具高速公路、国省道、机场和港口，是城市重要的对外交通门户。主要建成区依托老318国道发展，生活区主要位于中部的古老背，虎牙和云池是工业区。

3）2001—2008年城市空间扩展：组团放射状扩张

这一时期，随着区划的调整，夷陵区被纳入到城市结构体系中来，宜昌的城市空间扩展出现不同的特征。总体上，扩展规模较为突出，在形态上呈现组团放射状扩张。同时，从近代开始的沿江扩展模式逐步被沿路扩展模式所取代而形成新的特征。

主城区内西陵区一带由于用地趋于饱和，扩展基本停止。但东山开发区的扩张较快，总体体现填空补实的特征。随着城东大道的建设，这一趋势更为明显。同时，三峡大学的扩建在这一区段占据了较大的空间。

伍家岗区随着宜昌火车东站的设立而有所扩张，规模不大。但值得注意的是，伍家岗组团的扩展主要沿桔城路垂直长江扩展，这也从根本上改变了从近代开始城市空间沿江蔓延的扩展态势，从而改为沿道路扩展。

大型项目带动猇亭组团用地快速增长。根据《宜昌市总体规划（2005—2020年）》的统计，2004年与1991年相比，猇亭区的建设用地增长很快，年均增长速度达到11.7%，其中道路广场用地增长最快，达到31.2%；对外交通用地增长较快，这主要是由于机场的建设；居住用地的增长速度也比较快，达到17.1%。人均城市建设用地渐趋集约，由202.7m²/人减少到137.5m²/人。作为宜昌市的大型工业区，猇亭的工业增长较为迅速，宜化、兴发、新洋丰等大型企业的建设，带动了猇亭城市建设用地的快速增长。

小溪塔组团用地增长较快。2004年与1993年现状相比，小溪塔城市建设用地增长相对较快，年均增长速度为5%。人均建设用地指标增加较多，一方面是因为人口统计口径差异；另一方面也反映出小溪塔开始进入快速扩张阶段。作为库区一部分，对口支援企业比较集中，促进了小溪塔的工业发展。

8.3.2 城市内部空间形态

1. 城市空间结构的阶段特征

1）1980—1992年：一主两副、沿江带形组团结构

延续计划经济时代的城市结构，并受到1978年宜昌城市总体规划的影响，这一时期，"一主两副的沿江带形组团结构"的空间布局逐步完善，从上游至下游，形成葛洲坝组团、西陵组团、伍家岗组团三个大的组团。各组团之间的联系也开始紧密。

其中，西陵组团为城市的经济、政治和文化中心。区别于计划经济时期，城市中心的作用逐步增强，城市中心的位置也有所偏移。计划经济时期宜昌的城市商业主要集中于解放路和二马路一带。1979年以后，随着云集路的打通，其功能要素逐步向东山方向移动。位于东山火车站的宜昌商场成为新的商业中心，并随着铁路坝集贸市场、体育场、铁路坝地下商场等的建立逐步在铁路坝一带形成新的城市商业中心和体育中心。城市的商业逐步形成以云集路的两端——宜昌商场及铁路坝片区、解放路片区两个大的商业节点。城市中

心的地位确立。

葛洲坝组团随着葛洲坝工程的完工和葛洲坝电厂的开始运营,其空地逐步填满,并形成了以江北(葛洲坝工程局、四零三厂等大型厂区)、西坝(葛洲坝电厂、宜昌造船厂、民康制药厂、三峡制药厂等厂区)两个相对独立片区组成的工业组团。各种服务设施逐步完善,形成葛洲坝副中心格局。由于受到计划经济时期工厂管理体制延续的影响,其建设仍然以葛洲坝工程局为主体进行,而逐步形成城市的副中心。

从杨岔路到伍家岗逐步形成以化纺为主,兼有钢铁、建材、轻工的伍家岗综合工业组团。并在伍家岗一带形成较为集中的用地形态。以宜昌市政府和企业公共出资的方式在伍家岗形成较为完备的生活服务设施,尤其是随着五一广场的建设,其成为市民活动的主要去处,并以广场为核心,在周边设置集贸市场、伍临剧院、商场、医院等设施,其副中心地位逐步增强。

值得注意的是,万寿桥至杨岔路一带,由于地形狭窄,距离市中心和伍家岗距离都较远,逐步形成一些新的商业服务中心点,但规模较小。

2)1992—2002年:一主一副、沿江双边组团的空间布局

城市空间格局逐步向周边扩散,江南得到一定的发展,同时由于猇亭被纳入到城区范围而成为城市的外围组团,形成以宜昌城区为核心,以长江为轴线的沿江双边组团式布局。

城市的格局开始出现一些新的趋势,行政区划调整的效力逐步显露。1986年宜昌成立西陵区、伍家岗和点军区三个市辖行政区。随着行政调整的深入,城市建设也逐步由单位体制转向以市为核心的全面统筹。到20世纪90年代初,原葛洲坝组团的建设逐步和宜昌市区的建设接轨,封闭的单位大院体制彻底瓦解。同时,葛洲坝和西坝一带由于和城市中心距离近,交通方便,其联系紧密,原城市副中心的地位相对降低,逐步形成了以西陵为城市主中心,伍家岗为城市副中心的城市格局。

3)2002—2008年:双中心沿江带形组团式布局结构

随着城市区划的调整和市域规模的扩大,尤其是区域经济结构的调整,宜昌的城市区域化进程不断深入,城乡二元结构日益缩小,城市群体之间以及城乡之间的统筹发展越来越得到重视。在这一过程中,中心城区的定义逐步发生变化。西陵、伍家岗、点军、小溪塔和猇亭五个组团构成中心城区,成为城市建设的主体。同时,城市的中心作用逐步向外围扩散,形成部分外围组团。城市结构呈现沿江带形组团式布局结构。

根据《宜昌市总体规划(2005—2020年)》,宜昌的9个功能组团特征如下(表8-4):

宜昌空间功能布局一览表 表8-4

	组团名称	现状	规划
中心城区组团	西陵组团	商业、金融办公、文化体育、教育科研和行政中心,部分无污染工业	市级中心所在地,承担商业金融、旅游服务、文化体育、教育科研、医疗卫生、行政办公、都市型工业和居住职能
	伍家岗组团	传统工业区和仓储物流区,滨江地区正逐步向生活居住功能转换	市级中心所在地,承担商贸办公、行政、居住、无污染工业、交通物流职能

	组团名称	现状	规划
中心城区组团	点军组团	以休闲旅游和工业为主，比较分散	主要承担旅游服务、教育科研、居住、无污染工业、休疗养等职能
	小溪塔组团	功能比较齐全，以农村服务、工业、居住等为主	综合性的城市组团，主要承担居住、无污染工业、农副产品物流、旅游服务等职能
	猇亭组团	以工业和交通职能为主	主要承担工业、交通、物流等职能，逐步向综合型城市组团转变
外围组团	坝区组团	以大坝施工服务、旅游服务、港口、农村服务等职能为主	主要承担发电、旅游服务、港口物流、库区生态环境研究基地等职能
	龙泉组团	以酒业为主	近郊外围工业组团，以无污染的轻工业为主
	红花套组团	以农村服务为主	翻坝运输系统中下游的重要公路运输节点，主要以物流、港口和无污染工业为主
	白洋组团	以农村服务为主，重要的长江渡口和公路节点	重要的外围工业组团和港口，以化工、建材、冶金等工业为主，承接中心城区外迁和新增的部分工业

资料来源：《宜昌市总体规划（2005—2020）年》说明书。

2. 城市交通体系

随着焦柳（鸦官）铁路、宜黄高速公路、三峡机场、国省道和城市道路、客货运站场的建设，宜昌市的综合交通系统日益完善。三峡大坝的兴建，极大地改善了宜昌与长江上游城市万州、重庆之间的航运条件；沪蓉高速、沪渝高速、宜湘高速、宜万铁路和沪汉蓉高速铁路汉宜段等大型交通设施也处于形成和完善过程中。宜昌城区作为区域交通枢纽的地位进一步增强。

1）城市对外交通体系 [①]

（1）铁路

现状城区铁路是焦柳铁路的支线鸦官铁路，宜昌火车站位于西陵中心区附近，在伍家岗花艳设有货运站，在小溪塔设有列车整备站场。宜昌火车站现已开通了宜昌至武汉、北京、广州、西安等多个大城市的特快和直快列车。作为尽端站，宜昌城区铁路在综合交通运输体系中发挥的作用比较有限。

（2）公路

目前城区的对外公路主要包括宜黄高速公路、国道318、三峡专用公路、省道107（汉宜线）、省道225（鸦澧线）、省道254（红东线）、省道312（宜兴线）。根据宜昌市交通规划现状调查报告，宜昌市对外交通主流向是东西向，起着承接东西的枢纽作用，对外公路以318国道和宜黄高速为最主要通道。318国道和宜黄高速承担了主要的对外交通量。2005年，夷陵长江大桥道口、猇亭318国道道口出入流量都比较大，两处合计占全部出入宜昌市区车流的35.0%，这体现出宜昌在区位上作为东西向交通枢纽的重要地位。到2005年，中心城区的长途客运站有6个，其中西陵组团3个，猇亭1个，小溪塔1个，点军1个。

---

① 本节主要根据《宜昌市总体规划（2005—2020年）》说明书，资料由宜昌市城市规划管理局提供。

（3）港口

现状主要有坝（三峡大坝）上的太平溪港区、坝下的两坝间港区、滨江港区、港务集团港区、临江坪港区、磨盘溪港区、王家河港区、云池港区以及江南港区等。目前港务集团港区是综合性港区；滨江港区以客运为主；两坝间港区以旅游和滚装船码头为主；临江坪和池港区尚处于建设阶段；王家河港区多为专用码头，大多处于闲置状态；江南港区多为简易码头；太平溪港区目前以客运为主，正在建设货运码头；磨盘溪港区以散货合件杂货为主，设施比较简陋。

（4）机场

宜昌三峡机场是三峡工程的重要配套项目，是三峡区域国际枢纽机场。位于宜昌市猇亭区，1996年12月28日取得机场使用许可证并正式通航。宜昌三峡机场按4E级标准规划，一期工程按4D级标准建设，占地面积3966.4亩。现有跑道长2600m、宽45m、厚0.38m，可满足B737、B757、B767、A320等同类及其以下机型起降。停机坪设有6个停机位。航站楼建筑面积14816m²。

目前三峡机场开辟了至北京、上海、广州等主要大中型城市的多条航线，截至2017年8月份，宜昌三峡机场国内外通航点达到32个，并开辟有中国香港、台湾地区定期航线。

宜昌三峡机场的建成与通航，奠定了宜昌市现代化立体大交通的格局，架起了宜昌及三峡地区通往全国和世界各地的空中桥梁，加快了宜昌市对外开放和向世界级城市迈进的步伐。

2）城市内部交通体系

20世纪70年代末，宜昌市区的道路总长86.7km，总面113.52万m²。到1987年7月，宜昌市地名委员会公布市区共有标准路、街、巷名称205条。"六五"期间开始扩宽城市骨架，城市道路相应发展。从1986年起，宜昌每年将市政公用设施基础建设列入宜昌的重要议事日程，加快了道路建设步伐。先后建成沿江大道中段和上段，打通云集路、胜利四路、白沙路等通道"卡口"地段，延伸了珍珠路上段，配套建成了东山大道、胜利二路、胜利三路、夷陵路、西坝建设路、江南路、紫阳路、镇平路等一批干道工程。20世纪80年代末，宜昌市区道路总长123km，总面积171万m²。城区东经桔城路可达土门飞机场，北过夜明珠路跨宜昌县境可达西陵风景区，跨三江连接西坝，葛洲坝坝顶连通长江南岸。进入到20世纪90年代以后，城市道路交通条件大为改善。先后建成胜利四路延伸段、体育场路、港窑路延伸段、东园路、城东大道、发展大道、平苗路等一批道路，扩建和改造了西陵一路、隆康路、桔城路、夜明珠路、珍珠路、东山大道等一批道路。

到1996年11月，宜昌市城区共有标准道路、街巷258条。20世纪90年代末，市区道路总长551km，总面积636.07万m²，人均拥有道路面积12.53m²，分别比20世纪80年代末增长3.48倍、2.72倍、1.72倍。

"十五"期间，宜昌和夷陵两座长江大桥、城区发展大道、沿江大道延伸段建成通车，完成云集路、西陵一路"黑化"（铺设沥青混凝土路面）工程，新建成大学路、城东大道南苑段、胜利三路延伸段等一批道路，完成珍珠路、果园一路、伍临路、绿萝路等一批道路的改造。到2005年，宜昌市城区道路总长875.15km，总面积1133.8万m²，人均拥有道路面积 14.32m²，分别比 2000 年增长 58.83%、78.52%、14.29%[①]。

这里主要分析西陵组团和伍家岗组团的道路网。西陵组团与伍家岗组团现状路网受长江和山丘限制，呈非规则的方格网，中部为峰腰。目前主要平行长江方向的干路有沿江大道、夷陵大道、东山大道、城东大道、江南路，垂直长江方向的干路有东湖二路、东湖一路、西陵二路、西陵一路、云集路、胜利三路、胜利四路、港窑路、中南路、白沙路和桔城路等。现有夷陵长江大桥联系两岸，形成"五纵""十横"的道路网格局。

主干路总计长度 84.0km，主干路路网密度 2.09km/km²；次干路总计长度 21.0km，次干路路网密度 0.52km/km²；支路长度总计 15.5km，支路路网密度 0.39km/km²。主干路密度高而次干路和支路密度偏低，同时主干路红线宽度较小，这是因宜昌地形和历史造就的特点，有一定的合理性。

点军组团尚未有完整的开发。现状建成区沿江南大道和国道 318 两条主要对外公路扩展；城市道路较少，不成体系。点军组团通过夷陵长江大桥与西陵组团相接。

猇亭组团路网初具规模，呈方格网布局。平行长江方向的主干路有桐岭路、猇亭大道（国道 318）等，垂直长江方向的主干路有金猇路等。通过先锋路与东侧的宜昌三峡机场和宜黄高速公路相接。通过宜昌长江大桥可以联系对岸红花套组团。

小溪塔组团东西向的主要道路有夷兴大道、平湖大道、营盘路和七里岗路，其中宜兴大道是贯穿全区的最重要的道路；南北方向的道路较短，主要有明珠路、东湖大道和平云路。目前小溪塔组团通过发展大道（西陵一路）和夜明珠路（宜兴大道）等两条通道与西陵组团相接。受地形限制，在集锦路附近形成峰腰。

外围组团规模较小，道路大多依托原有公路拓展。坝区实行封闭管理，主要依靠三峡专用公路与中心城区联系。坝区内部路网呈方格网状，江峡大道是主要干道；现有西陵长江大桥联系两岸。

8.3.3　城市功能要素营造

1. 城市功能要素趋于多元

随着改革开放和市场经济的高速发展，宜昌的城市功能要素逐步由计划经济时代的单一和简单化特征走向多元和复杂。

1）现代的城市要素大量出现

随着现代经济技术以及文化等方面的发展，一些新的城市要素开始在 20 世纪 80 年代出现并在 20 世纪 90 年代以后迅速发展。城市的管理、经济、工业等形态随着现代化的深入而出现不同的物质形态。如以宜昌东山开发区为主体的工业用地形态、以铁路坝—解放路片区为代表的超大型化的集中商业区、东山片区的多功能体育馆场、以三峡大学为代表的新型大学等物质形态出现。甚至随着互联网络技术的发展，基于通信技术的具有实体和虚拟双重性的空间形态也大量出现，虚拟空间与实体空间相辅相成，成为新的城市空间形式。

① 宜昌市城乡建设志编纂委员会. 宜昌市城乡建设志（二审稿）[Z]. 2008.

2）一些非传统的功能要素逐步随着城市性质的变化而逐步繁荣

从行业上看，20世纪80年代以后，宜昌加大了旅游业的开发和建设，各类旅游设施和基础配套逐步完善。以星级饭店、旅馆、酒店等服务设施大量出现，自然资源和历史文化资源得到开发，形成规模宏大的旅游空间，较大的如三峡坝区坛子岭景区、三峡人家景区、猇亭古战场等。这些景区一般位于城市边缘或交通便利之处，成为城市体系的一部分。

3）行业细分带来空间形态的丰富

随着社会经济的发展以及人们不断增长的物质及精神文化需求，行业逐步出现分工细化的特征，针对不同人群的年龄、职业、喜好、购物习惯等不同而出现大量专业或专门店铺，这些物质形态规模小，数量多，分布广，逐步打破在20世纪80年代以后形成的以综合性百货为主导的商业形态，如先后出现以日常生活服务为主体的超市、针对不同人群的专门的家具店、为不同年龄段人群服务的服装店、专门的电脑城等各类项目，在服务业上由理发、餐饮等简单功能演化为各类专门的服务设施，如干洗店、美容店、按摩店等大量新的业态。尤其是随着私营经济的繁荣，第三产业的兴旺带来了城市空间功能形态的极度丰富。

4）弱化的功能形态开始逐步恢复并得到一定发展

比较明显的是以宗教寺庙等功能为主的建设形态逐步复兴。各类宗教活动在中华人民共和国成立以后趋于减少，而"文化大革命"期间基本消失，在1979年以前处于停滞状态下。随着改革开放以来宗教政策的逐步落实，佛教、伊斯兰教、基督教、天主教等在宜昌都逐步恢复并得到一定程度的发展。但总体上由于城市建设的加快，其用地逐步被占用，在城市用地中所占比率逐步缩小。

5）功能之间的联系逐步由简单的水平体系转向为网状体系

随着计划经济向市场经济转变，工业城市指导思想下的简单行业分工隔离逐步被新时期的行业紧密联系所代替。计划经济时代的城市建立在工业为先导的基础上，各个城市相对独立且自成体系。仅有工业生产职能的不同，城市之间的联系呈现水平特征而并不深刻。而在经济全球化进程中，管理、控制、研究、开发和制造、装配层面分别聚集在不同的城市，空间经济结构重组表现为制造、装配层面的扩散和管理、控制层面的空间集聚[1]，并由此形成以市场为导向的各个环节的垂直功能分工。

6）工业经济时代城市不同功能之间互不干扰的空间隔离原则与以可达性为准则的区位原则被打破

城市功能不再机械的按照功能分区的原则分为居住、工作、游憩和交通四大功能，变得更加有机化和整体化。各种功能形式相互融合，促进了城市用地的相互兼容，并由此出现以各类不同功能建筑所围合而成的城市综合广场、步行街等形态。在建筑层面，由城市功能要素的集约化而出现一些新的混合功能，以商住、写字楼为代表的商业、办公、住宅混合空间，以商业、服务、餐饮等为一体的大型综合性混合建筑都在城市空间中占据了重要位置。

---

① 熊国平. 90年代以来中国城市形态演变研究 [D]. 南京：南京大学，2005.

总之，进入到 20 世纪 90 年代以后的宜昌，其城市功能要素发生了革命性变化。尤其是以工业、居住、商业、公共空间为主体的物质空间形态由于占据了城市的大部分实体空间而对人们的生活方式产生了重大影响。

2. 居住由同质到分异，由分散到集聚

1）居住空间的营造阶段分析[①]

自 1984 年宜昌第一家房地产开发企业——中国房屋建设开发公司宜昌市公司正式成立之日起，房地产业逐步成为宜昌经济发展中的重要支柱。1984—2005 年，宜昌累计完成房地产开发投资额 143.81 亿元，竣工商品房面积 1034.01 万 m²，其中住宅面积 868.5 万 m²。

起步阶段（1984—1991 年）：1984 年 2 月，根据国务院《关于改革建筑业和基本建设管理体制问题的暂行规定》中"建设城市综合开发公司，对城市土地、房屋实行综合开发"和"开发建设的房屋，要实行商品化经营"的精神，成立中国房屋建设开发公司宜昌市公司，从此拉开了宜昌市房地产开发建设的序幕。至 1991 年，宜昌市建委下属相关部门和各区政府又先后组建了宜昌市房地产开发公司、宜昌市建设承包开发公司、宜昌市住宅开发公司、宜昌市点军区房屋开发公司、宜昌西陵房屋开发公司、宜昌市伍家岗区房屋开发公司、宜昌经济技术开发区房屋开发公司 8 家开发企业，按照"统一规划、合理布局、综合开发、配套建设"的方针，相继建设了张家店、宜棉、南苑 3 个住宅小区以及其他一些小型住宅组团或单位项目。1984—1991 年，8 年累计竣工商品房 68.32 万 m²。在此阶段，房地产开发虽然担负起宜昌房地产经济体制改革先行者的角色，但总体上仍然沿着计划经济的轨道缓慢运行，多数开发公司采用"见缝插针"的零星开发政策，开发规模受到基建投资计划严格控制。商品房受到行政制约，房价保持在 400 ~ 500 元 /m² 之间。单位购房还要有计划部门的计划，职工住房为单位福利分房，个人购房极少。

快速发展阶段（1992—1996 年）：1992 年 6 月，全国人大通过兴建长江三峡工程议案之后，宜昌成为全国的投资热点，宜昌房地产开发进入快速发展阶段。当年，宜昌市正式注册的房地产公司猛增加到 24 家，同时大量外地房地产企业也大量进入宜昌，到 1996 年，全市房地产开发企业已发展到 335 家。

三峡工程的兴建在宜昌掀起房地产开发投资热潮。1993 年，宜昌的商品房施工面积突破百万平方米，1996 年，施工面积达 233.53 万 m²。1992—1996 年，5 年累计竣工商品房面积 261.79 万 m²。住宅小区的数量和规模都迅速上升，主要有：夷陵花园、城昌花园、万寿组团、华鑫组团、得胜街组团、丰源组团、石马坡组团、窑建组团、环东组团、石板溪组团、艾家嘴组团、南苑小区（二期）、刘家大堰小区等。建设了强华里商住楼、三峡商城（时代广场）、华银大厦、四新路商住楼等一批高层住宅。在此阶段，宜昌的商品房市场也空前活跃，售房价格一路上扬，1991 年，宜昌市城区商品房售价为 500 元 /m²，1992 年突破每平方米千元，1994 年最高价位已达 3000 元 /m²。自 1995 年起，商品房市场渐趋疲软，售价开始回落，空置房开始增多。

调整巩固阶段（1997—2000 年）：在此阶段，受国家宏观调控经济的后续效应影响，

---

① 本节主要引用：宜昌市城乡建设志编纂委员会. 宜昌市城乡建设志（二审稿）[Z]，2008.

房地产快速发展阶段所潜伏的矛盾逐步显露。由于国家收缩银根，一些房地产开发企业缺乏后续资金而出现了一批烂尾楼，因前阶段房屋开发量大于社会购买力，供大于求而形成空置房，甚至由于部分房地产公司非法集资引起社会矛盾。开发企业数量锐减，商品房价格大幅回落，房地产开始进入到调整磨合期。自1997年起，全市房地产开发投资额逐年下降。

在此期间，按照国家和省政府部署，宜昌市成为首批实施安居工程的城市，安居工程建设在市区和各县市陆续开工，以市区"东山花园"为代表的一批经济适用房建设启动。1997—2000年，宜昌市累计竣工经济适用房74.93万 m^2。

健康发展时期（2001年以后）：在此阶段，国务院、湖北省关于进一步深化城镇住房制度改革、加快住房建设和停止住房实物分配、推行住房分配货币化的方针政策得以实施，从而激活了商品房市场，呈现产销两旺的良好态势。2001—2005年，宜昌市累计竣工商品房面积496.02万 m^2。从开发地域来看，宜昌市除西陵区仍是热点外，随着城市的发展扩张，伍家岗、宜昌开发区成为开发热点而趋于活跃，一大批楼盘落户于此。

同时，房屋开发向规模化、人性化方向发展，建了一大批建筑面积在3万 m^2 以上的住宅小区和20层以上的高楼大厦。已建成的具有典型代表性的楼盘有东山花园、世纪花园、世纪欧洲城、民生丽岛等，还有山水芙蓉、畔山林语、江山风华等为代表的别墅型小区。

房地产开发业加大了旧城改造的力度。如民主路片（世纪欧洲城）、航运新村片（南北天城）、力行街片（长江地静）、沿江大道延伸段（长江画廊）、解放路、陶珠路片（商业步行街）等。20世纪90年代遗留的"烂尾楼"工程，通过招商引资恢复了建设，其中"天龙大厦"（现名盈嘉酒店）项目竣工投入使用。

自2001年1月1日起停止住房实物分配，城区住房分配实行货币化的方针政策，购房结构也发生了重大变化，个人购房比例由1998年的35.91%增加到九成以上，住房商品化基本实现。自2001年起，宜昌商品房销售价格逐年上升。到2005年，宜昌市商品房价格在湖北省同等城市中最高，仅低于武汉市，并高于相邻各省同等城市。

2）居住空间的分异特征

正如大多数城市一样，这一时期，宜昌居住空间的分异现象逐步扩大。城市居住空间的分异过程是社会经济关系分化推动作用与居住物质环境对社会经济分化的响应、限制和酝酿作用的时空整合结果[①]。

（1）20世纪80年代城市居住空间的分异特征

宜昌的居住空间，至20世纪80年代后期，已出现较为明显的居住空间分异的特点，大致可以分为旧居住区、单位居住区和新居住区三类。

旧居住区是以西陵老城区为主的市中心区居住地区。首先，旧居住区的房子以低层为多，房屋配套设施差，建筑密度大，各种用地混合严重，居住环境相对较差，且人口密度大。据《宜昌房地志》统计，到20世纪80年代中期，旧城区内平房和低层的房屋居多，尤其是以私房为主的居住建筑，基本上全是平房。老建筑和危房多，1949年以前建造的房

---

① 熊国平. 90年代以来中国城市形态演变研究 [D]. 南京：南京大学，2005.

屋共有 28 万多平方米，占宜昌全市房屋的 2.7%，其中仅房管部门直管的公房中，房龄已逾百年的有 20529m²，20 世纪 50 年代建造的房屋共 44 万多平方米，占 4.34%。其次，建筑结构简单，非钢混、砖混和砖木结构的简易房屋大量集中在老城区。进入 20 世纪 80 年代以后，宜昌市政府开始对旧城进行改造，旧居住区的景观和职能发生了很大变化，逐步在旧城内出现一些新的用房，从而出现了新旧房混杂的现象。

而大量以单位为组织形式修建的居住地区，形成大小不一的单位式住宅。其配套设施较全，居住环境质量较旧居住区为好。但一批在中华人民共和国成立初期新建的工人新村也已经不能满足现代功能的需求。1972 年开始的"集资统建"和 1977 年开始的"国家补助投资建设"在 20 世纪 80 年代初达到一个高潮，所形成的职工住房明显好于旧城区和老的工人新村。一些占据资源优势的企事业单位，甚至还出现了新建住宅"无限制的扩大客厅、厨房、卫生间、阳台的面积，出现一些大型甚至超大型的厨房、浴室和阳台，如内空 8.46m² 的厨房，7.86m² 的浴室，25.17m² 的阳台"[①] 的情况。

新居住区是 20 世纪 80 年代以后在建成区周围开发、建设的郊区居住地区，其最大的特点是职、住分离性。这些区域高层住宅多，配套设施齐全，生活环境较好。特别是在 20 世纪 80 年代后期以商品房开发模式进行的住宅建设，以张家店新村、下菜园、南园、伍家岗棉纺、得胜街、隆中后岭等小区为代表，是当时宜昌居住质量较高的小区，不仅建筑结构有显著提升，而且小区内公共服务配套完善，较大的如张家店小区设置有蔬菜店、肉食店、理发、缝纫、储蓄、邮电等设施，共计 764m²；伍家岗棉纺小区的公共建筑包括商业服务、菜场、煤店等，达到 3843.1m²，还设置有较为完善的绿地体系，布置小游园、游戏场等公共空间。

这种分异的趋势也造成了宜昌这一阶段的住房水平极不平衡。到 20 世纪 80 年代中期，在住房面积、住房拥有、住房质量、住房设备等出现不同程度的分异。据统计，从住房拥有量来分析，缺房户、无房户、不便户、拥挤户分别占到 14.63%、4.34%、2.4%、7.88%；从人均住房面积分析，在拥有住房的居民中，人均使用面积在 10m² 以上的有 60%，甚至有的高达 30m²，而在 4m² 以下的也有 13%，在 2m² 以下的也占相当户数；从住房质量上分析，成套住宅和生活设施不配套的老式住宅比例分别为 42.23%、55.77%；从住房设备分析，14% 的住户无独立厨房，46% 无独立厕所，84% 无洗浴设施，20% 无独立自来水，甚至还有 0.5% 的无电。

由此可见，这一时期的分异仍是计划经济时期分异现象的延续，并随着住房政策的变化而有所激化。由于建房投资方式的调整，单位之间的资源不平衡导致在"集资统建"和"国家补助修建住宅"政策下占据资源优势的单位逐步获得良好的居住环境和条件，尤其是全民所有制单位和集体所有制单位，其建房资金充裕，这两类单位的住房中成套住宅的比重较高，达到 55.92% 和 60.44%；而房管部门，虽然掌握行政权力，但由于其资金主要靠国家补助，由于投资数额有限，在房管部分直管房中的成套住宅只占到其管住宅的 16.8%。可见，这一时期的分异和居民个人的收入差别并无大的联系。

---

① 贺新民. 宜昌市房地志（1840—1990）[Z]. 1992.

（2）20世纪90年代以后城市居住空间的分异特征

进入到20世纪90年代以后，随着单位大院制的彻底解体，城市居住空间的营造开始进入到一个新的进程中。随着市场经济条件下以住宅商品化为特征的住房分配制度改革的深入，以及住宅产业化步伐的推进，各种新型的居住模式不断更新。同时，强调个体、尊重个人的设计理念也开始逐步改变原有的居住区规划形式，各种不同类型的居住区不断涌现。在受教育程度、职业、地位、收入等方面都存在差异的居民开始选择不同形式的居住空间，居住空间逐步形成具有同等价值观人群的聚集和不同价值取向人群的分异。

居住空间的分异首先受到居民经济收入多寡的影响，房价因素作为居住区位选择的首要因素而影响着人们对居住条件的选择。随着宜昌全方位改革开放的深入，所有制结构和产业结构发生了变动和调整，加剧了职业流动和分化。尤其是作为一个老的工业城市，工人数量多，贫困人口基数大，在产业调整过程中，原来的一些三线企业失去了计划经济时代的光芒，也不可避免地影响到居民对居住环境的选择。

另外，随着城市化进程的深入以及行政管理体制的变化，特别是市域交通的完善，出现购房"上级效应"，即部分农村居民进城镇买房，如在坝区组团一带大量农村居民的涌入是房价提高的因素之一，而城镇居民趋向具有更好商业条件和公共设施更为优越的上一级中心城区买房养老。这一些购房者在选择房屋的方式上和本地购房者有所不同，也造成一定程度的分异。

而由于20世纪90年代以后房地产业发展迅猛，开发的商品房不仅数量增多，而且类型、档次繁多，逐步形成了城市居住空间的马赛克式的镶嵌图格局，也形成了居住空间的分异与极化。特别是在旧城改造和工业用地调整等因素的影响下，这种混杂特性更为突出。宜昌在2000年以后加大旧城改造的力度，小规模分期开发的方式使得拼贴现象较为突出，而逐步出现新旧房屋混布、高层低层并置的格局。而从1991年以后，随着国有企业改革的深化和产业结构的调整，工业用地逐步外迁，也使得城市空间中出现大小不一的斑块，这些用地一般都被开发作为居住用地。计划经济时代所造成的工业、居住用地混杂在这一过程中逐步转变为不同时期的居住用地混杂。这都不同程度地造成了城市居住空间的分异。

就目前而言，宜昌的居住空间主要有以下几类：

A．别墅区：部分高尚住宅区开始出现在城市郊区，并以别墅区的形式成为城市居住区分异的一个重要组成部分。宜昌目前主要形成有3个较大的别墅区：山水芙蓉、畔山林语、江山风华。从其区位来分析，三者都位于环境优美的地区，占据了城市最好的景观资源。如山水芙蓉位于江南点军区樱桃园路附近，背靠磨基山，面临长江，景色宜人。畔山林语位于宜昌市东山开发区云集隧道南侧东山公园附近，江山风华位于沿江大道王家河公园旁，南依长江，北靠青山，远眺天然塔景区，环境幽雅。其容积率都较低，甚至部分别墅还占有300m^{2}左右的私家花园，成为低密度的花园式住宅区。虽然这些别墅区不是城市的主体组成部分，但其鲜明的豪华特征却将它凸显、标识出来。在地域特征上，由于宜昌的带形城市特征，这些别墅用地虽然并不处于城市中心，但亦不偏远，交通条件较好。

B．中高档住宅区，主要由部分国家机关、党群机关、企业、事业单位负责人以及专业技术人员所占有，还包括收入较高的一些办事人员及相关人员。其物质形态一般是 2000 年以后在西陵区一带新建的环境较好的商品房。其主导因素在于其景观条件和交通条件。这些住宅一般沿长江或处于公园附近，占据较好的自然资源，或者位处交通区位、商业条件较好的位置。

C. 普通住宅区。主要由在 1994 年以后开发的经济适用房，以及一些处于区位条件和设施配套相对较弱的小区。宜昌在 1995 年被国务院房改领导小组批准为全国首批国家安居工程试点城市。从 1995 年到 2002 年，宜昌市共下达经济适用房计划建设规模 278.29 万 m^2。到 2005 年末，竣工经济适用房住房 181.41 万 m^2，17500 余套。截至 2002 年底，宜昌市城区共征地 400 余亩，建成桔城路小区、西陵二路组团、刘家大堰小区、艾家嘴小区、东山花园、白龙岗小区、饮料厂小区等经济适用房 7 个。由于受到价格的限制，其建设标准相对低于部分商品房。但宜昌的经济适用房建设由于政府较为重视，其在规划布局、配套建设方面都较为完善。从其分布来看，虽然并不处于城市中心区，但由于带形城市特点，其用地交通条件和区位条件并不差。

D. 低档住宅区，主要由一般工人家庭、外来流动人员和一些低收入者所拥有。这类住宅主要由中华人民共和国成立以后的单位住房组成。由于其本身质量较差，标准不高，且有些房子已显老旧，设备老化、急需维修，生活配套设施不很齐全，人均面积较少，小区环境较差。虽然在当时独领风骚，但随着城市的发展，已逐步成为城市中亟待改造的部分。这一类住宅分布广泛，由于单位大院体制的影响，其用地较为分散。但随着近几年西陵区开发程度的提高，城市中心的低档住宅比例逐年降低。现有的低档住宅主要分布于城市两端的夜明珠和伍家岗。

E. 城中村。宜昌的城中村现象并不明显，但逐步显现。由于城市的骨架在 20 世纪 70 年代基本形成，在中心城区因城市扩张而形成的城中村主要集中于伍家岗一带。尤其是近 5 年随着宜昌火车东站的建立，以及伍家岗城市主中心的逐步形成，在 20 世纪 90 年代形成的一些村民自建住房逐步和城市形成一体。其主要依道路沿线形成，由于大部分形成于 20 世纪 90 年代，建筑质量相对不差。

3. 工业及用地营造特征

1）1990 年以前：沿东山大道两侧布置的大型工业用地占据城市的主要空间

宜昌的工业发展是城市扩张的主要要素，20 世纪 70 年代后期，宜昌市工业持续发展，到 20 世纪 80 年代末，宜昌市内有工业企业 323 个，中央企业 52 个，省属企业 4 个，市属企业 267 个。到 1990 年末，宜昌市区厂矿共有房屋 6404 栋，其中生产性用房 256.17 万 m^2。

这些工业用地分布主轴明确，由于受到地形因素的影响，基本以东山大道为轴线两侧分布。从葛洲坝组团的夜明珠路至东山大道至伍家岗的桔城路成为城市的主要发展轴，并在城市郊区形成一些零散用地。布局整体呈现组团分布特征，这也造成了城市用地的零散和混杂。

这一时期的工业用地分布由于延续了计划经济时代的单位管理体制，在内部用地上总体保持了居住和工业混杂的特征，尤为重要的是，一些大型厂矿由于在 20 世纪 80 年代以后迅速发展，而逐步成为城市空间的巨大组合体，占据了相当的用地。尤其是以葛洲坝工

程局、葛洲坝水力发电厂、长航宜昌船厂、四零三厂、中南橡胶厂、红旗电缆厂、宜昌纺
织机械厂等大型厂矿和以宜昌港务管理局、长航红光港机厂、长江机床厂、湖北开关厂、
宜昌棉纺织厂、湖北钢球厂、宜昌树脂厂、宜昌电子管厂为代表的大中型厂矿企业占据了
大量的城市空间（表8-5）。

1990年主要厂矿占地情况一览表　　　　　　　　　　表8-5

名称	位置	占地规模（hm²）	总建筑面积（万 m²）	生产用房（万 m²）
葛洲坝工程局	葛洲坝组团	1690.56	244.93	41.85
葛洲坝水力发电厂	西坝	126	31.60	15.3
长航宜昌船厂	西坝	33	15.05	—
四零三厂	茶庵子	103.37	24.98	13.93
宜昌港务局	长江沿线	—	20.28	5.25
中南橡胶厂	市郊董家冲	42.6	20.02	9.48
红旗电缆厂	江南五龙	60	19.23	12.32
宜昌八一钢厂	夷陵路	39.96	17.49	8.08
宜昌棉纺织厂	伍家岗	—	19.59	10.48
宜昌纺织机械厂	伍家岗	27	17.45	6.36

资料来源：贺新民. 宜昌市房地志（1840—1990）[Z]，1992.

2）1992—2004年：城区内工业用地的外迁和开发区用地的集聚

1991年以后，随着国有企业制度的深化，产业结构逐步调整，宜昌工业企业的建设发
生了巨大的变化。一些老厂房被空置、改造或开发拆迁，同时在新区又新建了一大批现代
化的工厂（车间）。位于宜昌市老城区的一些设备陈旧、技术落后、产品缺乏竞争力、影响
环境的企业进行开发性技术改造，并同时出现向外迁移的趋势。迁移主要方向为东山开发
区和郊县。宜昌市农用车厂、宜昌市家具厂、宜昌市新华印刷厂、宜昌市第四塑料厂等企
业搬出老城区，在开发区内建立新厂。一批20世纪60年代在宜昌市山区建设的三线工厂，
从20世纪80年代陆续迁入宜昌开发区内，如809厂、612厂、江峡船舶柴油机厂网状骨架
塑料复合管理项目等[①]。此外，作为宜昌最大的集团公司，葛洲坝集团公司外迁趋势明显。
辖区内有多个葛洲坝集团二级单位陆续外迁。这种在用地形态上向外迁移的态势基本遵循
了1992年和2005年总体规划的要求。

同时，一批老的工业企业特别是老城区内的环境污染严重的企业逐步被市场淘汰，用
地性质发生变化。1993年宜昌对旧城区部分工业计划实施开发性搬迁改造，准备逐步外迁
至宜昌开发区或郊县，但由于计划实施不久国家开始实行宏观经济调控，企业改革深化，
开发性搬迁随之停滞而逐步由兼并、破产、拍卖等方式所替代。这些企业消失以后，其用
地由于具备良好的区位条件而逐步转变功能，形成新的居住区和商业区。用地性质的转变

---

① 宜昌市城乡建设志编纂委员会. 宜昌市城乡建设志（二审稿）[Z]，2008.

也逐步使得旧城内的工业用地逐步减少，从而消解了原工业、居住用地混杂的不利因素。

另外，随着东山开发区的建设逐步形成规模，开发区成为工业发展的主要方向。由于其具备良好的基础设施条件和优惠的政策，除了吸纳了部分由城区外迁的企业，同时也吸引了大多数的外资和外来企业，到 2008 年，宜昌开发区东山工业园围绕产业优化布局，已形成食品、纺织、化工为特色的产业集群，在城市空间上表现为工业用地的集聚。

3）2004 年以后：工业用地逐步向城市外围组团转移

而随着城市空间的不断发展，由于老城区尤其西陵组团的城市用地趋于紧张，从 2004 年开始，宜昌的工业用地发展逐步由东山开发区向外围组团如猇亭、夷陵以及江南点军区等组团转移转移。其中，由于区位交通条件和服务配套的优势，猇亭片区的扩展尤为突出。

为促进宜昌开发区健康发展，2004 年，宜昌市对宜昌开发区进行体制调整，将原宜昌经济技术开发区和猇亭经济技术开发区合并，组建新的宜昌开发区，实行"一区多园"管理体制。"一区多园"以来，猇亭园区大项目快速聚集，共引进投资过亿元工业项目 30 多个，协议投资总额超过 130 亿元。基础设施明显改善，累计投资 6 亿元，完善了园区水、电、路等重要基础设施，园区承载力和吸引力不断增强，投资环境明显改善，逐步成为城市工业发展的主导。

而东山区的功能逐步由工业形态为主导向城市综合形态转变，第三产业逐步成为发展的重点，从而和西陵区铁路坝一代形成新的城市中心扩张区。东山园区内一批原有工业项目因产业升级的需要，也有逐步外迁和转换土地性质的趋势。

从以上分析可以看出，宜昌的工业用地从 1980 年以来逐步摆脱计划经济时代的影响而逐步由城内向城市外部扩散，并随着城市规模的扩大和行政区划的调整而延续外迁的方式和区位。其分布逐步由分散、混杂形成以开发区为主要模式的集中、集聚态势。

4. 商业的发展和商业中心的形成

1）1990 年以前的商业空间发展

1979 年以后，宜昌的商业设施逐步恢复建设。由于商业发展贯彻国家、集体、个人多种经营的方针，宜昌的商业结构发生了深刻的变化，形成了以国营商业为主体，多种形式商业并存的局面。全市商业网点、商业零售人员发展很快，到 1985 年，宜昌市各种经济成分的商业网点达 5304 个。改革开放以后，城市建设的速度加快。新修建的大楼临街面的第一层大都设置有商店，大大扩充了商业服务网点。1988 年，宜昌市已形成以宜昌商场、百货大楼、纺织大厦、楚天商场、葛洲坝商场、中山商场、陶珠路市场、五一市场为骨干的 6052 个商业网点，使宜昌市区成了川东、鄂西的商品流通中心。葛洲坝、望洲岗、西坝、西陵一路、解放路、云集路、沿江大道、胜利路、杨岔路、伍家岗等区域，商业形态基本形成一定规模。

从其用地来分析，这一时期的商业空间分布以东山大道为轴，商业分布开始出现聚集态势，其中，以解放路为中心的云集路、中山路、二马路一带，是宜昌市商业最为集中、最繁华的区域，有百余家大中型商店集中布置。由于其交通条件良好，位处宜昌的地理中心，且街道空间尺度适合步行，逐步形成了宜昌早期的商业中心。

而这一时期较为重要的建筑有宜昌商场和宜昌市百货大楼。东山下的宜昌商场，1983

年竣工，建筑面积 13440m²，是 20 世纪 80 年代中期宜昌最大的百货商场。宜昌市百货大楼，位于云集路与解放路交叉口，1990 年竣工，建筑面积 13500m²，主楼 12 楼，是当时宜昌市楼层最高、规模最大的国营商业零售企业。由于当时的商业发展尚不发达，这样一些大的商场成为最主要的商业空间。

2）1990—2005 年的商业空间发展

20 世纪 90 年代以来，随着城市的主导功能由工业生产型逐渐向生产消费服务型转变，所谓商业区也已经从批发零售散乱布局向功能更加清晰、辐射范围与服务覆盖作用更加突出的商业中心发展。在空间布局方面，商业也开始摆脱布局分散、沿街布置等传统商业特点，逐步出现部分集中而独立的商业用地形式。

这一时期，宜昌城市中心的集聚效应加强，并逐步在铁路坝和解放路形成两个较大的商业中心片区。九州购物中心、国贸大厦、时代购物广场（原三峡商场）等大型商场相继在铁路坝一带建成，其面积都超过 1 万 m²，依托于 1997 年建成的占地面积 5.52 万 m² 的夷陵广场，逐步在铁路坝片区形成宜昌市新的商业中心区。解放路片区位于老城区，用地较为紧张，但由于其固有的区位优势和商业氛围，逐步形成带状商业空间，也是宜昌商业最为繁华的地区。

各类综合或专业集贸市场的建设是这一时期商业网点建设的一个热点。原来占据城市中心的制造业和居住功能外迁，为发展商业提供了发展空间，由线状向块状形态转化。早期开发的夷陵商业城占地 2 万 m²，到 1996 年拥有 600 余门店及摊位，成为川东鄂西最大的工业品交易市场和宜昌市最大的购物中心。1993 年以后宜昌市糖果总厂、宜昌市电机厂、宜昌市轮胎厂、宜昌拖拉机厂、宜昌市酒厂等企业停产，将闲置的厂区开发建设成为金山市场、银海市场、汇腾市场、金轮服装市场。这些市场占地大，专业性强，用地性质单一，成为城市中的重要组成部分。

另外，这一时期宜昌的商业经营方式发生了巨大变革，购物中心、仓储式商场、超市等新型商业业态得到较大发展，商业业态向大型化、连锁化发展，新商业业态不断挤压原有的小型零售店和传统百货店，原有的零星商业点逐渐被吞没或被并购。到 2002 年末，仅城区经营面积超过 1000m² 的超市就有 20 多家，各类连锁超市超过 200 家。"北山""雅斯"超市已成为宜昌市的超市名牌，部分外来超市如澳大利亚的"赛玛特"、湖南的"家润多"也在宜昌出现[1]。连锁超市和便利店灵活、便捷，发展迅速，成为服务社区主要的商业设施。

3）2005—2009 年的商业空间发展：商务区、步行街等形态出现

随着宜昌城市经济的迅速发展，传统零售商业、批发商业开始聚集，并朝着新的区位与规模经营方向发展。在发展过程中，除形成了集中的商业中心外，以集中的商务区和宜昌解放路步行商业街为代表的集中式商业空间是这一阶段最主要的特征。

宜昌 CBD 中心商务区项目是武汉市对口支援三峡库区建设的最大项目，目前正在建设之中。该项目位于宜昌市西陵区夷陵广场旁，由夷陵大道、西陵一路、西陵二路、珍珠路合围而成。项目占地面积 12 万 m²，临西陵一路一侧长 457m，临夷陵大道一侧长 580m，

---

① 宜昌市城乡建设志编纂委员会. 宜昌市城乡建设志（二审稿）[Z]. 2008.

建筑面积 54 万 m²。它将具备传统 CBD 的功能，包括商业、旅游、会展、办公、居住、金融、商业服务、文化等，内含高级写字楼区、星级酒店区、高档住宅区、商业区等。宜昌 CBD 中心商务区未来建设八大中心，即城市休闲购物中心、文化教育中心、高尚居住中心、企业行政中心、国际会展中心、商业服务中心、三峡旅游产品展示中心、金融服务中心；四大功能，即中心商务区、全生活服务区、综合商业区、生活居住区，中心商务区将成为一个复合型城市空间。

2004 年，宜昌启动最大的旧城改造项目——宜昌商业步行街，其规划范围以解放路、陶珠路为中心，总用地面积约 117 亩，规划总建筑面积 40 余万 m²，其中商业 11 万 m²。被称为"宜昌商业旗舰"的宜昌商业步行街规划为集购物、休闲、餐饮、娱乐、旅游、商务、居住多功能于一体的现代化大型综合购物中心。本书成稿时获知，该街已开始逐步投入使用。

商务中心和步行街在用地上，前者以片块式布局为特征，后者以带状布局为特征。但都以复合和混合功能为主要形式，形成一种新的商业模式。

另外，宜昌的市场体系逐步趋向网络化。初步形成市级商业中心、区级商业中心、片区级商业中心、社区商业中心四个层次的流通网络体系。同时，专业分工逐步明确，逐步形成以夷陵广场、五一广场为中心的购物休闲娱乐区，以八二七瓷砖市场和恒昌建材城为中心的建材批发网络，以金桥果菜批发市场和汇腾市场为中心的水果、蔬菜辐射网络，以星火路为中心的电脑网络，以大公桥为中心的副食品批发市场群，以夜明珠为中心的"大三材"市场群等。不过随着商业体系的完善，以及城市物流仓储等条件的变化，部分城市中心区的日用品批发市场逐步出现了外迁的趋势。

第9章 宜昌城市空间营造的特征及机制

作为一个有着悠久历史的古城，宜昌在 2000 多年的时间里逐步演化形成了自己独特魅力的城市空间。物质空间形态的演变在不同的阶段体现出不同的特征，而历史的传承又使其空间具有在时间轴上的连续性。本章通过分析宜昌城市空间营造的演变规律，总结宜昌城市空间营造的影响因素，以此为城市的发展提供指导，为城市空间发展的合理性做出正确的预测。

从第 2 章开始，本书从宜昌建城至 2009 年分章节进行了研究，对宜昌各阶段的城市空间营造的特征以及形成的原因进行了微观分析。本章从宏观层面出发，归纳、总结和提升宜昌城市空间营造的各个层面。在城市外部空间形态方面，将着重探讨其城市边缘的扩张形式、速度和方向的特征，在城市内部形态则着重研究各种驱动因素作用下城市空间的演变机制和规律，探讨不同历史背景下的影响因素与城市内部空间演变的关系，为合理预测宜昌城市空间形态的未来演化方向奠定基础。

9.1 宜昌城市空间形态的演化特征

9.1.1 城市外部空间形态的演化特征

1. 城市外部形态轮廓的演化特征

通过对宜昌各阶段城市空间形态边缘扩张形式的分析可以发现，外部形态轮廓经历了从点—线—面的扩张过程，并逐步向组团化、网络化发展（图 9-1）。

早期的宜昌，城址多次发生变动。战国时期因军事需要而建城，在前坪形成以军养民的军事镇邑，并随着军事控守的需要和战争形式的变化而逐步下迁，到三国时期在葛洲坝以南逐步稳定。唐宋时期城市性质逐步转换，唐代贞观九年（公元 635 年），峡州郡从下牢戌移于今宜昌市中心市区，依托三国故城而于步阐垒形成城市。到宋代，夷陵古城规模不大，此后一直到元末，城池因为战乱多次迁建，但总的来讲时间不长，复移中仍"因唐旧基"，且"明亦因之"，夷陵古城在现中心市区一带得以固定下来。这一时期，除汉末到三国时期建有城墙外，大多数时间宜昌城市空间的外部轮廓较为散乱，城市乡村的界线并不清晰。

明代城墙的建设是宜昌城市发展的重要事件，城市外部轮廓形成椭圆形的明确边界。这种形态特征在清末以前一直没有改变。清末随着川盐济鄂和宜昌开埠，城市依托港口开始向外扩展，并随着 1914 年商埠局的设立而在民国时期跳开故城在城南形成新城，初步形成以长江为轴线的带形城市空间。在外部轮廓上，城市边界逐步由清晰走向模糊。

中华人民共和国成立初期，城市空间形态扩展主要依托老城区向四周发散。三线建设

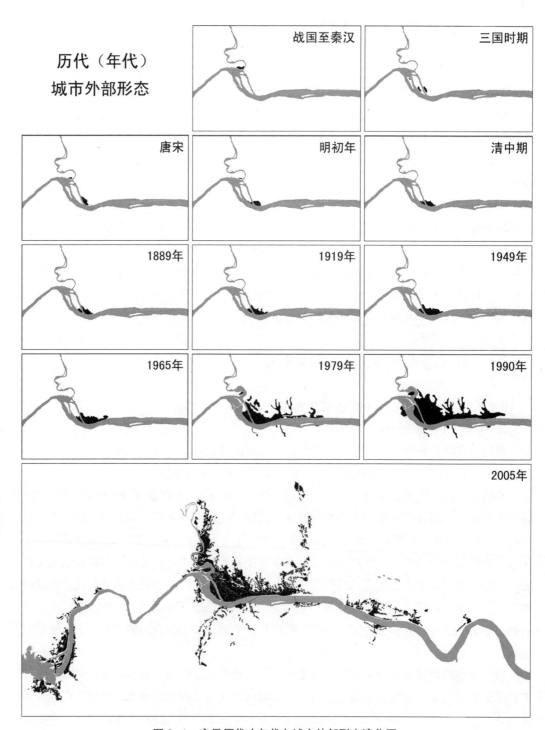

图 9-1　宜昌历代（年代）城市外部形态演化图

和葛洲坝水利枢纽工程的建设使得城市空间迅速扩张，城市外部轮廓由于受到东山和长江等自然屏障的限制，而从葛洲坝夜明珠一带到伍家岗片区形成典型的带形城市空间，葛洲坝片区、西陵片区腹地相对较深，从胜利四路到伍家岗，因北部主要为丘陵地带，腹地浅，地形较为复杂，许多三线建设形成的工厂靠山而建，使得城市外部散落分布部分工业用地。同时由于各组团基本处于相对封闭状态，彼此联系不紧密，在形态上呈现出以上游葛洲坝—西陵为核心、下游至伍家岗带状蔓延，外部散点分布的空间状态。

到 20 世纪 80 年代以后，城市空间随着基础设施的完善而形成以道路为主轴的扩展方向。20 世纪 80—90 年代组团特征强化，同时城市建设由工业用地扩展转向内部填空补实，城市外部轮廓开始形成走廊式带状形态。东山开发区的设立改变了宜昌城市轮廓，西陵区逐步向东扩展，其中心作用增强。由于区划的调整，城市空间向下溪塔和猇亭扩展，江南片区得到开发，并随着区域化和城乡一体化的推进而形成明显的组团扩张格局，组团放射状扩张特征明显。

21 世纪初至今，宜昌仍沿袭组团式扩张形态，但其内涵急剧变化。其发展轴线逐步由江北单带演变为依托长江两岸共进，西陵、伍家岗、点军、小溪塔和猇亭五个组团构成中心城区，成为城市建设的主体，城市的中心作用逐步向外围扩散，从而形成部分外围组团。并通过土地置换调整优化用地结构，老城区由于用地受到限制，扩张基本停止，城市空间向紧凑型、集约型发展，而外部组团持续快速扩张，并随着交通联系的不断加强而呈现出网络组团的发展趋势。

2. 城市外部空间形态演化的时序特征

宜昌城市空间的扩展并不总是匀速的，而是呈现阶段性特征，并分别在民国时期、中华人民共和国成立后三线建设和葛洲坝建设时期、三峡大坝建设时期抓住历史机遇，形成了城市空间形态发展的三次高潮，宜昌逐步由古代的一个封闭的小县城演化为现代长江流域重要的中心城市，从规模分析，由一个小城市分步完成中等城市、大城市三个历史阶段的过渡。

古代的宜昌城市空间扩展极为缓慢，长期以来城市规模处于较低的水平。三国时期仅仅"城周一里"，到明朝建立城墙，城区面积约 1200 亩，在长江流域的县级城市中亦较为靠后。这种缓慢发展一直持续到清末。以川盐济鄂所带来的大量船运带来了宜昌城市的扩展。而宜昌开埠、鸦片公卖等外部因素的影响使得宜昌城市的发展在近代形成了第一次扩展高潮，在 1914—1930 年间形成新商埠区，到中华人民共和国成立初期城市建成区达到 2km^2。同时，20 世纪 20—30 年代是宜昌较为繁荣的时期，城市人口突破 10 万人，成为湖北省仅次于武汉的第二大城市。

日军占领宜昌造成了宜昌城市空间的极大破坏。中华人民共和国成立初期宜昌的城市空间扩展速度虽然相比中华人民共和国成立前有较大提升，但由于经济实力的限制而主要依托老城缓慢扩张，一直到 1970 年，建成区面积 7.6km^2。三线建设和葛洲坝建设的"空投"效应带来了宜昌城市发展的第二次高潮，城市规模迅速由中华人民共和国成立初期的 2km^2 扩展到 1980 年的 24.5km^2。工业化建设带来了城市人口的猛增，到 1978 年宜昌城市人口突破 30 万人，逐步由小城市过渡到中等城市。

从 1980 年到 1993 年，城市规模发展相对缓慢。随着三峡大坝的建设，带来了宜昌新的发展动力。而区划的调整同时带来了城市规模的急剧扩大，尤其是 1992 年宜昌地市合并，实行市领导县的新体制，1994 年猇亭镇划归宜昌市区，到 1995 年宜昌城区建成区面积达到 39km²，到 2000 年，宜昌市城区总人口突破 60 万人，其中非农业人口突破 50 万人，宜昌开始迈入大城市行列。到 2007 年，城市建成区面积达到 73km²。

3. 城市空间扩展的方向特性

从扩展方向上分析，宜昌城市空间扩展也具有明显的阶段特征。在空间轴线上经历了沿长江扩展、沿道路扩展、沿长江和道路网络扩展三个阶段。

古代，城市空间扩展缓慢。清代随着经济的发展，城市空间的扩展方向以北门、南门、东门等城门为中心沿道路向外蔓延，总体上是城市空间的外溢。

随着转运贸易的繁荣，城市的发展方向以港口建设为依托，从宜昌古城的南门沿长江向下游扩展，并形成了宜昌城市空间扩展的主轴，即依托长江，以码头和转运港口为主要功能形式的扩展模式。这一阶段，由于城市规模相对不大，城市空间的扩展并没有过多地受到地形的限制而呈现出主动性特征。

计划经济时代的扩展由于港口在城市发展中的地位相对下降，城市空间的扩展不再单纯依靠港口，工业用地沿道路向两侧延伸成为城市扩展的主轴。城市规模的急剧扩大也带来地形影响因素的上升，以东山大道为轴的延伸方向受丘陵地形、长江等限制条件从总体上延续了沿江扩展的模式，在形态上呈"一"字形特征。

20 世纪 80 年代以后，城市扩展方向由于受到地形的限制开始向两侧延伸，城市扩展的主轴逐步由沿长江扩展转向沿道路扩展，东山经济开发区的建立使得宜昌的城市空间扩展方向突破地形限制而开始出现垂直于长江的东向扩展轴，城市两侧的夜明珠路和桔城路成为城市扩展新的方向，在形态上呈现"U"字形特征。

经济快速发展和区划调整以后的宜昌空间扩展开始呈现复杂的扩展特征，其扩展轴线的组成受到外围组团发展的影响而呈现"长江—道路"网络化特性。从扩展形式上以道路为连接方式，主城区的城市空间开始向江南扩展。以宜昌境内的长江及汉宜高速公路为依托而扩展的沿长江城镇聚合带在地域上以长江为主线，以西陵区中心向两侧延伸。

9.1.2 城市内部空间结构的演变特性

城市内部空间结构由于受到不同历史时期的政治、经济等因素的影响，并随着城市规模的扩大而呈现出不同的结构特征。虽然在不同的时期其空间结构的变化在微观上更为丰富，但总体上主要经历了以下几个阶段：

1. 古代：临江单核内聚的空间布局

古代的宜昌受到城市职能和传统文化的影响，城市空间结构明晰。城市的空间结构主要受到封建礼制建设的影响，以政治建筑为城市核心。城市结构简单紧凑，城市的主导仍然是封建礼制下的单核形态，总体上呈现"单核内聚"的结构特征。

2. 近代：临江单核发散的空间布局

近代随着封建政治制度的解体，宜昌城市的性质开始发生变化，商业中心取代政府官衙成为城市的中心。近代宜昌开埠以后，城市中心布局结构由清代的"单核内聚"结构逐步外延从而形成以古城和商埠并置的双区结构。虽然双区之间的主次关系随着商埠区的日益完善而出现了下移，城市的商业中心也在古城内外以街道为载体形成多个中心，但由于城市规模相对较小，基本保持了单核的形态特征。城市边界的模糊使得城市空间的引力作用有所削弱，城市外围零散分布的工厂、民居使得城市空间总体呈现"单核发散"的结构特征。

3. 现代：沿江单核单边带形组团的空间布局

中华人民共和国成立以后的工业化政策使得城市空间的扩展开始突破原老城区而形成带形的城市空间。工业区相对聚集，随着三线建设和葛洲坝工程的兴建，以工业为中心的葛洲坝组团、伍家岗组团初步成形，西陵区作为城市的经济、政治、文化等职能的集中地而成为城市中心。但由于单位大院制所造成的空间割裂，城市功能之间的联系并不紧密，总体呈现"沿江单核带形组团"的结构形态。

4. 当代：沿江单核双边带形组团的空间布局

改革开放以后，宜昌的城市空间总体上延续了计划经济时代所形成的结构方式。随着江南片区的逐步开发，同时由于猇亭被纳入到城区范围而成为城市的外围组团，从而形成以宜昌城区为核心，以长江为轴线的沿江双边组团式布局。

随着行政区划调整的深入，城市建设也逐步由单位体制转向以市为核心的全面统筹。原葛洲坝组团的建设逐步和宜昌市区的建设接轨，封闭的单位大院体制彻底瓦解。同时，葛洲坝和西坝一带由于和城市中心距离近，交通方便，联系紧密，原城市副中心的地位相对降低，从而逐步形成了以西陵为城市主中心，伍家岗为城市副中心的城市格局。

5. 2002年以后：沿江双核网络状组团式布局结构

随着城市区划的调整和市域规模的扩大，尤其是区域经济结构的调整，宜昌的城市区域化进程不断深入，城乡二元结构日益缩小，城市群体之间以及城乡之间的统筹发展越来越得到重视。在这一过程中，中心城区的定义逐步发生变化。西陵、伍家岗、点军、小溪塔和猇亭五个组团构成中心城区，成为城市建设的主体。同时，城市的中心作用逐步向外围扩散，形成部分外围组团。此外，伍家岗作为重要的铁路站点所在地，加快了建设步伐，虽然目前其城市中心地位尚处于建设阶段，但发展势头迅猛。宜昌城市空间初步呈现沿江双核网络状组团式布局结构。

9.2 城市空间营造的影响因素

9.2.1 自然地理与人居活动的交互

自然环境是人类社会生存发展的基础，也是城市发展的必要条件。自然、气候、环境的差异，使各个地区形成了具有地方特色的建筑体系和城市形态风貌。同时，在不同的历史时期，人类和自然也呈现出不同的关系特征。人类利用自然环境或改造自然环境，以及自然环境限制城市发展和利于城市发展等在不同的历史背景下也有着不同的形式。

正如第2章所论述的，先秦时期宜昌的自然环境要比当今优越，安全的环境、肥沃的土地、适宜的气候、丰富的物产为城市的出现提供了良好的自然环境，城市建设与发展的条件较好。关于宜昌城市起源与地理环境的关系，这里不再赘述。

"水至此而夷，山至此而陵"的夷陵，具备良好的自然景观和环境。从宜昌的发展脉络分析，由于前坪的地理环境不适合大规模建设，其城址于三国时期逐步下移，并于唐宋时期成形，明清建成城墙而形成较为明确的边界，城市形态开始趋于稳定。虽然由于周边地势多山，农业的发展受到极大限制，但唐宋时期城市的选址位于相对平坦的三江北岸，建城条件较为优越，并为以后城市的发展预留了空间。

古代由于经济技术条件的限制，改造自然只能是小范围小规模的，更多的是"顺应"自然，再加上由古楚文化对环境的崇拜而形成的"天人合一"的宇宙观，及其由此派生的"风水"观念的形成，不可避免地影响到城市空间的营造，即形成"顺应"自然的符合礼制思想的空间体系。

宜昌的城市布局顺应了与环境的和谐关系。从城市外部轮廓分析，由于城址位置正好位于三江河道转弯之处，依托长江逐步形成了椭圆形的城市形状；从城市内部空间格局分析，城内的街道总体呈现对称的特征，但其巷道大多依地形而呈现不规则形态，城市内部空间也因此形成规则与自然相结合的形态。此外，由于城内地质条件较差，水井较少，城墙的城门也呈现不规则形式，在西侧临江边设置 4 个城门。这种布局方式在中国的古城中是不多见的。

不仅城内的建筑大多依据地形而建立，城外也利用自然山川河流形成丰富的景观体系。在清代，宜昌已形成东山图画、西陵形胜、雅台明月、灵洞仙湫、三游雨霁、五陇烟收、赤矶钓艇、黄牛棹歌等景点，其大部分都位于城市周边，被称作"东湖八景"。城市周围的自然山川以其宇宙象征的色彩，成为人们的心理寄托和希望所在，得到人们普遍的尊重和保护，各类祠庙的修建和后世宗教建筑的引入，又增添了山川景观的人文色彩，逐渐成为城市郊外的一大胜景。

清末，港口和集市的形成也和自然环境紧密联系。由于古时大多使用木船，而港口需选择避风之处，南门以上、三江之内的区域正好适合帆船停泊而逐步形成大量的码头，集市也依托码头形成。而随着技术的进步，轮船码头由于不受风向风力的限制而选择了水位条件更为优越的下游，大量近代轮船码头的形成使得城市以南门为界向下游蔓延，并最终形成新的商埠区。码头区的建筑受地形的影响，大多采用吊脚楼的建筑形式，材料采用宜昌林业资源丰富的木、竹等。

当然，自然地理条件并不总体现出其有利性的一面。由于地处长江边，洪涝灾害严重，城墙的作用除了军事用途还必须具备防洪防涝的功能。宜昌的城墙多次加高加厚，在明代就已经达到 5 丈之高，清咸丰十年（公元 1860 年）大水后于清代同治年间再次加高培厚。由于技术水平低下，人和自然的搏斗在古代城市的营建上基本处于以"防"为主。

到近代以后，随着科技的发展和建设指导思想的变化，风水观念相对淡化，对环境的改造逐步成为建设中的一个重要部分。其中最有代表性的是南湖的变迁。宜昌古城的东、南两面曾有大片湖塘地带，分别称之为东、南湖，随着城市的扩张，湖面逐步缩小。到 20世纪 30 年代以后移桃花岭斜坡填了南湖部分湖面。其本意是为了扩修湖边的康庄路，也是为了改善被污染的南湖。但由于官员的腐败和计划不周，治理效果并不好。南湖滨江地洼，全赖雨水存积，而市内外排水沟道年久失修，不仅阻塞不通，更无一条下水总道，一遇雨季污水泛滥全市，以致不少街道遭到内积外灌之患。这种情况一直延续到 1958 年，才将此大臭水坑改造为鱼塘。

总体来讲，近代以前由于城市规模小，城市的扩展受地形的影响并不明显。到现代以后，随着经济建设的加快和三线建设的大规模展开，宜昌城市空间迅速扩展和自然地理条件之间的矛盾日益尖锐，而宜昌带形城市空间特征的形成就在于其受地形条件的限制。宜昌老城区所处位置相对平坦，东高西低。东门东山形成天然屏障，从港窑路至伍家岗之间的区域腹地浅，现东山大道以东俱为丘陵地带，仅在江边有少量可建设用地。伍家岗一带又相对开阔，可建设用地较多而适合大规模建设。这种用地条件决定了城市的发展只能是带状扩展而不能形成以西陵区为核心的中心扩散。

20 世纪 90 年代江南的建设亦受到地形的影响。点军区多山，大部分为丘陵和高地，局部有零星用地。虽然适合三线建设，但大规模的开发受到极大限制。因此，虽然有开发江南的意图，但亦只能采取集中组团的方式形成相对集中的建设用地，组团之间通过道路联系。这种方式最终形成了宜昌沿江带形组团式的布局结构。

当然，地形地貌的影响随着科技的进步也在逐步弱化。东山历来是宜昌城市发展的屏障，但随着科技的进步，东山隧道、云集隧道打通以后这种屏障作用开始消失。葛洲坝水利枢纽工程的建设是宜昌对自然环境改造的重大事件，在兴建水利枢纽工程时葛洲坝被全部挖除。葛洲坝蓄水以后，随着水位的提高，城市上游的空间形态也发生了重大变化。

宜昌城区三面环山，长江和黄柏河穿城而过，自然环境形成了山水相连、多山多水的城市特征。到当代，人类和自然之间的关系随着人们生态保护意识的提高，以及提高生活质量的要求，也逐渐开始重新认识人和自然的关系。通过对城市自然山体、水体及野生动植物分布区等自然风貌的保护来利用其山水特色，并初步形成了"两坝一峡，青山绿水，山水相连，周边群山绿色环抱，城中绿地成串、条块结合、纵横贯通"的峡江山水园林城市格局。

9.2.2 政治经济条件的交互

农业是农业时代城市发展的主要动力和制约因素。城市的发展是以农业为基础的，农业劳动生产力、粮食作物的生产水平，直接制约着城市发展速度和发展水平。一般来说，农业发达的地区，城市的发展速度较快，发展水平较高，城市的规模较大，比如中原地区、关中地区、成都平原地区在古代都是农业十分发达的地区，因而这些地区的城市发展都比较迅速，发展水平较高。城市手工业、商业的发展水平也与农业的发展程度密切相关，农业为城市商业和手工业提供原材料和原产品，因而农业发展水平较高地区的商业、手工业较发达，而农业发展水平较低地区的商业和手工业发展水平也相应较低 [1]。

古代的宜昌由于受到低下的农业经济的影响而长期处于较为落后的状态。宜昌地理条

---

① 何一民. 近代中国城市发展与社会变迁（1840—1949 年）[M]. 北京：科学出版社，2004.

件贫瘠，山陂丘陵占半，农业发展的外在条件不足，农业经济长期以稻麦粟为主。同时在耕作技能上也远远赶不上中原黄河流域、京都之郊的先进旱作物地区，也比不上长江中下游的较先进的水稻耕作技术水平，主要采取火耕畲田的较为落后的方式。先天性不足加上生产力水平低下，使得农作物产量也远远低于其他较发达地区，特别是稻、麦、粟的种植，直到宋代，仍然主要是"望天收""农人，勤于播种，但山田多硗，刀耕火种、牛力难施，五日雨则低田涝，十日晴则高田旱"。到元代，从粮食的收成来看，湖广地区上田三石，下田二石，与江浙地区相差较远，这种低下的落后生产力一直到民国时期都没有大的改观。

宜昌古代的经济结构中渔业占据了相当比重。"饭稻羹鱼"是长江流域地区传统的食物结构，这种食物结构又是由该地区农渔并重的生产结构决定的[①]。当火耕水耨的稻作和火耕畲田的旱作方式不能提供足够的食粮时，这一结构主要为当地居民提供食物，在宜昌的发展中仅仅作为日常生活的补充亦无大的发展。

不仅农业发展水平低下，手工业和商业也长期处于较为低下的状态。手工业主要依靠宜昌丰富的林业资源进行简单的加工，其性质依然是满足居民的日常生活需求。商业至宋代仍然是"商贾不至"，直到清朝建立以后随着三峡航运的日益增多和城市居民的日益增长才开始有所发展。

另外，古代中国城市的政治行政地位的高低对于城市规模的大小、城市发展的速度具有直接的影响和决定性的作用[②]。宜昌在相当长的历史时期内一直处于国家政治行政地位的末端，由于区位偏远，历来不受政府的重视。战国时期处于楚之西塞，地处边疆。唐宋以后也历来是贬官下放之处，"为吏者多不欲远来"，远离国家的政治和经济中心。偶有政策的倾斜也是由于战争需要而以军事镇邑为主要建设目的，在大多数时间是以地区的政治行政管理功能为主。这些政治行政的要素在城市的发展过程中叠加了一定的经济功能，但城市经济主要是为少数特权阶级服务并未引起城市经济的根本改变。

自身的农业发展水平低下，也无国家的政策倾斜，古代的宜昌一直处于一种经济自给自足的封闭态势。这也造成了宜昌古代的城市空间长期处于较为落后的状态，不仅规模小，而且发展极为缓慢。从明代建城墙到清末川盐济鄂之前，城市的发展没有突破城墙，仅仅由于寄泊港的功能需求在长江码头区有少量集市。

到了近现代，宜昌城市的发展开始突破城墙，其主要原因在于在清末依托转运的商业贸易发生了巨大变化。随着长江航运的逐步通畅，从清末到民国时期宜昌的经济发展迅速。以货物转运、鸦片贸易、对外贸易经济为主导的行业特征使得宜昌逐步变成一个港口城市，商业取代农业成为城市经济的重要组成部分。虽然到近代，其商业的发展有所起伏，但总的趋势是处于逐步上升的态势。

同时，近代以来，虽然经济的因素逐步超过政治因素在城市发展中产生重要的影响，

---

① 张清平. 从欧阳修的诗文看宋代宜昌的经济发展状况 [J]. 三峡大学学报（人文社会科学版），2003（1）：36-39.

② 何一民. 近代中国城市发展与社会变迁（1840—1949 年）[M]. 北京：科学出版社，2004.

但由于中国的中央集权政治体制并未改变，因此政治的因素对于城市发展的作用和影响仍然不可忽视，尤其需要注意的是，政治因素对城市经济的发展起着十分重要的作用，经济因素反过来对城市政治的发展也起着巨大的影响和作用，一个城市随着经济实力的加强，城市的政治行政地位也会逐步提高。

宜昌近代的城市发展，其政治和经济因素也在这样一个模式下出现新的特征。由于政治因素的影响而开埠，经济随之发展，而经济的发展为宜昌开商埠提供了动力。和其他许多因条约开商埠城市不同，宜昌的商埠建设更类似自开商埠。1914年的商埠开发主体是宜昌商会，并在政府的引导下自筹资金展开城市建设，城市迅速扩张形成新城。城市规模的扩大又带来宜昌政治地位的上升，并多次在省政府的支持下筹备建市。虽然最终由于其人口并未达到民国管理模式下的城市标准而流产，但宜昌逐步成为长江流域重要的港口城市和湖北仅次于汉口的中心城市。

宜昌现代城市的发展是建立在生产资料公有制、土地国家所有、社会主义计划经济的新制度下的，政治政策的变化也使得城市的经济发生革命性变化。到1949年以后，宜昌的经济发展出现两极特征。一方面，宜昌在建设工业城市的国家政策下自身的工业发展开始起步，商业为主导的第三产业随之衰退；另一方面，以三线建设和大型国家建设项目特别是葛洲坝建设、三峡工程的建设，逐步为宜昌城市经济的发展提供了强大动力，宜昌开始突破老城区的限制而形成带状的城市空间格局。

分析这一时期的影响要素，政治决策对空间的影响处于绝对的强势地位。重工业轻消费的建设模式逐步使城市空间的功能要素单一化和简单化，城市的文化要素逐步消失。更重要的是，城市的用地规模随着三线企业的"空投"而成为城市空间形态的主体，城市空间的内部形态也因为单位大院制的管理模式而形成巨大的分散的用地斑块。

当代宜昌，从20世纪80年代以后，尤其是20世纪90年代以后城市的发展分析，经济发展对宜昌城市空间的营造产生了巨大的影响，而政治决策和经济发展的互动更为强烈。宜昌历次区划调整的根本原因在于如何和谐发展宜昌的经济而不受到行政管理的限制。1992年地市合并以及2002年的撤县并区，使得以区域化和城乡一体化为特征的新的城市经济模式形成，宜昌的城市外部空间迅速扩大，并从根本上改变了宜昌在计划经济时代所形成的城市结构。

改革开放以后，随着经济的发展，城市化水平逐步提高，城市的作用发生重大变化，宜昌在国民经济中的中心作用增强。大量人口的集中也带来了城市规模的变化，城市建设用地增长。同时，城市的功能要素随着第三产业的迅速发展而增强，逐步出现多元化和多样化的城市要素构成。尤其是随着新的经济模式的进入，也开始催生新的城市空间形态，以新型小区、产业园、中心商务区、多功能步行街区为特征的城市空间形式开始出现。此外，随着信息产业和知识经济的发展，开始出现虚拟空间这样一种全新的空间模式。

总之，宜昌城市空间的历史演变，受到政治经济的制约和影响。虽然在不同时期经济和政治因素具有不同的影响机制和特征，主导性在不同的历史背景下也有所变化，经济和政治因素自身亦有所互动，但城市的发展和空间形态的演变本质上出于不断适应社会经济背景和城市功能变化的要求。社会经济的发展以及政治决策使城市产生新的功能或导致原有的部分功能衰退，同时使城市空间与城市功能产生矛盾，从而推动城市空间形态的演变。政治经济条件是宜昌城市空间营造的主动力。

9.2.3　交通运输条件的变化

交通运输方式的发展是城市发展的需要，在城市发展进程中，交通运输条件的改善是不可忽视的主要因素之一。对于宜昌这样一个具有鲜明特点的依托长江的城市来说，交通运输条件的变化对城市空间形态的影响相对于其他大多数城市更为强烈。外部交通方式的变革带来城市地域交通体系的变化，并由此带来城市地位及城市性质的变化，而内部交通方式的变革影响城市空间的布局及形态特征。

从城市地域交通体系来分析，古代的宜昌长期处于较为封闭的状态。在 1949 年以前，宜昌的陆路交通因地势险要，崇山峻岭，加之生产力水平低下，陆路交通发展缓慢，主要依靠历代封建王朝用来传达政令的驿道，直到宣统三年（1911 年）驿站制度结束。宜昌曾依靠三条驿道：秦楚大道西线、唐代长安南线、宋至清代的驿路。春秋战国时期的秦楚大道（咸阳—南阳—襄阳—荆州—湖南），有一条西线，即从楚都郢通往夷陵，从夷陵经秭归可通往重庆巫山，称峡路。到唐代，随着邮驿得到发展而开辟了东至江陵、西至巴东、北至襄阳、东南到巴陵、西南到清江的驿道[1]。虽然从陆路可达东京、西安，但路途遥远，"二十有八驿"。1949 年以前，宜昌的公路交通以原驿道为基础，逐步形成以宜昌县城为中心，向毗邻地区延伸的骡马大道和人行道的运输网。这用以驿道为基础的外部道路体系，道路设施并不完备，交通工具落后，而且宜昌由于地形复杂，对外的陆路交通并不通畅。

陆路交通不畅，使得宜昌长期依靠长江航道对外交流，并由此成为长江流域一个较为重要的港口。从战国时期开始，宜昌就开始建设原始的港口并一直有所发展。西汉时期，川粮通过水路调运入楚，隋唐以后，川鄂间物资交流频繁而逐步成为川鄂水运的中转港口，宋代成为朝廷贡赋和南北水运的转运港，到明清时期开始有所进步。在交通方式上，一直依靠木船为主要交通工具。虽然水运交通相对较为发达，但在清中期以前，宜昌主要是作为一个寄泊港，这种以官运和转运为特征的小规模运输，并未对城市的发展产生重大的影响。

而在清末，航运规模的变化和航运方式的变革直接带来了城市地域空间体系的变革。川盐济鄂使得大量船舶在宜昌转口，其转运量发生巨大变化，宜昌的地域区位也随之改变，由一个封闭的转口小港而成为连接川鄂的水运繁荣的重要港口。而此后开埠也带来了城市转运港口地位的进一步确立，宜昌成为进入西南的跳板。

近代以轮船航运为特征的交通方式对宜昌的地域区位特征产生了重要影响。宜昌开埠较早，其目的是为了控制西南地区。宜昌开埠以后以洋行为代表的贸易经济体并未立即大规模进入宜昌，其原因是因为三峡航线水势湍急，长期以木船进出，落后的交通方式使得货运量受到影响。而随着重庆开埠，以及汉宜轮运和川江轮运的开通，宜昌的区域地位才发

---

① 宜昌市交通志编纂委员会. 宜昌市交通志 [Z]. 1992.

生根本性的变化，成为西南货物进入汉口和上海的中转站，而随之带来大量外国人的涌入。

事物的特征总有两面性，交通方式的变化对宜昌也产生了消极影响。正如前文所述，到 20 世纪 30 年代以后，随着航运技术的进步，轮船逐步取代帆船，随着外资轮运势力入侵和川江航运条件的改善，重庆与沪汉之间可直接来往，川滇黔出口之商品，不再经由宜昌出口。由宜昌充当川鄂间"过载码头"转运枢纽的地理优势日渐衰弱，转口运输量骤然减少，贸易收入也随之锐减。城市的发展受到区位条件变化的影响而逐步衰落。

1949 年以后，交通技术的高速发展带来了城市内外交通体系的变革，但随着宝成、成昆、成襄、黔渝等铁路相继建成，宜昌作为四川出入口的枢纽地带位置的重要性降低，宜昌传统的区位优势受到极大削弱。同时水运的发展仍然使宜昌具有重要的地位，不过，这一优势也因陆路及航空运输的巨大发展而弱化。

这种局面随着 20 世纪 80 年代以后国家对交通体系的大量投资而有所改变，并随着国家铁路中长期规划和高速公路网规划的逐步建成，对外交通逐步由水运为主转向公路和铁路运输为主体。焦柳（鸦官）铁路、宜黄高速公路、三峡机场、国省道和城市道路、客货运站场的建设，使宜昌市的综合交通系统日益完善。三峡大坝的兴建，极大地改善了宜昌与长江上游城市万州、重庆之间的航运条件；沪蓉高速、沪渝高速、宜湘高速、宜万铁路和沪汉蓉高速铁路汉宜段等大型交通设施也处于形成和完善的过程中。宜昌城区作为区域交通枢纽的地位开始增强。

随着交通技术的进入，宜昌的转运港口的功能迅速减弱，区域特征逐步明显，逐步成为武汉、长株潭都市圈与西部的重庆都市圈之间相互联系的一个最重要的节点城市。

内部交通方式的变革影响城市空间的布局及形态特征，尤其是在 1949 年以后现代的交通工具和道路体系改变了宜昌城市的空间格局。这主要体现在以下几个方面：

（1）现代交通方式带来了城市空间规模的扩大以及空间的有机联系。如前文所述，宜昌在三线建设期间形成的沿江带形城市格局由于交通方式的落后而使城市空间较为割裂。20 世纪 80 年代以后随着东山大道的延伸和公共交通体系的完善，葛洲坝组团—西陵组团—伍家岗组团开始形成有机整体，在 2000 年以后形成的沿江双边组团扩展如果没有良好的交通体系也无法形成区域化的空间体系。尤其是以汽车为特征的现代交通体系逐步形成，加强了城市中心的辐射作用，城市的一体化特征逐步清晰。

（2）现代交通方式的引入使宜昌开始突破东山对宜昌扩展的限制而形成新的扩展轴。宜昌城市空间的扩展由于受到自然地形的影响一直以东山和东山铁路线为界，这种格局在20 世纪 80 年代以前基本没有改变。虽然在三线建设期间东山以东也有少量工厂，但规模小，和城市联系弱，其性质属于飞地扩展。东山隧道的贯通使城市的发展突破地形限制而具有了新的扩展，东山开发区成为宜昌重要的功能组成部分，并随着环城大道的建设和主城区融为一体。

（3）现代的城市道路网建设改变了城市空间的扩展轴线。长期以来，宜昌的空间扩展主要依托港口的下迁而向长江下游蔓延并逐步形成较长的带形空间体系。20 世纪 80 年代以后，城市的扩展逐步由沿长江蔓延转向沿道路扩展，以夜明珠路—东山大道—伍家岗—桔城路为特征的纵向道路成为城市空间扩展的主轴。这其中，主城区两端的夜明珠路和桔城路大体呈现垂直长江的延伸方式,这也使得城市的扩展由 20 世纪 80 年代以前的"一"字形逐步变化为"U"字形。

(4)宜昌火车东站的建设带来了宜昌新的城市中心的确立。铁路的出现对城市空间结构的影响,主要是通过车站的枢纽作用,形成人流量很大的次级中心和货运转运枢纽,成为城市空间结构的重要核心,它对城市形态的变化起着直接的作用[1]。宜昌长期以来一直以西陵区为城市中心,这种单中心格局由于带形城市的固有缺点而使得服务半径过大。在 1992 年宜昌市总体规划中,曾经规划依托新火车站在东山开发区设置城市新的商贸中心,但随着东山开发区的发展和新火车站选址于伍家岗,在东山形成新的商贸中心已经失去土地和设施的支撑,而伍家岗随着宜昌火车东站的建设而逐步形成宜昌第二个城市中心,宜昌城市的格局开始由单中心向双中心演变。

总之,现代化的道路体系和交通方式对宜昌的空间格局产生了重要影响。随着交通方式的变化,宜昌由一个封闭落后的小城转变为长江流域重要的港口城市,而这种地位又随着多元交通体系的完善而弱化,在全球化和区域化特征下形成新的城市区位特征。城市内部交通方式的变革带来了城市扩展轴、城市空间结构等形态的变化。

9.2.4 多元文化影响下的城市空间

文化作为城市空间的精神基础,使城市的营造具有独特内涵。不同的城市,由于其文化的分异而具有不同的空间形式。同样,同一城市在不同的历史时期随着城市文化的变迁而逐步转换其城市的营造方式。宜昌作为一个有着两千多年历史的古老城市,其历史文化的变迁在城市的形成和发展过程中留下了不同的痕迹。作为文化的物质载体,城市空间也相应延续和演变。

1. 巴楚文化的传承

正如前文所述,夷陵的形成受到巴和楚两类文化的影响而留下了历史的遗痕。现在的宜昌市域,包括城区以及下辖的 5 县、3 市、5 区,分布于鄂、渝交界的长江两岸。宜昌历来就是多民族多文化碰撞之处。"长阳人"化石的发现说明在 18.5 万年以前就有人类在此生活,城背溪文化遗存、大溪文化遗存、屈家岭文化遗存、石家河文化遗存等也保存了古代文明的丰富信息。到周代,今宜昌区域成为巴文化、楚文化碰撞交融的中心地带。随着楚国的西进,巴国的疆域不断缩小,宜昌逐步受到楚文化的主导影响并延续较长时间。

巴是上古时期的大族,一度雄踞西南而为殷人忌惮、周人倚重。考古学家指出,大溪、屈家岭、石家河这一脉相传的新石器时代文化,都是以农业经济为主的农业文化,而"巴文化是渔猎文化"。早期的蜀人或巴人以弓射鱼、以鸟捕鱼,生活以渔猎为主。考古发现证实,夏商时的巴人遗址,几乎都在临江靠河很近的一级或二级台地上,十分便于下水捕鱼。其遗址中,也往往可见大量的鱼骨或鸟兽骨,如宝山、香炉石、路家河等皆如此[2]。根据先秦考古中的大量渔业遗存显示,渔业经济是三峡地区的重要经济来源。而宜昌经济

---

① 武进. 中国城市形态:结构特征及其演变 [M]. 南京:江苏科学技术出版社,1990.
② 蔡靖泉. 巴人的流徙与文明的传播 [J]. 华中师范大学学报(人文社会科学版),2005(7):60-68.

的构成中渔业相比农业经济更为显著。在峡江地区的秭归、夷陵区等遗址中，农产品及生产工具与渔产品及生产工具出量极为悬殊，在这些遗址中，均出土大量鱼骨及渔器上的网坠[①]。这和以四川为中心的巴蜀文化有相当类似之处。

而巴楚文化的碰撞和交融在宜昌的城市空间中也产生了较大影响。巴国城市一般未建有土质城垣，这也构成了巴国城市建设的特点之一[②]。"巴国都城不筑城垣，以木栅为城市界标，这与春秋楚平王以前楚都的情况恰巧一致"[③]。此后楚国的城市建设中开始大量使用夯土建设城墙，而一直到战国秦统一中国之前，夷陵都未发现有城垣的痕迹。这固然有地理因素和军事战争的需要，但也说明早期的宜昌受到了巴文化的强烈影响。

夷陵在战国时期被列入到西楚范围之后，楚文化逐步占据了主导，并对宜昌的民风民俗产生了重要的影响。楚文化崇火尚凤、亲鬼好巫，讲究天人合一，具有浓郁的浪漫主义气息。这与中原文化尚土崇龙、敬鬼远神，讲究天人相分的等级制，崇尚现实主义的儒家文化形成鲜明对比。楚人崇巫、祭祀鬼神自先秦时期已经成为国家政治生活中的重要组成部分，并由此形成宜昌"信鬼神，好淫祠"的民俗特征。

这种民俗特性对宜昌城市空间形态的影响是深刻的，不仅形成了一整套严格的祭祀制度，也形成了以祠堂为主要形式的物质空间，而且一直到清末民初都有极为旺盛的生命力。这种祠堂由于和中原礼制文化有所不同而被贬称为"淫祠"，并屡次由政府下令取缔。如前文所述，早在六朝时期就有范缜废夷陵淫祠的记载，到宋代欧阳修任夷陵县令时亦对当地民风民俗做了"腊市鱼盐朝暂合，淫祠箫鼓岁无休"的描述，尚书驾部外郎朱庆基治理峡州时也曾经试图改变宜昌的习俗。到明代这种改造更为明显，改陋俗、修礼法，在物质空间的形态上体现在废"淫祠"而利用其设立"社学"来改变人们的信仰方式。但这些祠堂不仅没有消失而且数目逐渐增多，到清末尚有"俗尚淫祠，每值各庙神诞，咸□金作会，或演剧，或诵经"的记述，祠堂一直是宜昌城市居民重要的公共空间。

由于夷陵地处偏远，交通不便，且地形复杂，周围大量分布有高山河流，人口的流动并不频繁，而为大量巴楚后裔及被称为"蛮"的少数民族提供了相对封闭的生活空间，为文化传承的延续提高了地理基础。到南北朝时期"蛮民"大盛，分布极广[④][⑤]。历代封建统治阶层恐惧民族凝聚，秦汉以后的封建王朝在巴族地区采取以夷制夷的政策，元、明、清时期乃实行土司制度。但其文化的传承仍然较为顽强，在宜昌长阳县的土家族大体为巴人后裔并延续至今。这些文化的传承给宜昌留下了丰富的空间形式。如宜昌的民居，在明清之前大体以干栏式建筑居多，材料采用木、竹等形式。由于楚地信奉鬼神，在民间习俗中认为修建瓦房不吉祥因而砖瓦房较少。直到民国末年和新中国成立，民居形式仍然大量以木架、板墙为主体，在宜昌的江边还大量分布各种形式的吊脚楼，连绵一片。同时，在长江岸边内河船舶多为木质构造，船民以船为家，被褥苇席多置于舱内，形成极具特色的船

① 张忠民主编. 宜昌历史述要 [M]. 武汉：湖北人民出版社，2005.
② 毛曦. 巴国城市发展及其特点初论 [J]. 西南师范大学学报（人文社会科学版），2005，31（5）：105-110.
③ 段渝. 四川通史（第一册）[M]. 成都：四川大学出版社，1993.
④ 陈再勤. 南北朝时期峡中蛮的分布与活动 [J]. 中南民族学院学报（人文社会科学版），1999（1）：66-68.
⑤ 雷翔. 魏晋南北朝"蛮民"的来源 [J]. 湖北民族学院学报（哲学社会科学版），1990（1）：112-117.

屋。这都是以巴楚为代表的文化体系在宜昌城市空间中的物质反映。

 2. 中原文化的引入

古代的夷陵是以巴楚文化为起点，随着秦一统中华，大规模的中原人士南迁，中原汉文化逐步在夷陵占据了主导地位。当然，巴楚文明的滞缓和衰退并不就意味着它的消亡。随着楚国的消失，楚文明的诸多文化因素为秦所吸收，进而发生转化，并最终融入大一统的汉文明之中，宜昌在漫长的发展过程中逐步形成以汉族为主体，土家族、回族、满族等少数民族聚居的民族结构。

砖制城墙的出现是中原文化进入宜昌的一个重要特征。随着中国的统一带来大量先进的建筑技术，宜昌的城市形式迅速由简陋落后的小城过渡到新的城邑，并在汉代开始出现城墙。当然其出现的根本原因是作为军事用途。如在三游洞附近的汉代古军垒，其建设工艺达到了一定程度。此后汉末三国时期的军事堡垒刘封城、步阐城、陆抗城以及夷陵的主城步骘城都采用了不同材料建造城墙，夯土和砖石材料的运用极为成熟。虽然在此后由于夷陵的经济水平低下和政治地位不高一直没有展开大规模的城墙建设，但到明清时期，城墙建设达到一个顶峰，并成为城市空间重要的组成部分。

中原先进的房屋建造技术及方式也对宜昌的城市空间产生了重要影响，逐步改变宜昌的民居形式。宜昌自古以来长期以木、竹、茅草等作为建筑材料，采取干栏式的建设方式。中原文化的引入使得砖瓦房开始得到推行。正如前文所分析，采取以官府主导的建设方式来影响其民俗的变化。宋代尚书驾部外郎朱庆基治理峡州大力推行瓦房建设，并身体力行，在官衙、官居等建筑形式上引导所谓夷陵"陋俗"的改变，但这种变化并未在明清之前根本改变宜昌的民居结构。而随着经济的发展，到明清时期民居开始发生大的变化。民居出现明清硬山式建筑风格——封火墙、天井屋、石库门、翘角檐，门面窄、内进深，以家庭富有程度分为二至五进不等。

中原文化对宜昌城市空间形态的最重要的影响在于礼制思想和风水观念的引入。以《周礼·考工记》为代表的伦理的、社会学的规划思想，以及以《管子》和后期的风水理论为代表的自然观的、功能性的规划理论逐步对宜昌的空间布局形成指导。在城市的形制及规模、城市的空间结构布局、城市内部建筑的处理等方面都基本遵循这些原则（参见本书第2章）。这种变化由于宜昌巴楚文化的顽强生命力和宜昌低下的经济水平而一直到明清时期才在官府的大力推行下真正渗透到城市生活的各个方面。虽然礼制思想和风水观念在宜昌形成较晚，但其影响力迅速扩大而成为城市建设中的主要指导思想，无论是官方还是民间都以之为根本。

风水堪舆学说在明清两代已经成为官方和民间建设选址普遍遵循的理念。风水学说的地标性、顺应性和安全性特点，使人们对于城市的风水意象多持保护意识，并且为了避凶化吉或倡导文风而设立的风水建筑，也弥补了自然山水形象不够鲜明的特征。风水观念对人们日常生活影响巨大。在宜昌的历史文献中，有关风水的影响最为直接的表述是对城墙的改造上。宜昌的城墙在原东北方有小东门，因阴阳风水先生称不吉利，"遂闭其门，且为台以镇之，称威风台"。再如天然塔在清代的重建亦受到晋代郭璞的影响，在郭璞所建天然塔旧址上重建以达到"制客山"和"镇水口"的目的。此外，宜昌民间的风水观念也极为盛行，在物质空间形态上，房屋、墓地、庙宇等选址和营造也直接受到风水的影响。20世纪初在华的英国商人立德乐（即上文所提到的立德乐）的夫人阿绮波德·立德（Archibald Little，1845—1926）在所著的《亲密接触中国——我眼中的中国人》一书中曾有过这样的描绘：

（我）走到位于长江上游1000英里的宜昌江岸上，你会发现自己已经置身于一片迷信的土地。正对着宜昌的江对面，耸立着一座形似金字塔的约有600英尺高的山（磨基山，笔者注），这座山危及到了他们，他们相信风水，或者说相信气候的影响；还说，这座山阻碍了他们这里的年轻人考取功名，也使他们的财富流入陌生人的口袋。1887年，我第一次到达那里之前，当地人已经用他们自己所缴纳的税款，在这座城市后面最高的小山顶上修建了一座多层的庙宇，为了抵消或约束那座金字塔山的阴邪作用。当时，农民们的话题不是货物的价格，也不是他们最近买了什么便宜的东西，而是这座庙宇是否建在合适的位置上[①]。

3. 多元文化的融合

随着大一统的国家结构的形成，各民族之间的融合也逐步给宜昌带来了不同的空间类型。其中最为重要的是以宗教建筑为主的形式在民国以前逐步发展并占据了城市空间的重要位置。

佛道两教在宜昌的发展较早。佛教发源于公元前五六世纪的古印度，两汉之交流入中国，魏晋南北朝开始兴盛，隋唐走入黄金时期。道教是我国土生土长的宗教，它的来源可追溯到原始的鬼神崇拜，创立于东汉顺帝时期，唐朝达到顶峰。宜昌古时为楚之西塞，与巴蜀相通，"信鬼神，重祭祀"。汉唐以来，是佛道影响广泛的地方。宜昌的佛教道教分别以寺庙和道观为活动场所。宜昌的佛寺，最早的为兴佛寺，据《东湖县志》记载，为汉代所建；次为东山寺，为唐代所建。佛教自汉唐传入宜昌以后，城区大小庵堂、寺院代有兴建，存废不一，至民国时期尚存80余座。道教也始于汉代，据《宜昌府志》记载，建于北望镇樵湖岭的紫云宫，为汉代道观建筑，其庙由全真教派主持。历代道观虽有兴建，但寥若辰星。它的发展和规模远逊于佛教。

清初，自鄂西、荆沙、湘北等地的回民来宜昌谋生，后定居下来，繁衍生息。据20世纪80年代中期统计，宜昌城区的回民有1700多人。回民的生活方式对城市空间的不同要求也在宜昌不同时期产生了一定影响。宜昌城区分别建设有两个清真寺，一座在清顺治年间建于天后宫葛尔雅台侧，一座建设于肖家巷。在墓地的选址上，回族也有别于中原文化，回族坟墓有小集中的特点。据查，在城东万年寺附近大小常家巷各有一片墓地，约在清朝初年设立，共有坟百余座。其中面积较大的如"回回包"，地处东山寺南侧，二梁子山，建于清朝中期，并修有"拱北"（即墓地拱门）[②]。这些都构成了较为独特的文化特征。

总体来讲，从秦到清，在大一统的国家政策下，以汉文化为主体，形成了多种文化特色相互包容和谐共存的城市空间结构和建设形式。而以西方宗教和外国势力为主导的西方文化的进入，文化的摩擦逐步加剧，并对宜昌的城市空间产生了巨大冲击。

---

① ［英］阿绮波德·立德. 亲密接触中国——我眼中的中国人 [M]. 南京：南京出版社，2008.

② 王作栋. 宜昌民俗风情 [M]. 武汉：湖北人民出版社，2005.

4. 西方文化的冲击

清康熙年间西方外来文化逐步进入宜昌，天主教在清康熙年间进入宜昌，同治年间基督教进入宜昌，1876 年宜昌开埠以后西方列强亦蜂拥而至。西方文化的传入由于其固有的殖民性质而和中国传统的文化体系迅速发生碰撞，并于 1891 年在宜昌城区发生了著名的"宜昌教案"[1]。

鸦片战争以后中国沦为半殖民地半封建社会，使得这一轮的文化交流远远不同于以往。中国几千年来的文化传承一直是以缓慢渗透的方式逐步改变文化结构，1876 年的开埠加剧了西方文化传入宜昌的进程，而宜昌教案发生以后在西方列强的强硬态势下以清政府的全面退让而结束，从而使得西方文化在宜昌迅速占据了强势地位。

西方文化的全面进入在宜昌产生了大量西式建筑。以天主教和基督教为主体的西方宗教在清末民初修建了许多教堂，并开办教区事业，办学校，修医院。西方洋行随着重庆开埠也大量涌入宜昌修建办公楼、工厂、仓库、宿舍以及领事馆。由于西方列强的强势地位，在选址上不受宜昌当地政府的限制，这些建筑一般占据了宜昌最为重要的节点。这样一些空间形态在用地的选择、建筑的类型、布局的方式上和中国传统建筑大相径庭，从而形成了新的城市景观。

西方文化的引入带来了城市规划思想的变革。传统的"天人合一"的思想和风水观念逐步发生变化，尤其是风水观念的影响在城市建设中有所削弱。阿绮波德·立德在《亲密接触中国——我眼中的中国人》中曾有过这样的描述："风水是树立电话杆和修建铁路的重大障碍，但似乎有了官方的保证，这些就很容易克服，各方面的干扰也就自消自灭了。"[2] 城市的建设逐步由礼制空间专向以西方城市规划思想为主导的新的空间组织形式。这种转变以请英国人设计的《宜昌拟修商埠计划》为代表而全面展开，逐步在古城外部形成了一个完全不同的新的空间体系。

随着近代化的深入，在西方文化和中国传统文化的碰撞交融中，中华民族特有的文化包容性在宜昌也逐步体现出来。虽然西方的入侵其本质是殖民贸易和控制宜昌的经济政治职能，但在客观上也带来了人们对西方文化中的一些先进空间形式的接纳。除了以洋行、教堂等以西方人为营造主体的空间形式外，宜昌本地居民也开始利用这些形态营造城市空间，并出现了大量新的建筑形式。其方式一般是基脚采用大青石砌成高 1m 左右的防潮空间，上盖木板作底层地板。墙体为青砖勾缝线，屋顶为歇山顶，有檐沟。屋内设有套房间，底层和楼上有壁炉，并有炉道相连[3]。建筑形式上中西合璧的方式运用纯熟，设计精巧而严谨。

城市的功能要素也受到西方文化的影响。尤其是在日常生活方面，由于西方文化带来了不同于传统的饮食习惯和食品类型，西式的糕点店、西餐店、冰激凌店和食品厂、制冰厂等形式也逐步出现，这些功能形式和宜昌传统的食品和店铺组成了热闹繁华的街市空

---

① 1891 年 9 月 2 日因宜昌教堂拒绝交还所收买的吴有明拐带的游姓小孩，圣公会"洋人"开枪击伤无辜群众，激起民愤，继而引发"宜昌教案"。

② [英] 阿绮波德·立德. 亲密接触中国——我眼中的中国人 [M]. 南京：南京出版社，2008.

③ 张忠民主编. 宜昌历史述要 [M]. 武汉：湖北人民出版社，2005.

间。其他如在反裹足运动后出现的西式教育，特别是女子学校的设立直接受到西方文化的
影响。

总体来讲，西方文化在和中国传统文化碰撞摩擦过程中也逐步融合。从空间形态上来
分析，西式建筑方式和建筑形式给宜昌的城市空间带来了巨大变化，而逐步形成以传统街
区为特征的老城区和以西式规划方式为特征的新商埠区。由于宜昌并未设立租界，宜昌的
西方人总体上也并不多，同时新埠区的建设是以宜昌商埠局为主体，因此这一时期的城市
空间受到西方的重大影响，但并不像武昌形成连绵一片的大型西式街区，而是形成了东西
方文化相互交融而相对和谐的空间环境。

5. 传统文化的断层

宜昌传统文化的传承和中西方文化的交流在抗战以后开始逐步变化。日本入侵宜昌使
得大量外国人包括宗教、洋行等迅速离开宜昌。虽然在战后部分人士逐步返回，但文化的
交融随着经济和政治形式的变化而逐步弱化。1949年以后，由于国家的政治政策和以工业
为主导的建设方针，文化的影响逐步削弱而出现文化断层，宜昌在新中国成立以前形成的
相对和谐的城市空间特色逐步丧失。

正如前文所述，"破四旧"和"文化大革命"对宜昌乃至全国造成了较大的破坏，大量
的文物古迹被破坏，传统文化被认为是封建糟粕而被遗弃。另外，城市的迅速扩大并未考
虑传统文化的因素而使得在1949年以后所形成的大规模城市空间中出现同质化倾向。由于
宜昌的老城区在城市扩张后所占比重较小，而改革开放以后的经济建设对宜昌的传统城市
空间又形成了新的冲击，从而使其逐步丧失文化特质。一批老建筑因不能满足现代生活的
方式而被逐步拆除，在旧城改造中原有的街道肌理和街道空间也逐步消亡。宜昌城市空间
中的文化特色遭到了不可逆转的损失和破坏。

到当代，文化和城市空间的相互关系再次发生变化。早期，以开发商为主导的城市空
间建设逐步成为主体，而这一过程也造成了城市文化特色的进一步丧失，城市的千城一面
现象逐步显露。随着人们生活水平的提高和对精神生活需求的提高，人们认识到文化和空
间的关联性而试图赋予建筑乃至空间以文化内涵，从西方、东方、异域或本土的文化中提
取一些要素来营造建筑立面，但由于失去文化传承的依托而产生了大量纷杂的空间形式。
所谓古典主义、新古典主义、现代主义、后现代主义等名词令人眼花缭乱，城市空间限于
新一轮的特色危机之中。

宜昌在当代的城市空间建设中也开始有所思索，对宜昌的文化定位以及巴楚文化、嫘
祖文化的考究逐步深入。但由于其目的仍然是以经济发展为中心而失去了文化本身的特
质。"文化搭台、经济唱戏"，文化仅仅作是城市空间营造中的一个平台而不具备广泛基
础，忽视了文化和人们日常生活空间形式的关系。同时，大量依托历史典故而新建的旅游
区、风景区等空间形式，由于过于强调其旅游、商贸等服务功能而形成了一些所谓假古
董。这种变化事实上也造成了宜昌文化和空间形态的脱节。

总而言之，宜昌城市空间中的文化特色逐步由近代以前多元文化的和谐共处而演变为
当代的特色缺失，城市的历史文化传承逐步消失而在市场力下形成无所依托的崭新的空
间。从这一意义上来讲，宜昌更像是一个新城。

9.3　宜昌城市空间营造的一般规律

9.3.1　重大事件是宜昌城市空间突变的主要动力

从以上分析可以发现，宜昌的城市空间总体上受到自然地理条件、政治经济条件、交通运输条件以及城市文化等多方面的影响，虽然在一定的历史时期，由于战争等因素的影响，城市空间发展有所倒退，总体上呈现不断发展的特征。但从其发展的阶段来分析，其城市空间并不是缓慢匀速前进，当城市处于一定的背景下，作用于城市的变化带来宜昌城市空间形态的突变。

根据临界分析理论（Threshold analysis，门槛理论），在相对稳定的状态下，城市发展过程中将产生某些限制其发展的极限或者障碍，此种极限可视为发展的临界。但是临界状态是有前提条件的，如城市所处的空间容量和环境容量，城市的交通区位和经济区位，城市内基础设施和人力资源构成等，都是决定城市临界点的条件。同时，临界点的条件也是可能改变的，如高速公路或者铁路可改善城市的交通区位，大规模城市建设可改善城市基础设施[1]。而宜昌城市空间形态突变的门槛跨越，其动力机制在不同的历史时期也存在不同的特点。

所谓外在因素，指城市发展的动力来源并不是城市内部的主动变化，而是受到外部政治经济等条件的影响而具有被动特性。宜昌的城市空间形态突变，在相当长的历史时期，都是由外部政治、经济政策的变化带来宜昌城市空间形态的变化，具有很大的偶然性和不稳定性。

明朝建立城墙是宜昌城市发展中的重大事件。宜昌在古代漫长的历史中，一直作为封闭的偏远城市而并不受到重视，城市形制散乱，城市规模偏小。城墙的建立使城市空间开始成形，其城市的格局逐步由原来的自然开放格局走向封闭，其城市形态逐步趋于集中内敛，并开始在礼制特征下形成典型的传统空间。所建城池作为兼具政治、军事意义的一种设施，护卫着治所中的政治、军事等各种事物和大小官员，从而使得治所的各种功能得以正常运转、发挥乃至逐渐增长。在一定时期内，它对治所城镇的发展起着推动作用。另外，城池是这些治所城镇规模、自然形态、功能分区等形成、演变轨迹中的重要制约因素。而且，其对这些治所城镇的发展所产生的影响还不仅在当时，而是延及后世。明代建立城墙之初，城内尚有大片空地，一直到清代，城市空间的发展都处于内聚发展而未超出城墙。

虽然从本质上来分析，明代城墙的建立是当时经济发展后的结果，但其建立亦受到明朝的建城体制的重要影响。明初不稳定的军事形势，与"高筑墙、深挖壕"的防御思想，产生了中国城池建设的历史高峰。中央政府还把城池修筑作为判断地方官员升迁的依据之一，所以，各级官员在任之时，皆把大修城池作为己任。这种建城的动力很大程度上是由上而下的外在动力，并得到了地方士绅的大力支持。

而宜昌在清末民初的跨越式发展，其发展动力更是受到外在因素的影响。如无外力的

---

① 崔宁. 重大城市事件对城市空间结构的影响 [D]. 上海：同济大学，2007.

介入，宜昌的城市发展一直是缓慢和匀速的。川盐济鄂作为一个突发事件，具有一定的偶然性，但这种偶然事件使得宜昌的城市空间开始迅速向城外扩展。1914年宜昌建立商埠区，开始了宜昌城市建设的第一次高潮。其直接原因来源于宜昌转运贸易的发展和商业的繁荣，但从宜昌经济发展的根本点分析，是1876年宜昌开埠这样一个重要的历史事件所引起的连锁反应。开埠带来了外来资本主义经济的进入，逐步使宜昌成为进入西南地区的桥头堡。同时，两次鸦片公卖政策的实施也是"由上而下"影响到宜昌经济的发展，并在1920—1930年间形成了宜昌城市的繁荣，从而带来城市空间的剧变。

城市空间发展的内部动力不足，主要依靠政治政策和偶然的历史事件等外在动力，而外在动力的不稳定性也造成了城市空间的脆弱性。近代宜昌的城市发展基于开埠、鸦片公卖等外在条件，以港口经济支撑城市的空间发展。但当这种条件发生变化，城市马上开始衰落。20世纪30年代重庆和武汉、上海等地的大规模轮运开通，宜昌中转港口的地位动摇，城市的发展受到极大影响，城市空间的营造在日军占领宜昌前就开始处于下滑状态。

而中华人民共和国成立后这种外在动力的影响更为深刻。宜昌在中华人民共和国成立初期的工业化建设中并没有带来城市空间的巨大变化，而三线建设和葛洲坝水利枢纽的兴建是宜昌由小城市迈向中等城市的直接影响因素。尤其是葛洲坝工程的建设，不仅占地广，而且带来国家的大量基础性投资，宜昌的产业结构和经济水平在10余年间发生巨大变化。这些工业用地的建设是国家产业政策下的外部因素的进入，具有"空投"的特征，从本质上亦不是宜昌自身"由下而上"的经济发展和空间建设的结果。

而宜昌由中等城市迈入大城市，其主要因素也来源于以三峡工程建设所引起的城市经济条件的变化。三峡工程从1994年12月开始正式兴建，在短短的几年内，就带来宜昌经济的跨越式发展。与此同时，全国各地对口支援三峡工程建设中，宜昌工业企业与全国多个省市完成合资合作项目，引进了大量的资金、人才和技术。三峡工程的建设，给宜昌工业经济带来很大效应。这种巨大的推动力，使得宜昌市的社会经济发展出现新的特征，宜昌市成为全国投资密度最大的地区之一，同时享受到各种优惠政策。伴随各种资金、人才、科技的涌入，创造出巨大的供给与需求，从而诱发各种产业的不断创新与升级，促使建设用地扩张。

综上分析可以看出，虽然经济发展是宜昌城市空间营造的直接动力，但宜昌城市发展的几次跨越都是外来因素所引起的连锁反应的结果。当然，宜昌的城市空间营造的动力并不总是"由上而下"的外部动力。市场经济的逐步完善使得宜昌城市的发展"自下而上"的内部动力也逐步走向深入。尤其是随着城市管理体制、区划改革、产业结构等因素的完善，都使得宜昌的城市发展具有了更多的自主性和主动性。如何营造城市发展的持续动力，是宜昌在今后的发展中需要研究的课题。

9.3.2 多样性是城市内部空间形态的活力保证

城市多样性既存在于明显的物质结构之中（如城市建筑、街区风格、地形地貌和可利用资源的多样性等），又根植于无形的社会资本（如文化习俗、创业精神、包容能力、社会网络、法规制度、政府行为等）[①]。

从宜昌的历史城市内部空间形态构成分析，多样性是城市活力的基本条件和重要保证。20世纪20—30年代，宜昌处于相对繁华的时期，而其中一个重要的特点就是无论是物质形态构成还是非物质形态要素都呈现出多样化和多元化特征。虽然这种多样化是建立在畸形的经济繁荣的基础上，但多样化也带来了城市的活力体现。

从城市功能要素层面来看，各种近代城市功能要素走向深入而形成完备的近代城市体系，包括行政、金融、商业、医院、新式学堂、新闻出版、工业企业等；同时，近代技术的发展及外国文化的侵入，带来了新的生产、生活、娱乐及社会交往方式，这导致新类型的公共活动空间应运而生。

城市功能要素的多元带来了城市空间形态的多样化特征。在建筑形式上，中国传统建筑和西方舶来建筑交相呼应，各种建筑风格相对和谐共生。在街区尺度上，小尺度的街道和随租界进入中国的规划体系也使得城市肌理多元而复杂，街区承担着交往、交通、商贸等多方面的复合功能。尤其是以二马路、通惠路为代表的新街道，各种商业店铺、银行、饭店拔地而起，形成了混杂的商业中心，成为宜昌最为繁华的充满活力的区域。

在文化上，西方文化和中国传统文化经过磨合而开始走向包容。各类宗教建筑在宜昌城内广泛分布，文化教育设施迅速发展，以公园、绿地、运动场为代表的各类公共活动空间也占据了相当的空间。这一时期的宜昌相比清末，城市活力得到前所未有的提升。

而中华人民共和国成立后，在计划经济时代，虽然经济依托工业迅速发展，但随着政治条件和经济条件的变化，城市功能要素趋向简单和同质，而作为城市功能要素多元化最重要组成部分的个体经济逐步消失，使得城市的功能要素逐步走向简单。其构成由中华人民共和国成立前的多元态势逐步走向单一。城市活动逐步被限定在以单位为基础的狭小空间内，城市的活力受到极大削弱。

当代，是宜昌城市活力最为显著的时期。而活力的基础也来源于多元化特征。随着改革开放和市场经济的高速发展，宜昌的城市功能要素逐步由计划经济时代的单一和简单化特征走向多元和复杂。从城市功能要素的构成分析，现代的城市要素大量出现，一些非传统的功能要素逐步随着城市性质的变化而逐步繁荣，行业细分带来空间形态的丰富，在计划经济时代被弱化的功能形态开始逐步恢复并得到一定发展。

同时，功能之间的联系逐步由简单的水平体系趋向为网状体系。城市功能不再机械地分为居住、工作、游憩和交通四大功能，变得更加有机化和整体化，商业、办公、生产、居住相互融合，城市用地相互兼容，出现以各类不同功能建筑所围合而成的城市综合广场、步行街等形态。在建筑层面，由城市功能要素的集约化而出现一些新的混合功能，以商住楼、写字楼为代表的商业住宅混合空间，以商业、服务、餐饮等为一体的大型综合性商业建筑都在城市空间中占据了重要位置。

城市之所以可以产生多样性，是因为城市将多种功能有效集中在一起。如果城市空间不能做到这一点，也会丧失多样性。虽然总体上当代的宜昌城市活力增强，但在城市内

---

① 仇保兴. 紧凑度和多样性——我国城市可持续发展的核心理念 [J]. 城市规划，2006（11）：18-24.

部，其表象也不是均质的，呈现典型的地域特征。以解放路一带和铁路坝一带为中心的商业片区，各类用地混杂，依托居住、工作、交流、文化、体育等复合功能的混合形态形成开放的小网格街区，并建立了完善的步行空间。而作为功能分区模式下形成的大片独立用地，用地性质单一，街区间呈现异质特征明显而街区内部同质化严重，这些空间的活力明显不如这些商业片区，第三产业的多样性是城市空间形态多样性的重要来源。

"城市的多样性无论是各种类型，都与一个事实有关，即城市拥有众多的人口，人们的兴趣、品位、感觉和偏好五花八门、千姿百态"[1]。容忍并激励这些产生多样性的元素，无疑有利于培育多样性，从而增进城市的活力。因此，无论从经济角度，还是从社会角度，城市都需要具有错综复杂并且相互补充的多样性功能来满足人们的生活需求。

---

① [美] 简·雅各布斯. 美国大城市的死与生 [M]. 金衡山译. 南京：译林出版社，2005.

第 10 章　未来宜昌城市空间营造对策及展望

10.1　新时期宜昌城市空间营造的背景

城市空间形态是城市经济结构、社会结构在物质实体上的空间投影，是城市社会经济存在和发展的空间形式。对未来城市空间营造的对策及展望的分析，必须建立在充分分析城市空间营造的历史规律上，同时，也必须充分理解新时期城市发展的社会经济背景，并在此背景下针对其特点营造理性空间。

10.1.1　新时期的城市空间营造背景

进入到新的历史时期，我国城市的发展受到各种新的因素的冲击。从经济及社会层面分析，全球化、信息化、知识经济的挑战在相当长的时间内将继续持续下去；在精神及文化层面，和谐主题继承了中国传统文化的精髓而逐步成为我国城市建设的重要因素；随着个人意识的逐步增强，强调个体体验的公民社会概念也逐步影响到城市空间的营造。

1. 全球化、信息化和知识经济

从 20 世纪开始的全球化进程以新的方式影响着城市空间的发展。全球化对城市发展的最大影响来自空间流动造成空间层级重振以后，重塑了跨界时空结合的政治、经济与社会关系，进而牵动了社会发展与变迁。城市发展迅速融入全球化进程成为新时期重要的时代特征之一①。

而随着计算机技术以及互联网技术的发展，信息及其网络对城市空间的影响也逐步成为常态。技术的进步带来了人际交往的新模式，从根本上改变了人际关系的概念，并随着人际关系的变化而带来了城市发展的模式更新：地理概念逐步被赋予新的含义。在这一模式下，城市随着行业人群分工合作模式的变化而被重塑。一方面，城市空间不仅是物质实体空间，还出现了虚拟空间的新模式；另一方面，城市的实体空间营造在空间建设、空间管理等各个方面得到新的提升，城市空间营造的目标、手段、原则也出现革命性的变化。

知识经济是以知识为基础的经济，是一种新型的富有生命力的经济形态，工业化、信息化和知识化是现代化发展的三个阶段。我国的现代化发展也开始逐步迈过工业化阶段而逐步实现信息化并进入到知识经济时代。知识经济影响到城市空间的营造质量，同时对城市空间的物质形态如用地的构成、空间的类型等要素也会产生深远的影响。

信息化、全球化、知识经济和快速城市化四者相互联系，互相依托，共同构成新的时代背景②。中国正处于城市化的快速发展阶段，城市化过程中城市空间受到信息化、全球化

和知识经济的影响而必将具有与以往不同的特征。

2. 和谐城市

和谐的概念根植于中国传统文化而在当今的历史条件下又被赋予了不同的时代特征。进入到 21 世纪，尤其是中共十六届四中全会，提出全面构建社会主义和谐社会的任务。而基于官方主导的建设模式历来在我国的城市空间营造中占据着绝对重要的地位，是城市空间营造的重要决定力量。

和谐的概念继承了我国天人合一的传统观念。从其含义分析，和谐概念包括人—人和谐（人际关系）以及人—地和谐（生态伦理）两个层面。城市空间营造由于具有物质及精神两个层面的含义，既受到人际关系的影响也受到人地关系的影响。

人—人和谐作为不同个体、群体以及不同民族和文化之间的关系处理准则，是城市空间营造的精神要素。一方面，通过和谐观念的引入，强调多元文化的相容相通，这将改变我国在追求经济进步过程中所造成的民族特性及传统特色的丧失及弱化，逐步树立更为科学的空间营造原则。另一方面，和谐观念对于处理好中国在快速化发展过程中所形成的"发展""增长"观起到重要作用，在空间营造中逐步改变单纯追求量而忽视质的片面观点。

人—地和谐也是新时期下城市空间营造基本原则。传统的"天人合一"观是基于原有对自然的崇拜而形成，其出发点在于人和自然之间的人的弱势地位。随着当代社会的发展，人对自然的利用逐步出现"过度"倾向而造成新的问题，其中最为典型的如气候问题、环境问题等。通过重新审视人—地关系从而树立良好的生态伦理观，是城市空间营造的物质基础。

和谐观念作为一种可持续发展的思维模式，将是未来城市发展战略及制定政策的基本哲学。

3. 公民城市

个人意识的觉醒逐步改变了我国当今社会的运作方式，尤其是随着我国人口结构的变化以及外来文化的影响，传统的忽视个体的"集体"观也逐步走向强调个人体验和个性多样化。"公民城市"并不是忽视"集体"而是更为强调"以人为本"的空间营造原则，并逐步改变单纯"由上至下"的空间营造模式，逐步重视"由下而上"的利益诉求。

公民城市的根本原则在于提供良好的交流与反馈平台，并由此使得城市空间的营造能反映市民的利益诉求。市民特性的本质是聚合性和公有性，个人意志汇聚成群体意识，并反过来指导个人行为以实现和谐一致性。个人意志的汇聚和反馈应该是新时期城市空间营造的重要依据。《城乡规划法》对规划的参与性提出了新的要求，新时期这种强调自我管理的空间营造观点将更为深刻，将广泛的影响未来城市空间的发展和营造。

10.1.2 "中部崛起"战略下的区域特征

国家战略地位的调整也将对宜昌的城市发展产生重要影响。自 20 世纪改革开放以来，东部沿海地区、西部地区及东北老工业区先后获得了国家相关政策和资金的支持，而中部地区则无相关政策支持。在此背景下，2003 年中央提出要支持中部地区发挥自身优势，使其更快更好地发展。"要坚持推进西部大开发，振兴东北地区等老工业基地，促进中部地区崛起，鼓励东部地区加快发展，形成东中西互动、优势互补、相互促进、共同发展的新格局"。而促进中部地区崛起，是从我国现代化建设全局发展做出的又一重大决策，是落实促进区域协调发展总体战略的重大任务。

"中部崛起"战略目标的实现，除了依靠中央政府的政策推动，更需要依靠中部地区的自我努力。宜昌地处"中部崛起"和"西部大开发"的衔接地带，受到湖北、重庆、湖南三省的影响，具有天然的区位优势和发展条件。利用这一历史契机，强化宜昌湖北省"副中心"的作用，并利用三大都市圈发展过程中的"窗口时间"，填补鄂西、渝东、湘北中心城市缺位的空白，致力于成为长江中上游区域性的中心城市，并依靠这一优势地位和龙头作用，带动这个区域的发展。

10.1.3 "特大城市"与新的发展起点

城市规模是指在城市地域空间内聚集的物质与经济要素在数量上的差异及层次性，它主要包括城市人口、经济活动及其能力、建成区土地面积这三个互相关联的有机组成部分。一定的经济规模吸纳着一定的人口规模，而一定的人口规模又要求有一定的土地规模，三者相互作用，互为因果。

宜昌在中国城市化过程中迅速发展，并在20世纪借助历史机遇在较短的时间内完成了由小城市向中等城市的过渡，并在21世纪初成为超过100万人的特大城市。同时，城市的首位特征逐步明晰，尤其是"湖北省副中心"地位的确立使得宜昌的城市发展具有了更为完备的政治和经济要素支持。作为一个新的特大城市，宜昌的城市空间营造在新时期的发展亦站在了一个新的历史起点上。

10.2 城市空间营造的先导

10.2.1 营造持续发展的内部动力

从宜昌城市空间的历史发展来看，宜昌城市空间的突变很大程度上是依靠历史机遇等外在因素，从而跨越城市空间形态营造及社会空间形态发展的门槛。这种外在因素由于其偶然性和不可持续性的特点，也造成了城市空间营造动力的不稳定性。辩证唯物主义指出，"事物的发展是由内部矛盾和外部矛盾共同作用的结果，其中内部矛盾是发展的动力和源泉，决定事物的性质和发展方向"。在新时期，宜昌城市空间营造的先导在于如何营造城市发展的内部动力，从而使得城市空间的营造具有持续的合理的动力基础。

正如前文所述，政治经济要素是城市发展的主动力。三峡工程的建设是宜昌10多年来最大的动力来源，这种动力随着三峡工程的竣工而逐步下降。宜昌的发展需要借助自身经济的发展形成稳定的经济基础。而宜昌持续发展的内部动力在于如何创造出良好的经济循环并充实其造血功能，并利用其比较优势融入全球化、信息化、知识经济和快速城市化中去。

首先，宜昌经济内向型特征明显，难以依靠大量吸引外资、通过"三来一补"的模式进行乡村地域的产业发展；其次，宜昌市现有的产业及发展以重工业为主，资金和技术密集型产业占据主体地位，产业进入门槛较高，乡村地域难以承接；最后，宜昌所在的中国中部地区，其经济发展面临着珠三角和长三角两个区域的激烈竞争，无法支撑大范围的农村工业化发展[①]。因此，选择合理的城市化模式是经济发展的首要条件。

从宜昌社会经济发展的态势来分析，依托宜昌自身资源的比较优势，增强产业集聚效应，是城市化合理发展的必然。宜昌市城区用地较为紧张，其物质空间已经无法容纳大规模的城市扩张，工业的发展正处于逐步向外围组团聚集的过程中。因此，应该发挥其城区的中心作用，逐步将重心转向依托自身的区位优势，加强产业结构的转型能力，提高产业发展的潜力。城区逐步形成为地域内的政治、经济、文化中心，为周边组团提供良好的服务功能，并带动城乡的一体化发展。

产业结构的调整是城市健康发展的重要组成部分。如前一章所述，第三产业的发展不仅能满足居民日益增长的物质、精神等生活需求，同时也是空间多元化的重要保证。在城市化过程中，产业结构应逐步向第三产业倾斜，逐步形成"三、二、一"的产业结构。并依托水电城的效应以及丰富的自然和人文资源扩展旅游产业的空间领域与类型领域。

新时期的合理城市化和逐步向第三产业倾斜的经济发展和产业结构调整，是基于内部动力的合理发展模式，以此增强宜昌城市空间营造的动力基础，逐步转变单纯外在动力的发展模式而走向内外结合的持续性发展。

10.2.2 城市区划调整与管理模式优化

城市空间的营造必须有良好的建设模式和管理制度来支持。在我国现行城市管理构架下，因为行政权力拥有对其管辖区域范围内各种资源的调控权，以及一定范围内区域功能布局和空间规划的决定权，所以行政区划对城市发展有着重要影响，是城市化进程中必须考虑的重要策略问题。合理的行政区划设置模式与行政管理手段，是不同时期经济、社会发展的阶段要求。

宜昌中心城区发展始于20世纪90年代初的地市体制改变，1992年宜昌地市合并，实行市领导县的体制。1995年国务院批准成立宜昌市猇亭区。1996枝江县撤县设市。2001年撤销宜昌县，设立夷陵区。至此，宜昌市辖5区5县3市。而宜昌城区的集聚、融合、辐射功能在不断增强，一个集政治、经济、文化、居住诸功能的区域综合性中心城市正在逐步形成。这几个重大调整，从总体上分析理顺了宜昌城区和周边区域的关系，城乡一体化的步伐加快，保证了宜昌城市化水平的逐步提高。

而随着反映经济、社会发展综合性水平的城市化以及城乡一体化进程的加快，如何满足历史阶段城市发展的需求，如何保证宜昌新的城市结构体系的发展，适当地完成区划调整势在必行。在现有体制下行政区划仍然是政府公共权力的区域边界，而行政区划弹性调整在一定程度上可能促进产业空间结构的调整。在宜昌2005年总体规划中，以西陵组团、伍家岗组团、小溪塔组团、点军组团和猇亭组团为主体的中心城区在历次区划调整中逐步理顺了行政关系，直属宜昌市城区管理，但小溪塔作为原宜昌县县城，与中心城区并没有

[①] 《宜昌市总体规划（2005—2020）》说明书，宜昌市城市规划管理局。

形成有机的融合。而外围坝区组团、龙泉组团、白洋组团和红花套组团，管理层级相对复杂。尤其是三峡工程坝区，与坝区三镇、茅坪镇之间的行政分割亦造成不协调。

由于行政区划单元直接界定了地方各级政府经济利益的主体地位，在现有的行政管理、财政税收、干部考核等体制的影响下，谋求本行政单元内利益的最大化就成为十分自然的现象。以行政区划为界形成的种种制度性门槛，成为制约经济、社会要素合理流动的障碍；层级过多的地方行政管理体系，也造成了管理成本、制度交易成本的升高，效率低下。这也削弱了城市发展的要素流动和合理聚集[①]。城乡一体化的和谐发展必然会带来行政区划的调整。

同时，在城区内部需要处理好计划经济时代所遗留下来的二元管理体制问题。宜昌的城市空间由于三线建设和葛洲坝建设形成大大小小的不同"单位"，其建设从资金来源、建设方式、建设管理等方面都受到企业内部管理的制约。其中最为典型的是由葛洲坝建设形成的工区转化而来的葛洲坝城区，在城市建设和管理模式上相对复杂。在葛洲坝兴建期间，葛洲坝城区的建设基本由葛洲坝工程局建设和管理，由此造成城区内管理机构不统一使得城市建设脱节现象严重。1991年6月，宜昌市规划局葛洲坝管理所成立，根据宜昌市政府和葛洲坝工程局达成的共识，对葛洲坝工区的规划审批以及主要干道、重要地段和重大项目建设纳入宜昌市统一规划管理。这也从根本上解决了管理体制的矛盾。但由于历史的原因，在市场经济下，这种二元管理体制仍然受到各利益集团博弈的影响，葛洲坝城区和宜昌市主城区的建设之间仍然存在关系不畅的问题。

当然，行政制度的变革并不仅仅由区划调整和城市建设规划管理构成。确立城市规划的中心地位、统一规划管理，同时保证规划实施的科学性和权威性，加强规划宣传，并在城市发展过程中提高城市规划管理水平也是保证城市空间营造质量的重要因素。总之，需要通过城市管理的制度创新，真正寻找到推进宜昌城市空间发展的保障机制。

10.3　城市空间营造的原则和建议

10.3.1　可持续发展的城市空间营造

1. "分散化的集中"模式的选择

从宜昌市域分析，其地形地貌特征特殊，全市呈现自西向东逐级下降的态势，形成山区、丘陵和平原三大基本地貌类型，形成"七山二丘一平"的地貌特征，西部山地占全市土地总面积的69%，主要分布在兴山、秭归、长阳、五峰和夷陵区的西部，大部分山脉在海拔千米左右。中部丘陵处于山地和平原的过渡地带，占总面积的21%，分布在远安、宜都、夷陵东部和当阳北部。东部平原位于江汉平原的西缘，海拔100m以下，占总面积的10%，分布在枝江、当阳东南部和宜都沿长江、清江下游两岸。从土地利用类型看，林地面积所占比例最大，达60%；其次为耕地，占17%。其水域面积也较大。

---

① 张京祥，范朝礼，沈建法. 试论行政区划调整与推进城市化[J]. 城市规划汇刊，2002（5）：25-28.

　　宜昌的发展受制山地和丘陵地形限制，中心城区以及多数县城可建设用地有限。建设用地的匮乏使得城市的发展往往需要占用丘陵地区，对生态环境造成一定影响，而城市周边组团建设用地也比较紧张，缺乏集中成片较大规模的建设用地。这种地形地貌特征使得中心城区只能采用比较分散的组团式布局方式。用地紧张将是宜昌城市空间发展中的巨大制约因素。

　　用地紧张就需要提高用地的效率。在这样的背景下，可持续发展模式下的"紧凑城市"理念对宜昌的城市空间营造尤其具有重要意义。紧凑城市是一种集中布局的城市结构，其概念最早在1990年欧洲社区委员会发布的布鲁塞尔绿皮书中提出。

　　"紧凑城市"的核心思想包括以下几个方面：①城市适度紧凑，并改善城市交通。许多学者围绕由城市的高密度所带来的交通依赖性的降低及燃料消耗和尾气排放量的减少等现象，对全世界各大城市进行研究，发现高密度的开发有利于公共交通，减少私人汽车的使用；也有利于提高市政基础设施的效率；更重要的是减少城市开发对地上资源的攫取，尽可能保留更多的自然环境。②用地功能混合。紧凑城市提倡土地功能适度混合的规划理念。它强调居住地与工作场所之间的距离尽可能接近，避免出现工作与居住明显分区的现象，贯彻紧凑社区、就近就业、较低的开发成本和环境成本、尊重自然生态、混合土地使用等原则①。

　　"紧凑城市"理论在近年来有了新的发展。"分散化的集中"成为紧凑城市理念的热点和重要组成部分。所谓"分散化的集中"即发展相互之间通过完善的公共有轨交通系统相联系、易通达的城市中心群，并以这些城市中心为核心高密度高强度进行发展的城市空间组织形式。"分散化的集中"在保留紧凑城市所倡导的高密度高强度的前提下，跳出单中心结构②。这种模式解决了不顾城市规模以及城市负载力而盲目集中发展所造成的弊端。极端的紧凑城市计划是不切实际的，而更加"分散化的集中"开发，不仅拥有更为合理的生活半径，同时在环境方面更可持续，而且也能更好地满足经济发展的需求。

　　这种"分散化的集中"模式对于宜昌来讲具有很强的现实意义。如前文所述，宜昌由于受到地形地貌的限制，只能采取以组团方式扩展的空间模式，在现有的城市空间结构中，以西陵组团、伍家岗组团、小溪塔组团、点军组团和猇亭组团组成的中心城区虽然联系相对紧密，但由于由山、水体系的分割，呈现强烈的带形空间特征，空间分散。而外围组团，如坝区组团、龙泉组团、白洋组团和红花套组团独立特性更为强烈。这种空间模式如采用"大饼"式扩张，必然会带来生态环境的恶化和建设效益的降低。

　　采用"分散化的集中"模式是宜昌必然的选择，同时这也是区域经济发展的内在要求。沿长江经济带是我国重要的发展轴线，宜昌城区的发展在空间上必然表现为沿江集聚、轴向发展的态势。虽然组团式布局在一定程度上有因为分散造成基础设施成本增加的弊病，但同时又具备较强的灵活性，在快速发展时期能够适应市场对空间需求的不确定性。

---

　　① 韩笋生，秦波. 借鉴"紧凑城市"理念，实现我国城市的可持续发展 [J]. 国外城市规划，2004（6）：23-27.

　　② 同上.

2. 多中心的内部空间结构

分散化的空间必须依托组团建立多中心的内部空间结构。由于宜昌的发展主要集中于主城区，逐步形成以西陵区为城市市级中心的单中心格局，虽然在宜昌市总体规划中伍家岗被列入新的城市中心，但尚未完全成形。这种单中心格局在宜昌组团跳跃扩张形势下已不能满足城市发展的要求。

单中心的格局造成了城市空间发展的不平衡。从公共设施的服务半径来分析，由于宜昌的带形城市特征，位于几何中心的西陵区距离伍家岗、夷陵区以及猇亭等外围组团距离远，服务设施的使用受到限制，单中心的格局必然会带来交通压力。同时，公共设施主要集中于老城区，外围组团由于缺乏配套的公共设施，制约了其发展潜力。

而西陵区由于资源过于集中，其发展已基本达到环境容量上限。据《宜昌市总体规划（2005—2020年）》统计，截至2004年，西陵组团人均城市建设用地仅为53.8m²/人，西陵、伍家岗组团合起来人均建设用地仅为64m²/人，大大低于国家标准。这种高强度的发展也造成了西陵区逐步出现一系列社会和经济问题，从社会调查的结论看，中心区的房价已经远远超出大多数居民的意愿房价，而外围组团因为缺乏大型公共设施，吸引力较小，不能起到有效疏解作用。城市的发展呈现较为明显的不平衡特征。

因此，建立多中心的空间结构是"分散化的集中"模式下的合理选择，逐步建立伍家港、西陵两个市级中心的双中心模式，同时建立小溪塔组团、点军组团、猇亭组团次级中心，并以此形成多层次的中心格局。

从以上分析还可以看出，虽然"紧凑城市"要求土地的高密度高强度使用，但宜昌的发展并不是所有区域都必须无限制地加高加密，而是有其自身的特点。从城市公共服务设施的现状分布来看，首先主要集中在西陵组团，其次是小溪塔和伍家岗。小溪塔由于原为宜昌县县城，各类公共设施较为齐全。三峡坝区在国家投资和相关配套的政策和资金倾斜下，设施标准较高，而猇亭区、点军区由于缺乏这些相关资源而使得公共设施较为缺乏，红花套、龙泉、白洋等是在原城镇的基础上形成的新组团，基本按照乡镇标准设置，比较落后。因此，多中心的内部空间结构在营造过程中需要以现状发展为依据，合理建立其公共服务设施的规模。同时，根据各组团的环境容量特征，建立完善的密度分区制度，合理调控用地总量和开发强度。由于密度分区是在综合分析城市交通、产业布局、生态环境特征等城市空间的功能要素的基础上科学建立的密度梯度，因而能很好地实现土地利用、交通与生态环境的互动。

3. 多样化的功能混合用地模式

要坚持多样化的、功能混合的城市土地利用开发模式，避免城市用地功能的单一化。适度混合的土地利用有利于创造一个综合的、多功能、充满活力的城市空间，尽量就近满足人们的各种需求，增强人们之间的联系，有利于形成和谐的社会氛围，创造丰富多彩的城市生活。另外，混合的土地利用在一定程度上可以避免居住地和工作地之间钟摆式的城市交通，这对于缓解城市交通压力，降低交通需求和能耗都有着积极的意义[①]。

---

① 陈眉舞，张京祥，徐逸伦. 基于"紧凑城市"探讨中国城市土地可持续利用[J]. 江苏城市规划，2008（7）：13-16.

　　事实上，"紧凑城市"理念中的"多样化的功能混合"早有渊源。1961 年，简·雅各布斯就提出通过多样化的"小街区"形成"混合的土地利用"[①] 的思想。20 世纪 90 年代在城市设计领域兴起的"新都市主义"，开始在全面反思现代主义的基础上，强调"多样性"与"复杂性"，达到区域内人口和功能的混合。作为现代主义主要策源地的法国，也经历了从现代主义功能分区的组织模式到混合开发的转变，重新意识到混合城市结构的价值。很多项目都尝试重新建构灵活、开放、混合的用地形式。

　　混合用地要求破除基于"功能分区"的单一性质用地，将一定范围内单级格局分解为多核结构，在城市层面丢弃明确的土地利用这一粗略的概念，而采用基于多种功能混合的微观城市结构。当然，功能的混合并不是只遵循漫无目的的"自发秩序"，而是在多核结构的基础上确立主导特性再加入多元功能而带来科学的混合型态。同时，作为多核结构的载体，街区集合内各相邻街区的功能也呈无明显边界的交错状态而相互渗透。这种相互渗透保证了片区的功能互补，增加其形态的稳定和稳固。规划秩序（主导功能＋居住功能＋相邻街区的功能渗透）＋自发秩序，两者的结合成为确立功能重组的依据。

　　多样化的功能混合要求提供功能的差异性，而"差异"意味着把三种或更多的可产生显著收益的使用性质用一种规划的方法结合起来[②]。因此，街区应该是一个多功能场所，能提供诸如居住、（提供）工作、交流、文化、体育等复合功能，从而实现为各种用途相互提供持续的支持。

　　从其用地性质来分析，最为常见的有以下成分：①居住。居住是保证街区有活力的基础，是街区中最应有的成分。街区的居住功能不仅是提供住宅这一单一的封闭环境，也包括为居民创造一个良好的活动（包括个人活动和互动活动）平台。②办公。可以提供就业机会，形成大量的本地居民（包括租户和原有居民）从而减少交通时间。现代办公的特点决定了它可以不完全依靠大规模的所谓办公区，办公功能进入街区已成为了一种趋势。③多样性商业。多样性商业既能为人群提供服务，也能提供大量的工作机会。商业的多元提供和使用者的多元需求是一个相辅相成的循环体系，几乎所有的混合功能中都有商业成分。④酒店、旅馆。街区不仅是本地居民居住地场所，也是外来者体验城市生活的最直接的观察场所。大型的星级宾馆（包括在中国很多城市出现的经济型旅馆等）和更为廉价的家庭旅馆（如巴黎密布街头的 B & B 家庭旅馆、居家旅馆、青年旅馆等），提供了多元的旅游环境和旅游人群。⑤其他附属使用。如餐饮、运动、活动休闲、社区服务、文化设施等。

　　对于居住和办公的功能混合而形成的"工作—居住平衡体"，可以有效地解决由交通所带来的城市问题，因而受到推崇。但街区办公功能的引入不同于原来的封闭的"单位大院"，由于街区尺度较小，大规模的独立办公区域的引入会破坏街区的完整和活力。街区办公功能的引入应着眼于其对居住生活的影响以及其对交通的要求而分类布置。如从道路到街区内部分别布置沿街的办公建筑（独栋或者综合）、有独立入口的小型办公用地、能适应

---

　　①　[美] 简·雅各布斯. 美国大城市的死与生 [M]. 金衡山译. 南京：译林出版社，2005.
　　②　邢琰. 规划单元开发中的土地混合使用规律及对中国建设的启示 [D]. 北京：清华大学，2005.

SOHO 要求的多功能住宅。

多种功能混合的目的在于创造出丰富的活动，但以上功能的组合方式也不是一成不变的。特别是对于宜昌街区的几种典型模式：以西陵区老城区为主体的传统街区，其充满活力但设施老化，大规模的居住区逐步变成"睡觉社区"，单一功能区由于缺少居住功能而缺乏本地居民，这些功能混合的类型和比例也相应不同。

4. 基于 BRT 的 TOD 开发模式

宜昌多中心的组团形态使得城市功能过于分散，保持城市空间形态的统一性、整体性要求完善城市的交通体系。因此，大力发展公共交通，形成快速公交、常规公交以及轮渡等相互补充的公交体系，进一步提高公共交通的通达性和线网的整体服务水平。

快速公共汽（电）车运营系统，简称快速公交系统（Bus Rapid Transit，BRT），是利用改良型的公共交通车辆，运营在公共交通专用的道路空间，保持轨道交通守时、迅速、容量大等运营特性且具备普通公交灵活性的一种公共交通形式。这种模式介于轨道交通与常规公交之间，适应中距离、中运量、准快速的出行要求，给乘客提供最理想的服务在 20~30km 的中距离出行。

《宜昌城市总体规划（2005—2020 年）》中规划有地面快速公交（BRT）。这种方式对于宜昌带形城市来讲是较为合适的。相对于地铁轻轨，BRT 系统造价较低；相对于常规公共汽车系统，BRT 系统运能较大。同时，城市用地布局与城市公共交通的一体化规划是 BRT 系统成功的基本前提，而带形城市用地布局形态和分流的交通组织是 BRT 系统成功的关键。带形城市形成的交通需求特点是沿带状方向交通需求强，垂直相交方向的交通需求小，从而形成适合 BRT 系统充分发挥作用的运行条件[1]。而宜昌城市空间形态的特点和此特征相对吻合。

从 2004 年至今经过几年的发展，宜昌的"经济型 BRT"交通体系逐步开始形成[2]。它的建立对宜昌的城市空间也必然带来影响。如何利用该体系形成良好的城市空间形态，本书认为基于 BRT 的 TOD 模式是宜昌在未来的城市空间营造中较为可取的一种方式。

所谓 TOD（Transit Oriented Development）指"以公共交通为导向的发展模式"，这个概念最早由美国建筑设计师哈里森·弗雷克提出，最初的目的是解决二战后期美国城市无限制蔓延的问题[3]。TOD 作为一种土地利用模式为城市提供了一种依托公共交通，使交通与土地利用耦合的模式。传统 TOD 模式有四个主要特征：第一，以大运量公共交通（主要指地铁、轻轨等轨道交通以及巴士干线）为主导进行交通与土地联合开发；第二，提倡安全、友好的步行空间；第三，支持在公交站点周围步行允许范围内进行高强度的开发；第四，强调土地的混合使用，往往集工作、商业、文化、教育、居住等功能为一身[4]。

宜昌的城市空间特征使得 TOD 模式具有相当的可行性和必要性。由于多组团的空间结构，需要建立相对紧凑的多中心格局。通过在轨道交通节点处以及中心站点建设高密度

① 陆化普，文国玮. BRT 系统成功的关键：带形城市土地利用形态 [J]. 城市交通，2006（3）：11-15.
② 珠帘. 恒通经济型 BRT 客车落户宜昌 [J]. 城市车辆，2008（4）：14.
③ 李程垒，陈峰. TOD 与城市发展的探讨 [J]. 交通标准，2007（8）：70-72.
④ 张明，刘菁. 适合中国城市特征的 TOD 规划设计原则 [J]. 城市规划学刊，2007（1）：91-96.

的商业、办公、居住等混合功能区，可以实现与轨道节点建设相结合的高密度混合土地利用，从而实现内部紧凑、外部开敞的多组团、多中心城市形态。尤其对于主城区组团，多中心的设立必定会带来功能的积聚，通过 TOD 模式，将伍家港、西陵两个市级中心，小溪塔组团、点军组团、猇亭组团次级中心通过交通节点形成高密度的用地开发模式，并通过 BRT 形成迅捷的空间联系。

另外，TOD 方式建设的最佳阶段在于城市高速发展初期，否则会直接导致大量的改造、改建、搬迁等工作[①]。宜昌的外部组团并未完全成形，发展尚处于初级阶段。而主城区内新的市级中心伍家岗的建设亦正处于建设当中，西陵区以工业用地外迁带来的功能置换也为 TOD 模式的开发提供了空间基础。因此，在未来宜昌城市空间营造过程中，TOD 模式宜尽早实行。

10.3.2 以人为本发展观下的城市空间营造

1. 小尺度活力空间：大城市与小街区

宜昌已经成为一个大城市，在可预见的将来也将迅速发展，但大城市的空间形态并不意味着大街区。城市空间营造需要在空间基本单元的选择上运用"小街区"的空间组织模式。尤其是随着宜昌城市化的迅速发展以及城市产业结构的调整，城市建设逐步由新区开发转向新城、旧区建设并重的阶段。城市更新逐步成为城市管理和经营中一个重要的组成部分。在这一过程中，如何处理在计划经济时代形成的"单位大院"是一个重要的课题。

在用地规模上，这些地块由于大多形成于计划经济时代，由于当时"企业型社会"的管理模式，其用地的尺度较大，部分地块达到 $20\sim30\text{hm}^2$。地形条件复杂，由于建厂时期的历史背景，大多选择在靠山的位置。依据宜昌市总体规划的要求和产业结构的调整，这些用地将逐步向开发区和外围组团转移，并正在或将在城市内形成大小不一的新的建设用地。

从前面的分析我们可以看出，这些基于功能分区的大规模单一性质地块，使得城市形态趋于粗略和简单。由于单位大院的模式虽然在市场经济政策实行以后逐步瓦解，但其消极作用并未马上消散，以"分区"概念形成的大尺度的街道空间成为城市空间的基本单元，巨大的封闭地块造成了城市空间的割裂。这种模式直接带来的消极表象体现在分区间的异质化和分区内部的均质化。作为城市最小聚合体的街区，也开始出现社会和社区空间的一元性和均质性倾向，从而使街区丧失活力。

因此，营造小尺度的街道空间和以小尺度的街区组织城市空间成为新时期的一个主要特征。事实上，"紧凑城市""新城市主义"等理论方法也在不同程度上强调"小街区"的组织形式。在小街区的规模上，并没有一个明确的标准，受到多种因素的制约。其界定因子在于建筑开发的实用性、城市空间的可渗透性、城市功能的容纳、街区的活

---

① 张玉茹，张企华. 常规公交引导 TOD 模式的应用——以蓬莱市为例 [J]. 交通标准化，2008（14）：197-200.

性等方面 ①，从城市设计角度而言，街区尺度受到社会、经济、政治、技术等因素影响 ②。其中比较有代表性的观点，如莫丁在《城市设计——绿色尺度》中认为理想的街区在 70m×70m～100m×100m。事实上，由于基于马车时代的城市形态的延续性，欧洲一些著名城市的街区规模一般也都控制在 200m 以内。

从欧洲的实践中我们也可以看出，传统的基于步行的街道尺度（包括道路宽度和道路密度）在汽车时代仍然可以符合城市生活的要求。如法国的历史名城波尔多其城市更新并没有破坏其原有的小街区高密度路网的格局，通过建设基于道路的轨道交通（非高架）和单向停车解决城市化中的交通问题，从而达到和现代生活方式的平衡。可见，大到小的尺度转换亦即从基于汽车尺度的"分区"到基于步行尺度的"街区"转换。

从以上分析来看，理想街区的规模虽无明确定义，但范围一般在 80～200m。而 200m 也是人居活动较为合理的步行半径，符合人的日常生活的尺度。同时，200m 左右的服务半径，是一个满足"组团"级居住规模的合理半径。从这一意义上来讲，对于居住街区来说，其规模控制在于将现有的以小区为基本单位的分区分解为以组团为基本单位的街区的转换。

2. 工业遗产：新的文化传承

如前文所述，宜昌城市空间的文化传承断层现象严重。城市空间营造的文脉延续，是建设特色城市的根本出发点。

文化的传承，首先要保护好以西陵区为主体的历史街区和历史建筑。老城区是宜昌仅有的尚保留有部分传统街区和历史建筑的区域。因此，对这一部分的保护尤为重要。虽然建筑破坏严重，但在学院街和环城南路围合地块（明清时期形成）以及二马路（开埠以后形成）一带，其传统街区的城市肌理尤其道路尺度仍然保存较好，其 D/H（建筑高度/道路宽度）大多控制在 1 左右。这些区域应作为历史街区予以保护。宜昌城区现存的历史建筑十分稀少，省级文物保护单位 5 处、市级文物保护单位 6 处、近现代重要历史建筑 12 处，大多分布于老城区。其中，在解放路和二马路一带是近现代历史建筑较为集中的地区。

对于这些区域，结合其传统特征，根据历史地图，以碑文、装置、指示牌等方式提示具有纪念意义的历史性场所，尽可能保持、恢复原有地名，增强城市空间的"历史感"，促进文化认同。《宜昌市总体规划（2005—2020 年）》建议将学院街和环城南路围合地块规划为历史风貌街区，保护历史建筑，延续传统城市空间肌理，恢复地方民居建筑风貌，将其建设成为宜昌市集历史文化资源展示、宗教活动、娱乐旅游、商业购物、休闲游憩等功能于一体的历史文化风貌区和文化旅游区。这是较为可行的做法。

在这些空间形态中，城市更新将不可避免地带来新的建筑形式的产生。如何处理好新旧建筑的群体组合协调是宜昌在空间营造中需要注意的课题。达到群体组合的形式协调，可以使用相似的符号特征来强化二者之间的传承关系。巴黎的街区改造中，新建的建筑和老建筑之间通过协调其体量特征，保持二者之间的尺度统一，从老建筑的主要构成要素中提取其细部特征以协调其风格。对于老建筑可通过保护、改造和再利用来进行"谨慎的城

---

① 王轩轩，段进. 小地块密路网街区模式初探 [J]. 南方建筑，2006（12）：53-56.
② 刘代云. 论城市设计创作中街区尺度的塑造 [J]. 建筑学报，2007（6）：1-3.

市更新"。另外，对于一些传统街区中的大体量高层建筑，可以采取分解设计的处理手法。如通过街面建筑的底层（或裙房）——其高度或层数由街道尺度来确定，采用与传统街区建筑形式相协调的建筑风格，以此来处理街区传统氛围和现代风格的过渡。

但宜昌的城市空间特色并不仅仅位处老城区。老城区代表了近代及以前的城市空间形态特色，1949—1979年所形成的城市空间正随着历史的发展形成宜昌新的文化传承内涵。尤为重要的是，作为一个工业城市，以三线建设和葛洲坝水利枢纽工程为主体的工业建筑逐步成为宜昌的历史组成。这些工业遗产曾在城市中担任着重要的城市职能，对城市的经济发展与城市空间肌理的形成有着不可磨灭的印记。但在20世纪90年代以后开始的产业调整中，由于不具备保护意识，因而基本没有保留下来。一些具备保留价值的工业遗产，如宜昌第一个全民所有制冶金企业宜昌八一钢厂、葛洲坝建设所形成的大量工厂等，均陆续倒闭或外迁，导致了城市工业遗产的保护与再利用的不可持续。

如何营造新时期的文化特质，工业遗产保护给宜昌提供了一个契机。在我国，城市工业遗产还是一个较为崭新的课题。当今世界正在从工业化时代走向信息时代，从工业社会走向后工业社会，从城市化走向和谐的城乡一体化。在这样的时代背景下，中国城市的老城区建设已处于"退二进三"的进程中，在经济体制转型和产业结构与用地结构调整等多重压力作用下，这些老城区内存在着大量的城市工业遗产。而从20世纪末的大拆大建到拆与保，废弃与再利用的激烈碰撞，再到北京798等城市工业遗产被列入普查对象，人们对于城市工业遗产的态度正在发生着积极的变化[①]。

宜昌的工业遗产众多，三线建设时期的工厂占据了宜昌主城区的主要城市空间。同时，这些用地随着城市的扩张逐步被包围，具有良好的区位特征。这也导致了在城市发展中，在以房地产开发为主导的利益驱动下迅速被置换为商业或居住用地。因此，宜昌20世纪末到21世纪初的旧城改造项目中，许多工业用地被建设为专业市场。这种较为单一的改造模式并不能达到文化传承的目的。宜昌的工业遗产保护必须根据其用地特征与建筑特征，在城市综合发展的原则指导下选择保护和再利用的模式。

国内外工业遗产保护和再利用模式占较高比例的是：①主题博物馆模式；②公共休憩空间模式；③创意产业园区模式；④与购物旅游相结合的综合开发模式；⑤工业博览与商务旅游开发模式[②]。宜昌西陵区内的工业遗产由于地处城市中心，存在较大的用地压力和功能需求，可发展多功能混合的综合开发模式，结合BRT形成集中的商贸办公综合功能区。伍家岗组团位于江边的工业建筑群，数量多，体量大，可结合新的城市中心开发的需要，将行政、商贸办公、文化娱乐、宾馆等城市功能相互渗透，从而成为城市中心的重要组成部分。

当然，工业遗产的保护并不是无限制的保护。由于宜昌主城区的用地相对紧张，可选择部分具有保护价值的工厂予以再利用，形态特色不突出和不具备相应价值的空间可以在

---

① 张毅杉，夏健. 塑造再生的城市细胞——城市工业遗产的保护与再利用研究 [J]. 城市规划，2008（2）：22-26.

② 叶瀛舟，厉双燕. 国内外工业遗产保护与再利用经验及其借鉴 [J]. 上海城市规划，2007（3）：50-53.

充分论证的基础上逐步消失。在这个过程中，基于文化价值的评价是开发利用经济价值评价的基础。通过分析工业遗产的历史文化价值以及城市功能与建筑形式的兼容性，对工业遗产的基地现状和城市空间的控制体系的匹配方式，确定工业遗产的保护方式和再利用的潜力。

3. 营造山水城市特色

独特的风貌和特色是城市及其文化的个性表现，而独具特色的空间环境有较强的感染力、吸引力。一个城市必须依靠其自身特有的自然地形地貌等要素形成有别于其他城市的空间特色。宜昌市在地貌上处于东西部地区地势变化的过渡地带，"七山、二丘、一平"，城区范围内的山体丘陵等构成了城市独具特色的绿色氛围，同时，宜昌拥有丰富的水景观。城市于丘陵间临江而卧，与自然相得益彰；气候和土壤孕育了丰富的植被；这些独特的自然环境资源为形成富有特色的城市景观提供了良好的基础。尤其是"山—水—城"相互穿插、吸引，形成有机的城市自然景观格局，也是宜昌市最主要的自然景观特色。

虽然有多山、多水的景观优势，但宜昌对山、水的利用并不充分。城市建设破坏山体、侵占湖泊（如镇境山、东山、沙河、南湖），道路和用地布局与河岸、山峰的关系不明确。尤其是在历史上曾经存在的东湖、南湖两大湖泊，在城市扩张中逐步消失和弱化。因此，利用周边自然丘陵、田园、河流风貌，并使之成为城市空间的背景，同时利用宜昌带形城市特色，以滨江景观带为核心，形成山、水、城相互交融的城市景观格局。

《宜昌市总体规划（2005—2020年）》规划有长江风光带：宜昌城市景观的主轴，两岸建设、绿地和山丘构成独特的滨江景观。滨河景观带：黄柏河、运河、临江溪、龙盘湖、沙河、五龙河、卷桥河以及坝区的香溪河两岸形成滨水绿带景观。这两大滨水景观带将是宜昌城市特色营造的重要组成部分。

10.4 需进一步研究的问题

10.4.1 宜昌未来的空间营造动力及影响

如前文所述，宜昌的城市空间营造受到了周期性的重大事件的影响，并直接带来了宜昌城市空间形态的突变。这种周期性变化在新的历史时期将以何种方式出现，并将以何种方式影响宜昌城市空间形态的演变，是一个值得认真研究的课题。

10.4.2 宜昌的文化定位

宜昌的文化定位是一个较为复杂的课题。宜昌历史悠久，具有深厚的历史底蕴。但随着城市的发展和文化断层的出现，宜昌作为一个整体其城市文化定位如何确定值得深思。许多学者和专家曾从不同层面提出"巴楚文化""楚文化""嫘祖文化""水电文化"等多种城市文化建设思路，但尚未达成共识。同时，城市文化延续和空间营造如何匹配也是一个较为现实的问题。

10.4.3　外围组团的空间分析及发展

本书的主要研究内容是基于原夷陵古城为起点的空间发展脉络，而由于行政区划调整被整合进入宜昌的其他区域如小溪塔组团、点军组团、猇亭组团以及外围组团在历史时期亦有自身的发展规律，受研究时间、获取资料以及架构的限制，这些区域在被划归宜昌之前的营造机制及营造规律并无涉及。今后需进一步深入、全面地分析其空间的形成以及对当代宜昌的城市空间的影响。

10.4.4　新时期的城市空间形态研究

本书的主要研究内容到 2009 年结束。近 10 年来，城市空间营造的研究背景和实践正处于一个新的发展时期：新技术的使用带来了研究方法的巨大变革和深化，以 GIS 技术、大数据、可视化等为代表的新的研究方法不断涌现；以国土空间规划为核心的新的规划体系正在建立和完善，对城市空间的建设、管理和研究带来了深刻的变化；实践层面，街区制的不断推进对城市空间的格局和细化带来了巨大的影响。

在这一时期，宜昌的城市空间营造也发生了巨大变化。随着城市的外部空间迅速扩张，可建设用地迅速减少，城市的外延开始受到地形的巨大影响，人、城、环境的矛盾开始出现并逐步成为宜昌城市空间营造的主要矛盾，内生高质量发展成为空间营造的重要课题。宜昌的城市空间营造研究需要从宜昌的实际情况出发，分析其在新时期的主要矛盾，广泛运用新技术新方法，加强公众参与，为未来城市空间的发展提出新的思路和策略。

参考文献

[1] 蔡靖泉. 巴人的流徙与文明的传播 [J]. 华中师范大学学报（人文社会科学版），2005（7）：60-68.

[2] 陈淳. 城市起源之研究 [J]. 文物世界，1998（2）：58-64.

[3] 陈可畏主编. 长江三峡地区历史地理之研究 [M]. 北京：北京大学出版社，2002.

[4] 陈连庆. 孙吴的屯田制 [J]. 社会科学辑刊，1982（6）：80-87.

[5] 陈眉舞，张京祥，徐逸伦. 基于"紧凑城市"探讨中国城市土地可持续利用 [J]. 江苏城市规划，2008（7）：13-16.

[6] 陈再勤. 南北朝时期峡中蛮的分布与活动 [J]. 中南民族学院学报（人文社会科学版），1999（1）：66-68.

[7] 陈振裕. 东周楚城的类型初析 [J]. 江汉考古，1992（1）：61-70.

[8] 仇保兴. 紧凑度和多样性——我国城市可持续发展的核心理念 [J]. 城市规划，2006（11）：18-24.

[9] 崔宁. 重大城市事件对城市空间结构的影响 [D]. 上海：同济大学，2007.

[10] 邓少琴. 近代川江航运简史 [M]. 重庆：重庆地方史资料组，1982.

[11] 丁名楠等. 帝国主义侵华史（第一卷）[M]. 北京：人民出版社，1973.

[12] 杜春兰. 地区特色与城市形态研究 [J]. 重庆建筑大学学报，1998（3）：26-29.

[13] 段汉明. 城市结构的多维性和复杂性 [J]. 西北建筑工程学院学报，1999（2）：26-29.

[14] 段渝. 四川通史（第一册）[M]. 成都：四川大学出版社，1993.

[15] 葛洲坝工程局年鉴编纂委员会. 葛洲坝工程局年鉴（1994）[M]. 武汉：湖北科学技术出版社，1994.

[16] 谷凯. 城市形态的理论与方法——探索全面与理性的研究框架 [J]. 城市规划，2001，25（12）：36-41.

[17] 顾祖禹. 读史方舆纪要 [M]. 上海：中华书局，1955.

[18] 郭德维. 试论秦拔郢之战——兼探夷陵之所在 [J]. 江汉论坛，1992（5）：73-78.

[19] 郭广东. 市场力作用下城市空间形态演变的特征和机制研究 [D]. 上海：同济大学，2007.

[20] 国家文物局. 中国文物地图集（湖北分册）[M]. 西安：西安地图出版社，2002.

[21] 韩笋生，秦波. 借鉴"紧凑城市"理念，实现我国城市的可持续发展 [J]. 国外城市规划，2004（6）：23-27.

[22] 杭侃. 三峡老照片 [J]. 文物天地（三峡文物大抢救——湖北篇），2003（6）：399.

[23] 何一民. 近代中国城市发展与社会变迁（1840—1949年）[M]. 北京：科学出版社，2004.

[24] 贺新民. 宜昌市房地志（1840—1990）[Z]，1992.

[25] 侯全光. 长江三峡的历史变迁 [J]. 陕西水利，1996（4）：42.

[26] 湖北省方志纂修委员会，宜昌市志（1959年初稿本）[Z]，宜昌市地方志办公室整理翻印，2007.

[27] 湖北省宜昌市地方志编纂委员会编纂. 宜昌市志 [M]. 合肥：黄山书社，1999.

[28] 贾孔会. 宜昌城市近代化发展之进程——宜昌城市发展的历史考察之二 [J]. 三峡大学学报（人文社会科学版），1997（4）：91-94.

[29] [美] 简·雅各布斯. 美国大城市的死与生 [M]. 金衡山译. 南京：译林出版社，2005.

[30] 江权三. 三峡水闸与战后宜昌筹备建市的回忆 [J]. 湖北文史资料，1997（S1）：31-35.

[31] 蒋晓春. 三峡地区秦汉墓研究 [D]. 成都：四川大学，2005.

[32] 雷翔. 魏晋南北朝"蛮民"的来源 [J]. 湖北民族学院学报（哲学社会科学版），1990（1）：112-117.

[33] 李程垒，陈峰. TOD 与城市发展的探讨 [J]. 交通标准，2007（8）：70-72.

[34] 萧统编，李善注. 文选 [M]. 上海：上海古籍出版社，1986.

[35] 林永仁，徐春浩. 宜昌五十春秋 [M]. 武汉：湖北人民出版社，2005.

[36] 林智伯等纂修. 宜昌县志初稿（民国 25 年版）[Z]. 宜昌市县地方志编纂委员会等整理重刊，1986.

[37] 刘代云. 论城市设计创作中街区尺度的塑造 [J]. 建筑学报，2007（6）：1-3.

[38] 刘凤云. 城墙文化与明清城市的发展 [J]. 中国人民大学学报，1999（6）：93-97.

[39] 刘海岩，郝克路. 城市用语新释（十）传统城市的标志：城墙、城厢、城隍庙与衙门 [J]. 城市，2007（10）：76-78.

[40] 刘静夫. 中国魏晋南北朝经济史 [M]. 北京：人民出版社，1994.

[41] 刘开美. 宜昌开埠：桨声帆影映"繁荣" [J]. 中国三峡建设，2006（3）：48-55.

[42] 刘开美. 夷陵古城变迁中的步阐垒考 [J]. 三峡大学学报（人文社会科学版），2007（1）：13-17.

[43] 刘林. 活的建筑：中华根基的建筑观与方法论——赵冰营造思想评述 [J]. 重庆建筑大学学报，2008，28（6）：30-33.

[44] 刘林. 营造活动之研究 [D]. 武汉：武汉大学，2005.

[45] 刘允等编. 夷陵州志 [Z]，明弘治九年刻本. 宜昌市地方志办公室等整理重刊，2008.

[46] 陆化普，文国玮. BRT 系统成功的关键：带形城市土地利用形态 [J]. 城市交通，2006（3）：11-15.

[47] 马仲波. 长江三峡水利枢纽的建筑与宜昌鱼类产卵场关系问题探讨 [J]. 淡水渔业，1981（5）：18-20+13.

[48] 毛曦. 巴国城市发展及其特点初论 [J]. 西南师范大学学报（人文社会科学版），2005，31（5）：105-110.

[49] 毛曦. 论中国城市早期发展的阶段与特点 [J]. 天津师范大学学报（社会科学版），2006（3）：29-35.

[50] 饶胜文. 布局天下：中国古代军事地理大势 [M]. 北京：解放军出版社，2006.

[51] 聂光銮修. 宜昌府志（校注版）[M]. 武汉：湖北人民出版社，2017.

[52] 彭质均. 宜昌小志 [J]. 方志月刊，1935（45）.

[53] 乔铎. 宜昌港史 [M]. 武汉：武汉出版社，1990.

[54] 屈定富，常宝琳. 宜昌市发现一座古代军垒 [J]. 文物，1987（04）：93-94.

[55] 孙家洲，邱瑜．西陵之争与三国孙吴政权的存亡 [J]．河北学刊，2006（2）：92-97．

[56] 陶明选．论明代宗教政策的宽容特色 [J]．兰州学刊，2007（11）：173-175．

[57] 田银生．自然环境——中国古代城市选址的首重因素 [J]．城市规划汇刊，1999（4）：28-29．

[58] 汪德华．古代风水学与城市规划 [J]．城市规划汇刊，1994（1）：19-25．

[59] 汪德华．中国城市规划史纲 [M]．南京：东南大学出版社，2005．

[60] 王柏心．续修东湖县志（同治）[M]．南京：江苏古籍出版社，2001．

[61] 王军，朱瑾．先秦城市选址与规划思想研究 [J]．建筑师，2004（1）：98-103．

[62] 王前程，杨爱丽．三国争霸，争在夷陵——简论三国时期宜昌地区的军事战略价值 [J]．三峡大学学报：人文社会科学版，2008（5）：5-9．

[63] 王轩轩，段进．小地块密路网街区模式初探 [J]．南方建筑，2006（12）：53-56．

[64] 王作栋．宜昌民俗风情 [M]．武汉：湖北人民出版社，2005．

[65] 文必贵．夷陵初析 [A]．湖北省楚史研究会，楚史研究专辑 [C]．1983．

[66] 吴郁芳．楚西陵与夷陵 [J]．江汉考古，1993（4）：75-86．

[67] 武进．中国城市形态：结构特征极其演变 [M]．南京：江苏科学技术出版社，1990．

[68] 武仙竹．三峡地区环境变迁与三峡航运 [J]．南方文物，1997（4）：78-80．

[69] 武仙竹．长江三峡先秦渔业初步研究 [C]//三峡文物保护与考古学研究学术研讨会论文集．2003．

[70] 熊国平．90年代以来中国城市形态演变研究 [D]．南京：南京大学，2005．

[71] 徐凯希，田锡富．外国列强与近代湖北社会 [M]．武汉：湖北人民出版社，1996．

[72] 徐凯希．湖北三线建设的回顾与启示 [J]．湖北社会科学，2003（10）：23-24．

[73] 徐凯希．近代宜昌转运贸易的兴衰 [J]．江汉论坛，1986（1）：67-72．

[74] 杨华．三峡地区古人类房屋建筑遗迹的考古发现与研究 [J]．中华文化论坛，2001（2）：56-63．

[75] 杨华．三峡地区远古至战国时期古城遗迹考古研究（下）[J]．湖北三峡学院学报，2000（3）：36-41．

[76] 杨华．夷陵浅议 [C]//江汉考古编辑部．湖北省考古学会论文选集，1991．

[77] 杨华．战国时期楚"夷陵城"考辨 [J]．三峡大学学报（人文社会科学版），2004（3）：16-20．

[78] 杨华．长江三峡地区夏、商、周时期房屋建筑的考古发现与研究（下）——兼论长江三峡先秦时期城址建筑的特点 [J]．重庆三峡学院学报，2000（4）：16-19．

[79] 杨怀仁，唐日长．长江中游荆江变迁研究 [M]．北京：中国水利水电出版社，1999．

[80] 杨明洪．楚夷陵探讨 [J]．江汉考古，1983（2）：66-73．

[81] 姚贤镐．中国近代对外贸易史资料 [M]．北京：中华书局，1962．

[82] 叶迎君．面向新世纪的居住区规划趋势分析 [J]．城市研究，2000（4）：57-60．

[83] 叶瀛舟，厉双燕．国内外工业遗产保护与再利用经验及其借鉴 [J]．上海城市规划，2007（3）：50-53．

[84] 宜昌市城乡建设志编纂委员会．宜昌市城乡建设志（二审稿）[Z]．内部资料，2008．

[85] 宜昌市工商行政管理局．宜昌市工商行政管理志（1840—1988）[Z]．1992．

[86] 宜昌市规划办公室．宜昌市规划志（1840—1990）[Z]．1995．

[87] 宜昌市建筑学会．夷陵地名掌故 [Z]．1982．

[88] 宜昌市交通志编纂委员会. 宜昌市交通志 [Z]. 1992.

[89] 宜昌市商业志编纂委员会. 宜昌市贸易史料汇编（一）[Z]. 1985.

[90] 宜昌市商业志编纂委员会. 宜昌市商业志 [Z]. 1990.

[91] 殷奎英. 清代教育制度的变化 [J]. 菏泽学院学报，2008（1）：121-124.

[92] 袁风华，林宇梅. 扬子江三峡计划初步报告（下）[J]. 民国档案，1991（1）：41-50.

[93] 张建民. 湖北通史（明清卷）[M]. 武汉：华中师范大学出版社，1999.

[94] 张京祥，范朝礼，沈建法. 试论行政区划调整与推进城市化 [J]. 城市规划汇刊，2002（5）：25-28.

[95] 张明，刘菁. 适合中国城市特征的 TOD 规划设计原则 [J]. 城市规划学刊，2007（1）：91-96.

[96] 张清平. 从欧阳修的诗文看宋代宜昌的经济发展状况 [J]. 三峡大学学报（人文社会科学版），2003（1）：36-39.

[97] 张伟然. 湖北历史文化地理研究 [M]. 武汉：湖北教育出版社，2000.

[98] 张文忠. 城市居民住宅区位选择的因子分析 [J]. 地理科学进展，2001，9（3）：268-275.

[99] 张毅杉，夏健. 塑造再生的城市细胞——城市工业遗产的保护与再利用研究 [J]. 城市规划，2008（2）：22-26.

[100] 张玉茹，张企华. 常规公交引导 TOD 模式的应用——以蓬莱市为例 [J]. 交通标准化，2008（14）：197-200.

[101] 张忠民主编. 欧阳修夷陵诗文译注 [Z]. 2001.

[102] 张忠民主编. 宜昌历史述要 [M]. 武汉：湖北人民出版社，2005.

[103] 长江流域规划办公室库区规划建计处编. 葛洲坝工程文物考古成果汇编 [M]. 武汉：武汉大学出版社，1990.

[104] 赵冰. 如风如水的体验 [J]. 新建筑，2004（1）：46-47.

[105] 赵冰. 生活世界史论 [M]. 长沙：湖南教育出版社，1989.

[106] 赵冰. 转换主义 [M]. 长沙：湖南美术出版社，1994.

[107] 赵蔚，赵民. 从居住区规划到社区规划 [J]. 城市规划汇刊，2006（6）：68-71.

[108] 赵映林. 明代书院的兴衰 [J]. 文史杂志，2000（3）：28-31.

[109] 赵子富. 明代的书院 [J]. 中国文化研究，1996（12）：47-53.

[110] 政协宜昌市委员会文史资料研究委员会. 宜昌抗战纪实 [Z]. 1995.

[111] 政协宜昌市委员会文史资料研究委员会. 宜昌市文史资料（第 11 辑）[Z]. 1990.

[112] 政协宜昌市委员会文史资料研究委员会. 宜昌市文史资料（第 1 辑）[Z]. 1982.

[113] 政协宜昌市委员会文史资料研究委员会. 宜昌建设履痕（宜昌百年老照片第三辑）[Z]. 2007.

[114] 中华炎黄文化研究会等. 中华民族之母嫘祖 [M]. 北京：中国三峡出版社，1995.

[115] 周长山. 汉代的城郭 [J]. 考古与文物，2003（2）：45-54.

[116] 朱复胜. 宜昌大撤退图文志 [M]. 贵阳：贵州人民出版社，2005.

[117] 珠帘. 恒通经济型 BRT 客车落户宜昌 [J]. 城市车辆，2008（4）：14.

[118] [英] 阿绮波德·立德. 亲密接触中国——我眼中的中国人 [M]. 南京：南京出版社，2008.